基于动力测试的受火混凝土梁
抗火性能与健康监测研究

刘才玮　黄绪宏　苗吉军　著

中国建筑工业出版社

图书在版编目（CIP）数据

基于动力测试的受火混凝土梁抗火性能与健康监测研究 / 刘才玮，黄绪宏，苗吉军著. -- 北京：中国建筑工业出版社，2025. 4. -- ISBN 978-7-112-30958-0

Ⅰ. TU375.1

中国国家版本馆 CIP 数据核字第 2025MF9887 号

本书从理论研究、试验探索、数值模拟、深度学习等方面，阐述损伤混凝土结构在火灾中所处的环境、在火灾中的行为、抗火设计方法、火灾后混凝土结构损伤评估。全书共 6 章：绪论；混凝土矩形梁受火静动力特性及其灾后损伤识别；混凝土 T 形梁受火静动力特性及其灾后损伤识别；预制装配式叠合梁受火静动力特性及灾后损伤识别；预制装配式叠合梁耐火性能研究；基于深度学习的火灾后混凝土结构损伤检测与评估。

本书可供结构抗火研究的学者和工程技术人员阅读使用。

责任编辑：沈文帅　张伯熙
责任校对：李美娜

基于动力测试的受火混凝土梁
抗火性能与健康监测研究
刘才玮　黄绪宏　苗吉军　著

*

中国建筑工业出版社出版、发行（北京海淀三里河路 9 号）
各地新华书店、建筑书店经销
北京鸿文瀚海文化传媒有限公司制版
北京中科印刷有限公司印刷

*

开本：787 毫米×960 毫米　1/16　印张：13¾　字数：277 千字
2025 年 7 月第一版　　2025 年 7 月第一次印刷
定价：**78.00** 元
ISBN 978-7-112-30958-0
（44613）

前　言

　　钢筋混凝土结构是当前建筑结构中采用最广泛的结构形式，随着生活水平的不断提高，火灾事故的发生层出不穷，发生频率也越来越高，对人们的生活影响越来越大，造成的经济损失也相当严重。火灾发生的随机性、不可预估性会造成人员伤亡、建筑损毁、交通瘫痪、电网中断等直接损失，此外，火灾导致时间、金钱的间接损失也是不可估量的。因此，火灾后结构损伤快速检测与评估对混凝土结构火灾后加固修复具有重要的现实意义。

　　与传统的损伤检测方法相比，动力测试的方法简单易行，振动信号易于采集，测试速度快且损伤检测过程中不会对结构的使用状态造成影响。故基于动力测试的混凝土结构损伤检测成为国内外诸多学者相继研究的重点。通过动力测试来进行结构损伤检测的手段越来越普遍，其中使用最广泛的方法是利用模态数据进行结构损伤检测，该方法的关键在于模态数据的适当选择，对于损伤识别结果的正确性有决定性的影响。频率作为结构最基本的模态参数，相比其他参数，优点在于获取简单、识别精度高等，其数据改变量的采集比振型精确，更适合作为结构的损伤指标。以频率变化为基础的损伤识别方法已被广泛研究使用。

　　结构的质量和刚度在结构损伤时均会发生相应的变化。基于频率变化的损伤识别方法仅考虑结构的刚度变化，结构质量的改变忽略不计。结构的刚度由于损伤发生改变往往存在局部性和分散性，但是结构的频率依然会因此下降。基于上述理论，通过结构损伤前后频率变化的对比，进行结构损伤识别，具有高度可行性。与频率一样，振型同样是结构最基本的模态参数。与频率相比，振型的变化包含了更多的信息，同时也对损伤程度的感知更为敏感，但是测得的振型数值往往精度较低。目前模态置信准则（MAC）是依据振型的变化来评判结构损伤状况的主要检测方法。

　　国内外许多学者将结构振动监测纳入结构健康监测的范畴。刘齐霞对锈蚀钢筋混凝土梁进行了动力特征研究，并通过频率和振型提出多层次损伤识别方法；顾炜依据固有频率和阻尼比对锈蚀钢筋混凝土梁进行了损伤识别，但受限于试验设备，仅研究了一阶固有频率；邓志方考虑了模态受锈蚀程度及锈蚀位置的影响，利用一阶振型比等手段实现锈蚀损伤定位。

　　对于火灾过程中，高温损伤造成了构件在不同位置上产生不同程度的材料性能劣化。由于构件损伤不均匀性明显，混凝土构件损伤识别一直是检测中的难题。陆洲导系统总结了结构火灾损伤特点，阐明了火灾损伤具有明显的随机性和非线性特点，并表明基于最新物理、化学手段进行实地、实时测试应成为未来的发展趋势。同一时期，我国考虑国内国情及建筑物设计规范后，也颁布了《火灾后建筑结构鉴定标准》T/CECS 252—2019 等相应标准，该标准将火灾后混凝土构件损伤分为若干等级，依据外观特征、材料特性等进行定性评级。然而，迄今为止，仍然没有一种方法能完全令人满意。

本书主编刘才玮教授一直致力于混凝土结构抗火，在结构检测鉴定及健康监测等研究方面获得过多项国家、省基金的支持，并取得丰富研究成果。本书作者意欲将多年来针对损伤混凝土的抗火研究成果编著成册，考虑实际工程中混凝土带损伤工作的真实情况，从理论研究、试验探索、数值模拟、深度学习等方面，阐述损伤混凝土结构在火灾中所处的环境、在火灾中的行为、抗火设计方法、火灾后混凝土结构损伤评估以及相关研究趋势等内容。本书的出版可为土木工程相关领域的学生和工程人员进行混凝土火灾损伤评估和抗火设计提供理论基础和技术支持，为损伤混凝土火灾后残余力学性能评估及安全评估提供技术支撑，也为灾后修复处理提供试验研究和理论基础，从而避免因损伤混凝土抗火性能不足造成人员伤亡和社会经济损失。

由于作者水平有限，书中难免有不妥之处，敬请读者批评指正。

目　录

第一章　绪论

1.1　研究背景及意义

　　火灾作为全球最常见且具有毁灭性的灾害之一，多年来一直是全球各个国家面临的棘手问题。根据联合国消防部门统计，在全球 57 个国家中，自 1993 年平均每年发生的火灾灾害超过 370 万起，平均伤亡人数达 4.1 万人。仅 2021 年，我国共发生火灾灾害事故达 23.6 万起，全世界近十年因建筑火灾导致的经济损失超 120 亿元，火灾造成的人员伤亡和经济损失如图 1-1-1 所示。然而，除直接损失外，灾后造成的间接损失则更高。此外，火灾灾害在发展中国家造成的经济损失占社会总产值的 0.3% 及以上，损失不可忽视。据统计，在众多火灾事故中，建筑物发生火灾灾害占火灾事故总体的 70%，建筑材料在火灾作用下性能逐渐劣化，破坏因此产生，严重时将伴随倒塌风险，对人民的生命财产安全造成严重威胁。2015 年的天津港爆炸事件，造成 971 人伤亡，近 70 亿元经济损失，以及 304 幢房屋受损，受损房屋需进行损伤检测与评估，进而确定后续加固或拆除的修复方法，间接经济损失由此产生。因此，准确高效的检测方法对降低火灾后经济损失具有重要现实意义。

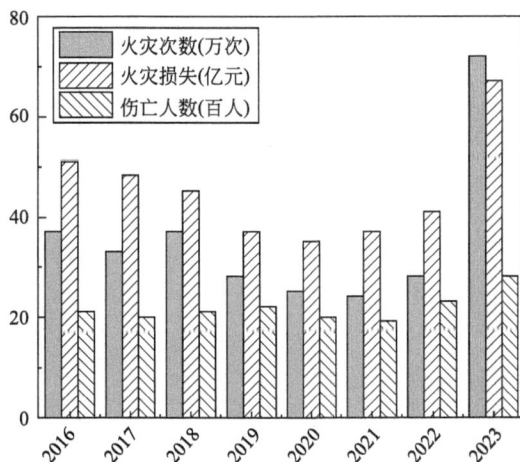

图 1-1-1　火灾造成的人员伤亡和经济损失

火灾是一个复杂的物理、化学变化过程。随受火时间的不同，火灾对结构造成的损伤程度也有所不同，但都会改变钢筋和混凝土的材料性能，导致承载能力下降，甚至结构倒塌失效。大部分混凝土建筑物经历火灾后不会像木结构一样全部损坏，而是根据不同受火时间造成不同的损伤程度，因此受火灾后的构件能否继续使用，需要进一步地确定。长期以来，火灾引起的损伤程度主要依靠主观经验进行判断，在火灾后建筑物结构鉴定标准中，对构件的损伤评定大部分条件因素也是主观推定。这种依靠人的主观判断得出的结果，往往会导致评定结果与实际的损伤有所差距，这样对后续加固和修复的人力、物力和财力产生不同程度的损失或浪费，也可能导致加固失误，使修复后的结构仍具有不可估量的安全隐患。

近年来，损伤评估运用到桥梁当中的方法比较常见，且国内外也研究了许多可以定量确定结构损伤程度的评估方法，而对于建（构）筑物来说，运用系统的评价体系的情况还比较少见，对于《火灾后工程结构鉴定标准》T/CECS 252—2019 给出的评定标准，也仅仅是通过主观观测进行评定，确定损伤等级通过灾后承载力确定，考虑因素较为单一，且获取残余承载力的难度较大，因此，综合考虑多因素进行建筑物的损伤评定问题亟待解决。

在过去几十年，钢筋混凝土（RC，Reinforced Concrete）已经成为最受欢迎的建筑结构材料，约 80% 建筑均由其组成。与钢材、木材等其他建筑材料相比，混凝土具有更高比热容与更低热传导率，有效延缓热量在结构内部的传递，使 RC 结构耐火性较好，高温后的混凝土应力-应变关系如图 1-1-2 所示。在大部分火灾事故中，RC 结构并不会直接发生坍塌，而是在各个部位产生不同程度的受火损伤，绝大多数结构在火灾后进行有针对性的加固修复仍可继续服役，不需要拆除或更换部件。然而，火灾后结构损伤检测技术是后续加固修复的重要基础。

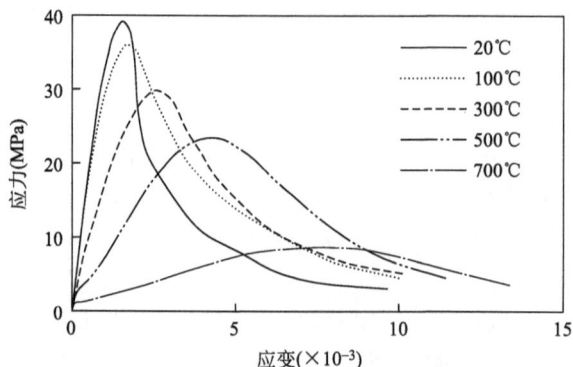

图 1-1-2　高温后混凝土应力-应变关系

综上所述，火灾后及时、科学地确定结构构件及结构整体的安全性尤为重要，对火灾后的损伤识别、损伤评估的要求也就随之提高，只有这样才能为后续建（构）筑物的使用与否做出准确的判断，提出一套系统客观的评估体系，为后续的加固与修复提供可靠的理论依据，有助于制定出合理的加固修复方案，使其达到修复结构、节约成本的目的，改进火灾后损伤评估方法的现状。

1.2　混凝土梁抗火性能及耐火性能研究现状

国内外对于现浇混凝土梁抗火性能的研究较丰富，给出了现浇混凝土梁在高温下的受力性能与破坏形态等。韩重庆等人对四根钢筋混凝土连续梁进行了抗火性能研究，发现荷载比对梁的耐火极限有影响，荷载比越大，梁的耐火极限越小，而跨中残余变形也更大。他们采用有限元模拟来预测连续梁的温度场分布和达到耐火极限所需时间。李萍研究了高温下钢筋混凝土连续梁的抗火性能，通过有限元模拟分析受火时间、试件截面尺寸和保护层厚度等因素对梁的承载力的影响。曹祥扩使用有限元软件对钢筋混凝土梁进行分析，研究了受火方式、保护层厚度和骨料类型对梁的温度场分布的影响。李萍等人采用有限元模拟分析钢筋混凝土简支梁的抗火性能，研究了荷载比、混凝土保护层厚度和梁高对梁的抗火性能的影响。Liu 等人进行了多次高温试验，研究了梁在高温下的残余承载力、损伤程度、振动和剥落风险等，并通过数值模拟和算法进行理论分析。

张岗等人研究了混凝土保护层厚度和荷载水平对简支梁在高温下的变形规律，并通过数值模拟分析了温度场的分布情况。常鹏等人以叠合梁为研究对象，通过有限元数值分析得出了叠合梁的承载力与混凝土强度、预制板厚度之间的关系。李莹等人对刚接的组合梁进行了高温持荷试验和数值模拟研究，发现现浇板可以延缓钢梁上翼缘的温度变化。李绍满通过热-应力耦合分析，分析了简支梁的截面尺寸和保护层厚度对耐火极限的影响。王广勇等人通过修改混凝土材料的热膨胀系数和弹性系数，研究了火灾下混凝土的瞬态热应。张耕源等人研究了钢筋和混凝土材料在高温下的本构关系，钢筋的本构关系可以选择弹塑性关系和强化关系，而混凝土的本构关系则以塑性损伤为对象。

Agrawal 等人提出了评估火灾损伤混凝土构件残余承载力的试验方法，发现火灾前和受火时增加荷载比会导致更大的刚度下降。Albu-Hassan 等人研究了GFRP（玻璃纤维增强塑料）筋混凝土梁在高温下的结构响应和破坏，发现在高温下，梁的极限承载力显著降低。王卫华等人建立了带楼板 T 形梁的温度分布模型，研究了截面尺寸和高宽比对梁的温度影响。Al-Thairy 等人通过有限元数值模拟研究了钢筋混凝土梁在高温下的响应，研究包括高温范围、加热速率和热分布的影响。Gao 等人提出了一种基于能量的时间等效法来预测钢筋混凝土梁在高温下的耐火性能。Venkatesh 等人研究了火灾升降温阶段和降温后梁材料的性能，通过数值模拟分析了火灾强度、荷载比和截面尺寸对梁的影响。Kodur 等人利用试验和数值研究提出了评价火灾后混凝土梁残余强度的简化方法，发现钢筋混凝土梁可以保持大部分的抗弯曲能力。

综上所述，已有文献对高温下的钢筋混凝土梁的研究颇丰，大部分专家学者的研究对象是普通钢筋混凝土结构，且试验研究不够充分，对于叠合梁的耐火性能试验研究更是有待补充和完善；在数值分析方面，现有文献对于叠合梁的数值模拟不够精确，未能综合考虑叠合面和火灾下混凝土裂缝的影响；对于叠合梁耐火极限的计算方式尚不完善，亟待进行相关研究以确保其推广应用。

1.3 基于智能算法的混凝土梁有限元模型修正研究现状

有限元修正技术在 20 世纪 60 年代提出，到现在已经形成了较完整的修正体系，并发展了如基于灵敏度的修正、基于优化算法的修正、基于响应面法的修正等多种有限元修正方法。有限元模型修正的目的是获得能够真实反应结构某一状态下结构响应的有限元模型。在结构健康监测中，为了进一步对损伤进行识别，需要对初始有限元模型进行修正，这个模型称为基准有限元模型，一个准确有效的"基准"（Baseline）有限元模型是进一步研究的必不可少因素。基准有限元模型的首要目标是准确模拟结构的静动力行为，为进一步损伤识别和状态评估提供真实的结构响应。由于有限元建模和试验都可能存在误差，故两者结果往往不一致。在结构健康监测系统中应使建立的有限元模型能够全面、正确地反映结构真实性，如何使理论结果和实测数据偏差尽可能小，已成为研究的热点之一。

作为动力学的反问题，模型修正技术的研究已经开展了几十年。但对于实际工程来说，这仍是一个复杂的难题，包括所使用的参数问题、模型修正的对象、模型修正方法与策略、修正模型的确认等。模型修正对象常分为两类，一类是对结构的质量矩阵与刚度矩阵进行修正，另一类是对结构的物理和几何等设计参数进行修正，矩阵型修正方法由于改变非零元素，破坏了矩阵的带状性和稀疏性，修正后的矩阵物理意义不明确，逐渐被参数型修正方法取代。参数型修正方法针对结构的边界条件、材料属性以及几何特征进行修正，具有清晰的物理意义，已经成为目前有限元修正技术的主流手段。然而同时选取多个物理参数既增加了模型修正的难度，也降低了物理参数的准确性，因此合理地选择物理参数至关重要。我们往往采用经验法、基于统计方差分析选取及灵敏度分析方法选取物理参数。灵敏度分析是评价因设计变量、参数的改变而引起结构响应特性变化大小的方法。图 1-3-1 为灵敏度分析的各种分类。图 1-3-2 为 ANSYS 自灵敏度分析流程图。

在利用智能算法修正有限元模型中，林贤坤基于频率和振型相关系数指标，

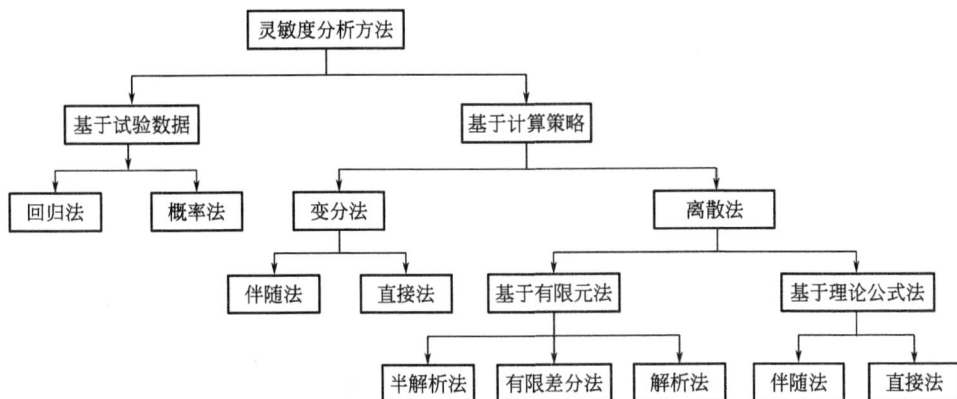

图 1-3-1　灵敏度分析的各种分类

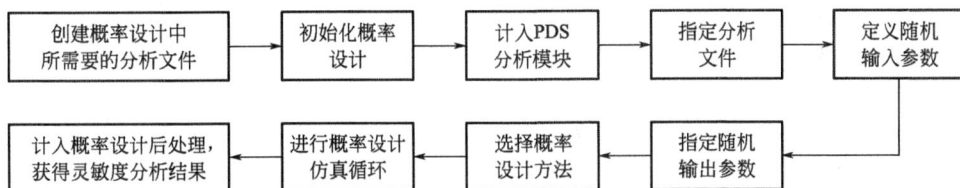

图 1-3-2　ANSYS 灵敏度分析流程图

利用实数编码加速遗传算法，基于环境激励模态试验的前 7 阶模态参数，对预应力连续箱梁桥初始有限元模型进行修正，并利用后 3 阶模态参数，对修正后有限元模型的预测能力进行评估，各梁段的材料参数将作为待修正参数，但该方法较烦琐，且边界条件考虑不足。胡俊亮以 3 跨连续梁模型为研究对象，基于遗传算法优化的 BP 神经网络，以结构的自振频率作为输入量，直接得到修正后的设计参数，并由该参数得到有限元模型动力特征向量误差，以此误差最小化为目标函数进行迭代求解，确定最终的修正参数，尚显不足的是，没有考虑振型的影响。在基于动力实测混凝土连续梁结构有限元模型修正研究方面，在材料的物理参数可以精确确定的情况下，边界条件的模拟是有限元模型是否准确的关键。因此，将结构的边界条件作为修正对象应是下一步需重点研究的方向。

1.4　基于智能算法的混凝土梁损伤识别研究现状

1.4.1　国内外研究现状

近年来，建筑物火灾问题比较常见，为减少损失，防止火灾的发生，有关专家做了相关的研究。常温下的构件损伤由于材料热工和力学参数不会发生变化，较容易研究，相关的研究国内外都比较多，同时也得出了较为客观的理论。但对于火灾后的研究，由于存在一定的危险性与复杂性，很多条件很难实现，因此研究相对较少。这是因为所研究的指标包括裂缝，弹性模量、刚度等，在高温下这些指标具有极大的不确定性，导致火灾后识别的很多材料参数不能准确判定，对于热力耦合作用后的结构，确定其损伤位置及损伤程度难度更大。

国内很多学者对结构损伤识别进行了研究，刘振生等提出检测火灾引起的建筑结构的三种识别方法，分别为柔度法、刚度法及柔度-变形曲率法，并通过模拟验证了所提方法损伤定位的有效性。宋来运基于动力特性对钢筋混凝土柱进行损伤识别，通过理论分析与试验研究结合利用模态参数对火灾后柱的损伤进行量化。王都研究了动力特性与火灾楼板损伤之间的关系，提出了采用模态曲率差法对火灾后楼板的损伤进行识别。褚桂勋为检测火灾后钢筋混凝土梁的损伤程度及其残余承载力，提出了以频率为识别指纹的损伤识别方法，并运用模态曲率法等对受损位置进行识别。诸多学者基于动力特性进行损伤识别，大多以频率、加速度等作为识别参数，却很少考虑对局部损伤更为敏感的振型。

近几年来，许多结构专家开始运用智能算法对火灾后结构进行损伤识别，也取得了较理想的成果。Lin 等为从结构响应中提取出对损伤敏感和对噪声有抵抗力的特征，将深度 CNN 应用到结构损伤检测中，将检测结果与小波包检测器相比精度更高。Ahmet Bulut 提出了支持向量机与小波分析相结合的损伤识别方法，运用所提方法检测民用基础设施的损坏情况，并用洪堡湾大桥的有限元模型验证了所有方法的有效性。黄民水等提出了一种基于改进损伤识别因子和遗传算法的结构损伤方法，并通过钢筋混凝土简支梁和连续梁试验对所提方法进行验证，结果表明识别效果良好。刘龙等将支持向量机应用到梁结构的损伤识别中，提出了基于支持向量机的两步损伤识别方法，并使用该方法对悬臂梁的损伤位置进行诊断。宋志强等利用萤火虫算法优化 BP 神经网络，通过水电站厂房结构的仿真算例对模型进行了验证，结果表明：优化后的网络模型与猜测精度和收敛速度都大幅提升。王改革等提出了基于萤火虫算法优化的 BP 神经网络算法，通过试验验证了所提算法的预测能力良好。上述研究结果表明智能算法在结构损伤识别领域中的应用取得了不错的成绩。

深度学习理论及深度网络结构因其性能强大被应用于各个领域，在结构损伤识别方面也取得了不错的成果。谢祥辉为更好地识别桥梁的损伤状况，基于深度学习理论提出了一种新的桥梁损伤识别方法，即基于 SDAE 的桥梁损伤识别方法，并通过数值模拟和缩尺试验模型验证了该方法的有效性，同时与 BP 神经网络的识别结果进行了对比，结果表明所提方法识别精度较高。程海根提出了一种基于堆叠去噪自编码器的桥梁损伤定位方法。以一座简支梁桥的有限元模型算例对该方法进行验证，结果表明提出的方法相比于传统的机器学习方法具备定位准确率高和抗噪性能好的优势。腾帅提出了一种基于深度学习算法的结构损伤识别方法。以一个三维钢架作为研究对象进行损伤识别，结果表明：该方法可以准确识别真实结构的损伤情况，相比于传统的识别方法，卷积神经网络表现出独特的优势。Wang 等基于深度学习理论提出了一种基于 IASC-ASCE SHM 基准的结构损伤识别新方法。试验结果表明，与其他传统的损伤识别方法（人工神经网络、支持向量机）相比，提出的损伤识别方法具有明显的性能优势，CNN 模型对噪声干扰也表现出较好的鲁棒性。李书进等对卷积神经网络（CNN）在工程结构损伤诊断中的应用进行了深入探讨；以多层框架结构节点损伤位置的识别问题为研究对象，结果表明：卷积神经网络能从结构动力反应信息中有效提取结构的损伤特征，且具有很高的识别精度，将卷积神经网络用于工程结构损伤诊断具有可行性，特别是在大数据处理和解决复杂问题能力方面与其他传统诊断方法相比有很大优势，应用前景广阔。卷积神经网（CNN）的基本结构见图 1-4-1。

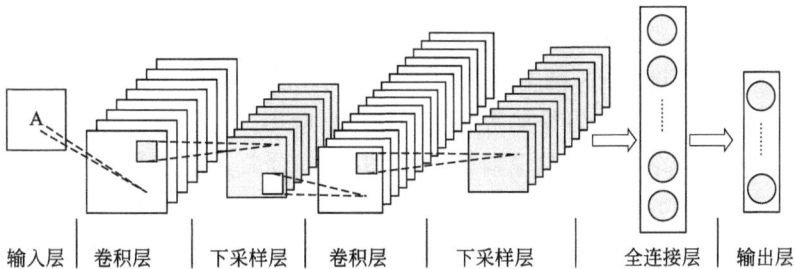

图 1-4-1　卷积神经网络（CNN）的基本结构

1.4.2　当前研究不足

综上所述，对于受火灾作用的结构损伤识别研究还不深入，存在如下问题：

（1）目前人工智能算法在常温下结构损伤识别应用较为广泛，应用智能算法结合动力特性进行结构损伤识别取得了不错的成果。但是将智能算法与动力特性应用于火灾后结构损伤识别的相关研究较少。

（2）深度学习理论在火灾损伤识别中的应用尚不多见，应根据深度学习发展的特点，发挥其优势，将深度学习理论应用到火灾损伤识别领域。

（3）进行火灾下结构的损伤识别研究要充分分析当前火灾下结构振动特性规律，不能仅考虑频率，要将对局部损伤更为敏感的振型纳入其中。

（4）智能算法在常温下结构的损伤识别中应用日趋成熟，与传统的方法相比具有较大的优势，但关于火灾下损伤识别应用智能算法的资料尚不多见，应找出振动特性与智能算法的联系，加以推广。

（5）对于受高温作用的结构来说，仅识别出具体的损伤位置意义不大，损伤程度的识别更具工程意义，可以为灾后的修复加固提供依据。

1.5 基于图像识别技术的混凝土梁损伤识别研究现状

深度学习概念在 2006 年由 Hinton 教授团队提出，并提出了深度学习网络-深度置信网络。与传统的机器学习相比，深度学习网络通常由多个层级构成，具有高度非线性特点，在训练时会精准地分配不同层神经元之间学习权重，以此学习复杂抽象的数据特征，至此深度学习逐渐受到工业界及科研机构人员关注。2011 年，谷歌和微软亚洲研究院首次在语音识别领域应用深度学习技术，并将识别准确率提升了近 30%。同年斯坦福大学举办的 ImageNet 图像识别竞赛也推动深度学习技术在工业界的发展。2012 年，Hinton 团队设计深度卷积神经网络（DCNN，Deep Convolutional Neural Network）模型 AlexNet 并应用至图像识别竞赛，使图像错误分类率下降 14%，打败同年 Google 团队的机器学习模型。在此后的竞赛中，分类准确度最高模型均出自深度学习 CNN 网络，竞赛选手通过设计不同深度与宽度 CNN 网络以达到更高分类精度。如今，此项技术在计算机视觉，自然语言处理和语音检测等领域得到广泛应用。

由于土木工程结构设施数量繁多、体量巨大，受复杂建造和使用环境等因素干扰，传统的检测方法（如人工目测）已很难满足精确检测的要求。结构健康监测系统的研发使上述问题得以缓解，此类系统不仅可以收集结构的各类相应参数，还能采集图像数据，包括二维静态图像、三维重建图像及四维的视频流等。这些图像数据不仅反映结构所处模式和力学性能，还包括结构表面视觉损伤信息，通过对图像中视觉信息进行分析与检测，进而推断评估结构损伤程度与安全状态。随着智能通信技术及物联网技术的发展，使用智能手机、电脑及摄像头等设备对结构表面进行实时便捷的图像采集已成为可能。与此同时，作为结构损伤检测有力辅助工具，搭载摄像头中无线传感器的无人机或无人车等智能设备，已在桥梁隧道表面损伤检测中广泛应用。此外，5G 时代的到来也为图像数据的存储与传递提供了有力技术支撑。

综上所述，当前许多学者已将深度学习技术应用于结构表面损伤检测与评估中，为新时代土木结构健康检测提供了有力工具。从检测算法多样性角度出发，深度学习在处理结构损伤信息时可分为，图像分类算法、目标检测算法及语义分割算法，下面将详细介绍每种算法在结构损伤检测中的应用。

1.5.1 图像分类算法在结构损伤检测中的应用

图像分类任务是给每张图像分配并预测对应标签，一张图像中是否包含某种特定的物体，即对图像特征进行描述是图像分类的主要任务。常用的方法是通过手动标记特征或特征学习方法对整张图像进行全局描述，随后使用 CNN 网络进行图像特征提取，再利用分类器判断图像中是否存在待预测物体。例如对服役的基础设施表面拍摄损伤照片，采用 CNN 网络判断每张图像中是否存在特定类型的损伤。常用的 CNN 分类网络包括：AlexNet、VGGNet、GoogLeNet、ResNet 和 MobileNet 等。

图像分类技术通过对结构损伤图像进行特征提取和分类识别，实现对土木工程结构损伤程度和类型的自动化识别及定量化评估。该技术可以帮助工程师和检测人员更快速、更准确地发现结构损伤，避免安全事故发生。

Allen 等研发了用于沥青路面裂缝检测的 CNN 分类网络 CrackNet，图像在所有隐藏层的尺寸保持分辨率不变，保留丰富的细节信息，但网络参数计算耗时较长。为解决路面裂缝检测中复杂噪声和相似裂缝无法有效区分问题，Zhang 等提出裂缝形态分类网络 T-DCNN，用于区分离散裂缝和闭合裂缝，引入分块阈值方法降低噪声对网络性能的干扰。Xu 等开发集成卷积神经网络 ECNN 用于钢结构表面锈蚀等级和锈蚀率进行分类，准确度达 93%，且网络性能不易受到图像模糊的影响，网络的鲁棒性得以保证。Liang 等提出一种基于图像的桥梁损伤三级检测方法，融合图像分类、检测和分割算法对桥墩混凝土剥落损伤进行检测，使用贝叶斯优化，提升了网络在小型数据集上的预测性能，但未给出桥墩损伤等级。Gao 等利用 VGGNet 对震后混凝土构件种类、混凝土剥落程度、损伤等级评估和类型进行分类，利用迁移学习提升网络训练效果，建立构件局部损伤类型与整体损伤等级的联系。Cha 等使用 CNN 网络和滑移窗口算法对混凝土表面裂缝进行分类，克服传统图像处理技术中光照、阴影等因素的影响。Wang 等首次采用 CNN 网络与滑移窗口算法融合对古建筑砌体结构表面裂缝、剥落、风化和泛碱损伤进行分类，精度达 94.3%。Cheng 等提出一种集成 CNN 分类的模型，对飓风后受损建筑进行损伤等级分类，建筑受损图像通过无人机（UVA, Unmanned Aerial Vehicle）搜集，构成多视角图像数据集。然而，当使用单一视角图像时，分类准确度仅 61%。

上述工作大多使用单一 CNN 网络来提取图像特征并分类预测，导致网络学习过程中丢失部分细节信息。为提高网络特征提取性能，Khajwal 等提出一种多视图飓风后建筑损伤 CNN 分类模型。将受损建筑物的地面真实图像与空中图像在网络中相融合，不同视图中建筑损伤特征得以融合，提高网络分类准确性。类似的，Weber 和 Gupta 等在最终语义分割层之前连接灾前和灾后图像特征，以获得准确率更高的损伤分类模型。Francesco 等介绍了卫星和 UVA 图像相融合在震后受损建筑 CNN 分类模型性能中的优势，避免由单一拍摄角度或距离导致的结构严重损伤部位被网络分类检测时所忽视。然而，上述文献多集中在裂缝形态分类及地震后结构损伤类型分类，关于图像分类算法在火灾后结构损伤检测鲜有报道。

1.5.2 目标检测算法在结构损伤检测中的应用

图像分类算法可在短时间内对图像内容做出预测判断，但无法在每种图像中定位，并识别出结构的损伤位置和类型，而图像目标检测技术解决了以上两个难题。目标检测可在一张图像中识别出多个损伤目标，并对每个目标用目标边界框给出位置信息，进而可确定某一区域内损伤种类和数量。常用目标检测网络包括R-CNN、Fast R-CNN、Faster R-CNN、SSD 及 YOLO 系列网络架构等。当前目标检测方法已被广泛应用于建筑结构损伤检测、道路桥梁日常维护检测、管道缺陷检测和施工现场安全性检测等领域。

如表 1-5-1 所示，目标检测技术已广泛应用于土木工程结构损伤检测中，以帮助工程师和检测人员更准确地检测和定位结构中损伤缺陷，提高结构安全性和可靠性。使用目标检测算法来检测和识别结构中的缺陷、裂缝、变形等问题，通过将结构图像或视频输入到目标检测模型中进行处理来实现。在模型中，可以使用各种不同神经网络架构，例如 Faster R-CNN、YOLO 等，来对图像或视频中的结构进行分析检测。此外，还可以使用目标检测技术来监测结构变化。例如，将同一结构多个图像或视频输入到模型中进行分析，以便跟踪结构损伤变化。帮助检测人员及时发现解决问题，避免事故和灾害发生。

文献汇总 表 1-5-1

文献	研究内容与不足
Mondal 等	基于 Faster-CNN 框架,本书对不同骨干网络(如 Inception-ResNet-v2),在震后混凝土结构四类典型损伤(表面裂缝、混凝土剥落、钢筋外露及钢筋屈曲)检测中的性能进行对比分析
Zou 等	利用改进的 YOLOv4 网络建立了完整的混凝土构件检测评估方法,首先利用检测网络定位损伤位置和类别,然后基于类别推断构件的损伤模式,最后进行构件损伤等级的评定
Cui 等	将 Transformer 模块和 YOLOv4 网络进行融合,得到用于检测混凝土风蚀损伤的 MH-SA-YOLOv4,可在不同背景干扰下(如水渍、划痕等)实现较高检测精度
Isaac 等	提出震后混凝土结构多类别损伤检测网络(EnsembleDetNet),引入了一种全新的注意力机制模块,预测结构受剪、受弯和复合破坏类型。然而,将自动损伤检测与结构整体评价等级联系起来仍需研究
Xiong 等	使用无人机和卷积神经网络的自动建筑物地震损伤评估方法。以三维建模为地理参考的建筑物图像分割方法,采用基于 VGG 网络的目标检测模型来评估每座建筑物的震害程度

续表

文献	研究内容与不足
Beckman 等	提出一种基于 Faster R-CNN 网络的混凝土剥落损伤检测方法,使用深度传感器分别量化同一混凝土表面发生的多个剥落工况,以及单个构件的多个表面情况
Teng 等	对比不同骨干特征提取网络的 YOLOv2 在裂缝检测上的性能,得出以 ResNet18 为骨干网络,可满足检测精度与检测速度间的平衡
Luo 等	针对钢结构表面缺陷检测(如螺栓锈蚀或缺失),使用 360°全景相机与区域检测神经网络相结合的方法以达到自动检测的效果。飞行时间更长、覆盖范围更广的检测平台有待开发
Wang 等	使用基于 ResNet101 框架的 Faster R-CNN 模型来检测历史砌体结构的两类损伤(风化和剥落)。此外,开发了结合工作站的互联网协议(IP)网络摄像头损坏检测系统,实现实时检测
David 等	提出一个端到端的目标检测网络,用于砌体结构外立面砖块风化损伤检测,并根据不同损伤程度给出后续具体修复措施
Wang 等	将 360°街景图像与 Mask R-CNN 算法相结合,提出自动检测分割街头危险砌体房屋架构,有利于震前对危险结构进行识别和判定,提前定位危险房屋并修复
Kumar 等	基于 YOLOv3 网络和搭载 Jetson-TX2 的无人机平台,开发一种实时无人机协同的损伤检测系统。该系统能够识别宽度不小于 0.2mm 的混凝土裂缝,但对更微小裂缝的检测效果有待进一步提高
Jiang 等	提出共 5000 张混凝土不同损伤类型图像数据集,通过深度可分卷积、倒残差模块和线性瓶颈连接优化检测网络架构。在复杂背景下检测效果不理想
Pan 等	结合 YOLOv2 检测网络和分类网络检测震后结构损伤状态,并评估经济损失。但在钢筋露筋损伤的检测方面仍有待加强
Teng 等	使用 YOLOv3 检测桥梁表面裂缝和露筋损伤,通过融合不同分辨率的特征信息提高了网络检测性能,检测速度是上一代 YOLOv2 的 1000 倍,可实现快速实时的检测效果
Yu 等	改进 Faster R-CNN 网络中数据集采集系统、损伤标注方法和锚框生成器,提出适用于混凝土桥梁裂缝、混凝土剥落和钢筋露筋的损伤检测网络。不仅做到了高精度检测效果,还保留了损伤的完整性
Yu 等	为实现无人机对桥梁裂缝实时检测,提出了 YOLOv4 FPM 网络架构,采用焦点损失聚焦复杂背景下的裂缝特征,剪枝算法加快了模型检测速度,多尺度模块增强了网络的检测范围及鲁棒性
Deng 等	构建用于桥梁损伤检测的包含不同背景的真实裂缝和手动标记裂缝的数据集,通过训练 Faster R-CNN 达到自动检测效果

文献	研究内容与不足
Zhang 等	基于实时物体检测技术 YOLOv3 网络，检测多种混凝土桥梁破坏，通过引入迁移学习、批量重归一化和焦点损失等技术改进网络检测精度。针对图像中较小的损伤裂缝，其检测精度仍有待提高
Qiu 等	针对人行道实时裂缝损伤检测研究，以 ResNet50 作为骨干特征提取网络的 YOLOv2 和 YOLOv4-tiny，实现最高检测精度和实时检测速度。然而，针对不同城市的人行道裂缝检测性能有待验证
Zhang 等	在 YOLOv3 的骨干特征网络与特征融合层之间加入多级注意力机制，提高了路面多类别裂缝损伤检测准确度。然而，针对较小裂缝的检测精度仍有待提高
Ma 等	提出基于生成对抗网络的智能自动检测和追踪裂缝系统，可以生成对应的图像来解决数据集较少的问题，通过加速算法和中值流算法改进 YOLOv3 网络实现了 98.5% 的检测精度。但在尺度更小的裂缝检测精度上仍有待提升
Li 等	提出了一种全新的迁移学习策略，包括数据迁移和模型迁移两部分，能够使模型在未经训练的情况下适应新的检测场景。此外，更加先进的监督学习方法在道路缺陷检测方面的应用值得研究与探讨
Guo 等	为解决铁路轨道损伤检测精确度低、耗费大量劳动力等问题，基于 YOLOv4 网络架构，采用不同的激活函数组合，克服光线强度及图像大小引起的敏感性降低问题
Wei 等	为避免铁轨缺陷人工检测费时费力且容错率低的特点，将 DenseNet 与 YOLOv2 网络相结合，实现自动检测的同时保证了模型精度。但对铁轨其他类型缺陷损伤，网络有效性有待研究
Santos 等	基于可部署在移动端的 AlexNet 网络，结合无人机采集的图像或视频流，实现对大型工业建筑表面露筋损伤的实时检测
Guo 等	通过对图像边缘区域内的缺陷纹理有效采样，构建管道扩展特征金字塔网络采样框架，嵌入超分辨率模块进行纹理提取，获取丰富的缺陷纹理信息，包括管道变形、腐蚀和裂纹，为管道缺陷检测提供图像采样支持，提高管道缺陷检测的精度
Li 等	基于 YOLOv5 研发用于自动检测安全帽脱落及未佩戴安全挂钩行为，使用现场采集的 1200 条视频作为训练样本，网络可在人工干预下规范工人安全防护设备的佩戴，降低安全风险，提高现场管理效率
Jung、Arabi 等	提出一种用于安全检测施工现场特种设备车辆 SSD MobileNet 网络，验证基于目标检测方案在施工场景中的实用性。此外，当前研究提供的检测信息还可用于生产力评估和管理决策制定

然而，在火灾后结构检测领域中，由于数据获取和处理存在困难，可用于训练的数据集数量非常有限，且环境较复杂，极有可能产生大量烟雾和粉尘等不利因素，均对目标检测算法的准确性造成干扰，导致算法性能受限。此外，时间是另一重要因素，及时发现受损建筑物，及早采取应对措施。因此，有必要研发适

用于火灾后混凝土结构实时及准确的损伤检测架构。

1.5.3　语义分割算法在结构损伤检测中的应用

　　语义分割是将数字图像分割成多个子区域或超像素过程。在处理损伤图像时，语义分割可以提取有价值的部分，例如筛选特征点或分割含有特定目标的部分。该过程使图像更易于理解分析。语义分割是一个像素级别的物体识别方法，即每个像素点都需要被标记其类别，从而实现对图像中每个像素加标签过程。相比目标检测，语义分割更加困难，因为目标检测只需要输出检测框用于表征目标物体位置，而不需要像素级别的分类。经典的语义分割网络有 FCN、SegNet、DeepLab 和 Unet 等。

　　当前语义分割算法多用于裂缝分割及量化，Zhang 等提出用于大坝混凝土裂缝分割网络 UCTD-Net，该网络可以同时捕获裂纹的局部和全局特征，有助于分割细长裂纹。然而，当受到严重干扰时，网络准确性有所降低。Li 等研发实时像素级大坝水下裂缝自动分割与量化网络骨架，融合轻量级网络 LinkNet 和两阶段迁移学习策略，前者可增强网络在复杂背景下的识别能力，后者显著降低计算开销。为提高在复杂背景下路面裂缝分割效果，Guo 等研发全新路面裂缝分割网络 Crack Transformer，用于检测长且复杂的路面裂缝。Shamsabadi 等基于 Vision Transformer 架构提出针对沥青和混凝土裂缝分割网络，引入迁移学习与差分交并损失函数来提高网络性能。Xie 等人基于稀疏感知编码器和超像素解码器技术，开发准确高效分割混凝土裂缝的深度学习模型，稀疏感知单元深度和感受野的增加保证了模型的可表示性。

　　为解决裂缝分割网络中的信息复杂度高和泛化能力弱的问题，Zhang 等人提出像素级的裂缝自动分割网络 CrackUnet。Chaiyasarn 等开发应用于基础纹理空间集成 CNN-FCN 裂缝检测系统，提升对超高层建筑结构的裂缝分割性能。Xiang 等提出基于超分辨率重建和语义分割的微裂纹自动检测方法，解决从基础设施中采集裂缝图像存在运动模糊与分辨率不足的问题。Wang 和 Chen 等在基础网络中分别融合了 Transformer 架构和注意力机制，提高模型分割裂缝多尺度特性。Chu 等搭建了具有注意力机制多尺度特征融合网络 Tiny-Crack-Net，提升微小裂缝分割精度。Zhou 等基于 DCNN 裂纹分割方法，提出利用异构图像融合来减轻强度或距离对图像的干扰，并通过跨域特征相关来减轻不确定性。Sun 等人采用基于 DeepLabv3＋的新型深度学习技术来提升混凝土表面裂缝和孔洞分割精度。Andrushia 等人为火灾条件下的混凝土结构开发基于深度学习自主损伤检测框架，融合卷积神经网络与长短期记忆神经网络，前者用于特征提取，后者用于损伤检测与分类，与传统方法继续比对，体现该网络的强大的鲁棒性。但该网络仅能对火灾后裂缝进行分割，针对爆裂或露筋损伤无法识别，且检测速度较慢，无法达到实时分割效果。

除在结构裂缝损伤分割中应用外，语义分割技术还被应用于钢结构表面锈蚀区域分割检测、管道、隧道和桥梁缺陷检测及混凝土微观结构分析等，并取得满意成果。目前在火灾后结构损伤检测领域中缺乏足够标注数据集，限制语义分割模型训练和应用。火灾后结构损伤场景复杂，如烟雾、灰尘、光照等，影响图像质量，进而降低网络分割准确性和稳定性。此外，分割网络还受到数据质量、网络结构、超参数设置等影响。而针对火灾后结构损伤检测领域特殊需求，需要针对性地进行算法性能优化和稳定性增强。

1.5.4　当前研究不足

现有火灾损伤检测技术已得到广泛研究，但无法实现实时检测效果，评价指标主观性较强，评价指标仍需统一。此外，现有研究对深度学习技术在结构地震损伤检测、耐久性损伤检测方面已有深入研究，但对于火灾后混凝土结构损伤研究尚存在不足。且存在以下问题：

（1）现有检测方法多为人工目测或专业设备检测，耗时耗力且设备较昂贵，不宜推广，无法做到实时检测。此外，评价准则主观性较强，难以做到统一评级。

（2）深度学习技术需要大量数据进行训练，但在结构火灾损伤检测领域，难以获得大规模真实场景数据，训练集不足时模型泛化能力和适用性将受到影响。

（3）模型需要处理多变的环境因素，如烟雾、光线、阴影等，同时还需要具备对不同损伤类型的识别能力。然而，当前网络对于复杂损伤类型识别能力仍然有限，需进一步提高网络特征识别的效果。

（4）网络计算复杂度较高，需处理大量数据及图像，在保证准确率前提下，需减少网络复杂度，提高运行效率。

1.6　主要内容

本书深入探讨了混凝土矩形梁、T形梁及预制装配式叠合梁在火灾作用下的静动力特性及其灾后损伤识别方法。通过系统的火灾试验、理论分析和数值模拟，揭示了这些结构在火灾过程中模态参数的变化规律，提出了初始有限元模型修正方法和灾后损伤识别方法，并利用人工智能深度学习技术进行火灾后的混凝土结构损伤检测、分割与量化，提出了有效的火灾损伤评估方法。主要内容如下：

第二章，为探究火灾下混凝土矩形简支梁振动规律及火灾后损伤评估方法，设计浇筑四根足尺简支梁，并依次进行火灾前的振动测试、火灾试验、火灾后的振动测试以及承载力试验。为减少模型参数误差对火灾下动力响应数值分析的影响，首先提出基于支持向量机（SVM-Support Vector Machine）的分步修正算法，进行初始有限元模型修正与参数分析，揭示混凝土梁在火灾过程中的振动特性变化规律。最后，提出一种基于小波神经网络（Wavelet Neural Network，WNN）技术的火灾后损伤识别方法，识别火灾对混凝土梁的损伤程度及位置。

第三章，研究混凝土 T 形梁在火灾前、火灾中、火灾后的动静力特性，并对灾后试验梁进行识别评估。试验设计浇筑 10 根 T 形梁，并对 T 形梁依次进行火灾、振动及静载试验研究。在火灾前静动力试验基础上，提出基于静动力信息的 T 形梁有限元模型修正方法，并对火灾前 T 形梁进行有限元模型修正，基于修正后有限元模型精确分析火灾下 T 形梁动力特性；基于火灾后静力试验研究，提出一种基于萤火虫算法的识别方法，对火灾后试验 T 形梁的刚度及承载力进行损伤识别，并结合试验数据验证识别可行性；此外，作者还通过逼近理想解法（MTOPSIS）和灰色关联度分析（GRA）改进的 MTOPSIS-GRA 评价体系对火灾后 T 形梁进行损伤评估，确定火灾后 T 形梁的损伤等级，并与专家评估相互比较，验证了评估方法的合理性。

第四章，提出基于改进响应面法的有限元模型修正方法，并结合火灾试验，研究火灾作用下 T 型混凝土叠合梁振动规律及火灾后损伤评估方法，测量高温下 T 形叠合梁截面温度分布及挠度分布，分析 T 形叠合梁在火灾作用下的试验现象，并在此基础上进行高温后静载试验，测量挠度随荷载的变化关系、屈服荷载和极限荷载、叠合梁叠合面的相对滑移量以及火灾后的裂缝发展情况，最后使用堆栈降噪自动编码器进行叠合梁火灾损伤识别。

第五章，以预制装配式 T 形截面叠合梁为研究对象进行耐火性能试验，记录火灾下各测点温度、梁净跨五等分点的位移、预制板与现浇板两端的相对位移、裂缝发展数据。对高温下叠合梁的力学分析，采用有限元模型和理论截面法对叠合梁进行非线性分析，获取达到耐火极限挠度所需时间，与试验数据作对比进行分析。基于试验验证的数值模型，综合考虑叠合梁的持荷水平、叠合面的摩擦系数、叠合参数以及混凝土保护层厚度进行参数分析，归纳得出简化的预制装配式 T 形截面叠合梁耐火极限的关系式，并与叠合梁试验耐火极限对比验证该简化计算公式的准确性。

第六章，基于深度学习算法，针对火灾后混凝土结构的损伤评价，提出系列创新性的指标与方法。首先，通过融合 MobileNetv3 与 Swin-Transformer 网络架构，研发针对火灾后构件损伤类型与等级的分类网络，实现对颜色变化、裂缝开裂程度、混凝土爆裂及钢筋露筋程度的高精度分类。其次，提出阶段损伤检测网络 YOLOv5s-D，引入 AF-FPN 模块提升检测性能，实现灾后损伤的实时检测。同时，基于图像分割技术，构建火灾后混凝土结构损伤分割网络 MB-SPPF-

Unet，实现了损伤的自动分割。最后，通过收集试验室火灾场景下混凝土梁损伤图像，验证了损伤等级分类网络的泛化性与准确性，实现构件损伤等级与残余性能的有机结合。

本书研究成果不仅丰富了混凝土结构火灾损伤理论体系，也为实际工程提供了重要参考。展望未来，随着技术进步和标准提高，期待研究成果能广泛应用于实践，推动建筑抗火性能与安全性的进一步提升。

参考文献

[1] 韩重庆，许清风，刘桥，等. 钢筋混凝土 T 形截面连续梁耐火性能试验研究及有限元分析 [J]. 建筑结构学报，2015，36（2）：142-150.

[2] 李萍. 钢筋混凝土连续梁在火灾下的耐火性能研究 [D]. 北京：北京建筑大学，2019.

[3] 曹祥扩，蔡斌，李博. 基于 ABAQUS 的钢筋混凝土梁温度场有限元分析 [J]. 吉林建筑大学学报，2019，36（2）：7-12.

[4] 李萍，刘栋栋. 钢筋混凝土简支梁耐火性能分析 [J]. 建筑结构，2018，48（S1）：574-577.

[5] Liu Caiwei, Lu Xiuliang, Ba Guangzhong, et al. Influence of Loading Conditions on the Residual Flexural Capacity of Reinforced Concrete T-beams after Fire Exposure [J]. KSCE Journal of Civil Engineering, 2021, 25 (12): 4710-4723.

[6] Liu, C. W. Liu, C. F. Xu, et al. A Fractal-Interpolation Model for Diagnosing Spalling Risk in Concrete at Elevated Temperatures [J]. KSCE Journal of Civil Engineering, 2018, 22 (12): 5154-5163.

[7] Liu, C. W. Huang, X. H. Miao, et al. Modification of finite element models based on support vector machines for reinforced concrete beam vibrational analyses at elevated temperatures [J]. Structural Control & Health Monitoring, 2019, 26 (6): e2350.

[8] Liu, C. W. Song, S. M. Liu, et al. Modal-based identification method of fire damage in reinforced concrete T-beams using support vector machine and firefly algorithm [J]. Structural Control & Health Monitoring, 2021, 28 (18): e2767.

[9] 张岗，贺拴海，郭琦，等. 火灾下钢筋混凝土梁桥高温场形变分析 [J]. 长安大学学报（自然科学版），2009，29（1）：54-58.

[10] 常鹏，姚谦峰. 钢筋混凝土叠合梁斜截面承载力数值模拟与影响因素分析 [J]. 中国安全科学学报，2005（12）：16-20＋138.

[11] 李莹，吕俊利，蔡永远，等. 现浇组合梁抗火性能试验研究与数值模拟 [J]. 建筑结构，2020，50（6）：15-20.

[12] 李绍满. 钢筋混凝土简支梁抗火性能有限元分析比较 [D]. 北京：北京建筑大学，2013.

[13] 王广勇，薛素铎. 混凝土的瞬态热应变及其计算 [J]. 北京工业大学学报，2008（4）：

387-390.

[14] 张耕源，邱仓虎. 基于 ABAQUS 的火灾下钢筋混凝土结构精细化建模技术研究 [J]. 建筑科学，2017，33（5）：31-39＋99.

[15] Ankit Agrawal, V. K. R. Kodur. A Novel Experimental Approach for Evaluating Residual Capacity of Fire Damaged Concrete Members [J]. Fire Technology，2020，56：715-735.

[16] Nuha Hussein Albu-Hassan, Haitham Al-Thairy. Experimental and numerical investigation on the behavior of hybrid concrete beams reinforced with GFRP bars after exposure to elevated temperature [J]. Structures，2020，28：537-551.

[17] 王卫华，董毓利. 带楼板钢筋混凝土 T 形梁火灾下（后）温度场研究 [J]. 中南大学学报（自然科学版），2015，46（2）：684-693.

[18] Haitham Al-Thairy, Sajida K. Al-Jasmi. Numerical Investigation on the Behavior of Reinforced Lightweight Concrete Beams at Elevated Temperature [J]. Iranian Journal of Science and Technology, Transactions of Civil Engineering，2021，45（4）：2397-2412.

[19] Wan-Yang Gao. Fire resistance of RC beams under design fire exposure [J]. Magazine of Concrete Research，2017，69（8）：403-423.

[20] Venkatesh K. Kodur, Ankit Agrawal. Critical Factors Governing the Residual Response of Reinforced Concrete Beams Exposed to Fire [J]. Fire Technology，2016，52（4）：967-993.

[21] V. K. R. Kodur, M. B. Dwaikat, R. S. Fike. An approach for evaluating the residual strength of fire-exposed RC beams [J]. Magazine of Concrete Research，2010，62（7）：479-488.

[22] 林贤坤，张令弥，郭勤涛，等. 预应力连续箱梁桥的动力有限元模型修正 [J]. 土木建筑与环境工程，2012，34（6）：32-38.

[23] 胡俊亮，叶仲韬，吴杰. 基于动态测试数据的旧桥系统参数识别 [J]. 市政技术，2022，40（4）：1-5＋35.

[24] 阳洋，金国芳，周锡元，等. 基于改进直接刚度法的框架结构地震累积损伤评估 [J]. 四川大学学报（工程科学版），2011，43（1）：43-50.

[25] 刘振生，孙海山. 检测火灾引起的建筑结构损伤的方法 [J]. 煤炭技术，2004，（3）：80-82.

[26] 宋来运. 基于动力特性的钢筋混凝土柱火灾损伤识别理论分析与试验研究 [D]. 青岛：青岛理工大学，2018.

[27] 王都. 基于动力理论火灾下楼板的损伤识别理论分析及试验研究 [D]. 青岛：青岛理工大学，2016.

[28] 褚桂勋. 基于动力参数的钢筋混凝土梁高温损伤识别研究 [D]. 青岛：青岛理工大学，2018.

[29] YIZHOU L, NIE Z, MA H. Structural Damage Detection with Automatic Feature-Extraction through Deep Learning [J]. Computer-Aided Civil and Infrastructure Engineering，2017，32（12）：1025-1046.

[30] BULUT A, SHIN P, FOUNTAIN T, et al. Real-time nondestructive structural health

monitoring using support vector machines and wavelets [J]. Proceedings of SPIE - The International Society for Optical Engineering, 2005, 5770: 180-189.

[31] 黄民水，吴劲，朱宏平. 噪声影响下基于改进损伤识别因子和遗传算法的结构损伤识别 [J]. 振动与冲击，2012，31（21）：168-174.

[32] 刘龙，孟光. 基于曲率模态和支持向量机的结构损伤位置两步识别方法 [J]. 工程力学，2006，(S1)：35-39＋45.

[33] 宋志强，耿聃，苏晨辉，等. 基于改进萤火虫算法优化 BP 神经网络的水电站厂房振动预测 [J]. 振动与冲击，2017，36（24）：64-69.

[34] 王改革，郭立红，段红，等. 基于萤火虫算法优化 BP 神经网络的目标威胁估计 [J]. 吉林大学学报（工学版），2013，43（4）：1064-1069.

[35] 谢祥辉. 基于深度学习理论的桥梁损伤识别研究 [D]. 成都：西南交通大学，2018.

[36] 程海根，胡晨，姜勇，等. 基于堆叠去噪自编码器的桥梁损伤定位方法研究 [J]. 华东交通大学学报，2020，37（3）：37-43.

[37] 腾帅. 基于深度学习的结构损伤识别方法研究 [D]. 广州：广东工业大学，2020.

[38] WAng X, Zhang X, Shahzad M M. A novel structural damage identification scheme based on deep learning framework [J]. Structures, 2021, 29: 1537-1549.

[39] 李书进，赵源，孔凡，等. 卷积神经网络在结构损伤诊断中的应用 [J]. 建筑科学与工程学报，2020，37（6）：29-37.

[40] Zhang A, Wang K C P, Li B, et al. Automated Pixel-Level Pavement Crack Detection on 3D Asphalt Surfaces Using a Deep-Learning Network [J]. Computer-Aided Civil and Infrastructure Engineering, 2017, 32 (10): 805-819.

[41] Zhang K, Cheng H D, Zhang B. Unified Approach to Pavement Crack and Sealed Crack Detection Using Preclassification Based on Transfer Learning [J]. Journal of Computing in Civil Engineering, 2018, 32 (2): 1-12.

[42] Xu J, Gui C, Han Q. Recognition of rust grade and rust ratio of steel structures based on ensembled convolutional neural network [J]. Computer-Aided Civil and Infrastructure Engineering, 2020, 35 (10): 1160-1174.

[43] Liang X. Image-based post-disaster inspection of reinforced concrete bridge systems using deep learning with Bayesian optimization [J]. Computer-Aided Civil and Infrastructure Engineering, 2019, 34 (5): 415-430.

[44] Gao Y, Mosalam K M. Deep Transfer Learning for Image-Based Structural Damage Recognition [J]. Computer-Aided Civil and Infrastructure Engineering, 2018, 33 (9): 748-768.

[45] Gao Y, Mosalam K M. Deep Transfer Learning for Image-Based Structural Damage Recognition [J]. Computer-Aided Civil and Infrastructure Engineering, 2018, 33 (9): 748-768.

[46] Gao Y Q, Li K B, Mosalam K M, et al. Deep residual network with transfer learning for image-based structural damage recognition [J]. 11th National Conference on Earthquake

Engineering 2018, NCEE 2018: Integrating Science, Engineering, and Policy, 2018, 11 (6): 6971-6981.

[47] Wang N, Zhao Q, Li S, et al. Damage Classification for Masonry Historic Structures Using Convolutional Neural Networks Based on Still Images [J]. Computer-Aided Civil and Infrastructure Engineering, 2018, 33 (12): 1073-1089.

[48] Cheng C S, Behzadan A H, Noshadravan A. Deep learning for post-hurricane aerial damage assessment of buildings [J]. Computer-Aided Civil and Infrastructure Engineering, 2021, 36 (6): 695-710.

[49] Khajwal A B, Cheng C S, Noshadravan A. Post-disaster damage classification based on deep multi-view image fusion [J]. Computer-Aided Civil and Infrastructure Engineering, 2022: 1-17.

[50] Weber E, Kané H. Building Disaster Damage Assessment in Satellite Imagery with Multi-Temporal Fusion [J]. 2020: 1-7.

[51] Ghosh Mondal T, Jahanshahi M R, Wu R T, et al. Deep learning-based multi-class damage detection for autonomous post-disaster reconnaissance [J]. Structural Control and Health Monitoring, 2020, 27 (4): 1-15.

[52] Zou D, Zhang M, Bai Z, et al. Multicategory damage detection and safety assessment of post-earthquake reinforced concrete structures using deep learning [J]. Computer-Aided Civil and Infrastructure Engineering, 2022, 37 (9): 1188-1204.

[53] Cui X, Wang Q, Li S, et al. Deep learning for intelligent identification of concrete wind-erosion damage [J]. Automation in Construction, 2022, 141 (12): 104427.

[54] Agyemang I O, Zhang X, Acheampong D, et al. Autonomous health assessment of civil infrastructure using deep learning and smart devices [J]. Automation in Construction, 2022, 141 (6): 104396.

[55] Xiong C, Li Q, Lu X. Automated regional seismic damage assessment of buildings using an unmanned aerial vehicle and a convolutional neural network [J]. Automation in Construction, 2020, 109: 102994.

[56] Beckman G H, Polyzois D, Cha Y J. Deep learning-based automatic volumetric damage quantification using depth camera [J]. Automation in Construction, 2019, 99: 114-124.

[57] Teng S, Liu Z, Chen G, et al. Concrete crack detection based on well-known feature extractor model and the YOLO _ v2 network [J]. Applied Sciences, 2021, 11 (2): 1-13.

[58] Wang N, Zhao X, Zhao P, et al. Automatic damage detection of historic masonry buildings based on mobile deep learning [J]. Automation in Construction, 2019, 103: 53-66.

[59] Marín-García D, Bienvenido-Huertas D, Carretero-Ayuso M J, et al. Deep learning model for automated detection of efflorescence and its possible treatment in images of brick facades [J]. Automation in Construction, 2023, 145: 104658.

[60] Wang C, Antos S E, Triveno L M. Automatic detection of unreinforced masonry buildings from street view images using deep learning-based image segmentation [J]. Automation in

Construction, 2021, 132: 103968.

[61] Kumar P, Batchu S, Swamy S. N, et al. Real-time concrete damage detection using deep learning for high rise structures [J]. IEEE Access, 2021, 9: 112312-112331.

[62] Teng S, Liu Z, Li X. Improved YOLOv3-Based Bridge Surface Defect Detection by Combining High- and Low-Resolution Feature Images [J]. Buildings, 2022, 12 (8): 1225.

[63] Yu L, He S, Liu X, et al. Engineering-oriented bridge multiple-damage detection with damage integrity using modified faster region-based convolutional neural network [J]. Multimedia Tools and Applications, 2022, 81 (13): 18279-18304.

[64] Yu Z, Shen Y, Shen C. A real-time detection approach for bridge cracks based on YOLOv4-FPM [J]. Automation in Construction, 2021, 122: 103514.

[65] Deng J, Lu Y, Lee V C S. Concrete crack detection with handwriting script interferences using faster region-based convolutional neural network [J]. Computer-Aided Civil and Infrastructure Engineering, 2020, 35 (4): 373-388.

[66] Zhang C, Chang C C, Jamshidi M. Concrete bridge surface damage detection using a single-stage detector [J]. Computer-Aided Civil and Infrastructure Engineering, 2020, 35 (4): 389-409.

[67] Qiu Q, Lau D. Real-time detection of cracks in tiled sidewalks using YOLO-based method applied to unmanned aerial vehicle (UAV) images [J]. Automation in Construction, 2023, 147: 104745.

[68] Zhang Y, Zuo Z, Xu X, et al. Road damage detection using UAV images based on multi-level attention mechanism [J]. Automation in Construction, 2022, 144: 104613.

[69] Ma D, Fang H, Wang N, et al. Automatic Detection and Counting System for Pavement Cracks Based on PCGAN and YOLO-MF [J]. IEEE Transactions on Intelligent Transportation Systems, 2022, 23 (11): 22166-22178.

[70] Li Y, Che P, Liu C, et al. Cross-scene pavement distress detection by a novel transfer learning framework [J]. Computer-Aided Civil and Infrastructure Engineering, 2021, 36 (11): 1398-1415.

[71] Guo F, Qian Y, Shi Y. Real-time railroad track components inspection based on the improved YOLOv4 framework [J]. Automation in Construction, 2021, 125: 103596.

[72] Wei X, Wei D, Suo D, et al. Multi-target defect identification for railway track line based on image processing and improved YOLOv3 model [J]. IEEE Access, 2020, 8: 61973-61988.

[73] Santos R, Ribeiro D, Lopes P, et al. Detection of exposed steel rebars based on deep-learning techniques and unmanned aerial vehicles [J]. Automation in Construction, 2022, 139: 104324.

[74] Guo W, Zhang X, Zhang D, et al. Detection and classification of pipe defects based on pipe-extended feature pyramid network [J]. Automation in Construction, 2022, 141: 104399.

［75］ Li Y，Lu Y，Chen J. A deep learning approach for real-time rebar counting on the construction site based on YOLOv3 detector ［J］. Automation in Construction，2021，124：103602.

［76］ Jung S，Jeoung J，Kang H，et al. 3D convolutional neural network-based one-stage model for real-time action detection in video of construction equipment ［J］. Computer-Aided Civil and Infrastructure Engineering，2022，37（1）：126-142.

［77］ Arabi S，Haghighat A，Sharma A. A deep-learning-based computer vision solution for construction vehicle detection ［J］. Computer-Aided Civil and Infrastructure Engineering，2020，35（7）：753-767.

［78］ Shelhamer E，Long J，Darrell T. Fully Convolutional Networks for Semantic Segmentation ［J］. IEEE Transactions on Pattern Analysis and Machine Intelligence，2017，39（4）：640-651.

［79］ Chen L C，Papandreou G，Kokkinos I，et al. DeepLab：Semantic Image Segmentation with Deep Convolutional Nets，Atrous Convolution，and Fully Connected CRFs ［J］. IEEE Transactions on Pattern Analysis and Machine Intelligence，2018，40（4）：834-848.

［80］ Zhang E，Shao L，Wang Y. Unifying transformer and convolution for dam crack detection ［J］. Automation in Construction，2023，147：104712.

［81］ Guo F，Qian Y，Liu J，et al. Pavement crack detection based on transformer network ［J］. Automation in Construction，2023，145：104646.

［82］ Asadi Shamsabadi E，Xu C，Rao A S，et al. Vision transformer-based autonomous crack detection on asphalt and concrete surfaces ［J］. Automation in Construction，2022，140：104316.

［83］ Xie X，Cai J，Wang H，et al. Sparse-sensing and superpixel-based segmentation model for concrete cracks ［J］. Computer-Aided Civil and Infrastructure Engineering，2022，37（13）：1769-1784.

［84］ Zhang L，Shen J，Zhu B. A research on an improved Unet-based concrete crack detection algorithm ［J］. Structural Health Monitoring，2021，20（4）：1864-1879.

［85］ Chaiyasarn K，Buatik A，Mohamad H，et al. Integrated pixel-level CNN-FCN crack detection via photogrammetric 3D texture mapping of concrete structures ［J］. Automation in Construction，2022，140：104388.

［86］ Xiang C，Wang W，Deng L，et al. Crack detection algorithm for concrete structures based on super-resolution reconstruction and segmentation network ［J］. Automation in Construction，2022，140：104346.

［87］ Wang W，Su C. Automatic concrete crack segmentation model based ontransformer ［J］. Automation in Construction，2022，139：104275.

［88］ Chen J，He Y. A novel U-shaped encoder-decoder network with attention mechanism for detection and evaluation of road cracks at pixel level ［J］. Computer-Aided Civil and Infrastructure Engineering，2022，37（13）：1721-1736.

[89] Chu H，Wang W，Deng L. Tiny-Crack-Net：A multiscale feature fusion network with attention mechanisms for segmentation of tiny cracks [J]. Computer-Aided Civil and Infrastructure Engineering，2022，37（14）：1914-1931.

[90] Zhou S，Song W. Crack segmentation through deep convolutional neural networks and heterogeneous image fusion [J]. Automation in Construction，2021，125：103605.

[91] Sun Y，Yang Y，Yao G，et al. Autonomous Crack and Bughole Detection for Concrete Surface Image Based on Deep Learning [J]. IEEE Access，2021，9：85709-85720.

[92] Andrushia A D，Anand N，Neebha T M，et al. Autonomous detection of concrete damage under fire conditions [J]. Automation in Construction，2022，140：104364.

[93] Katsamenis I，Doulamis N，Doulamis A，et al. Simultaneous Precise Localization and Classification of metal rust defects for robotic-driven maintenance and prefabrication using residual attention U-Net [J]. Automation in Construction，2022，137：104182.

[94] Wu Y，Qin Y，Qian Y，et al. Hybrid deep learning architecture for rail surface segmentation and surface defect detection [J]. Computer-Aided Civil and Infrastructure Engineering，2022，37（2）：227-244.

[95] Liu J，Jiao T，Li S，et al. Automatic seam detection of welding robots using deep learning [J]. Automation in Construction，2022，143：104582.

[96] Pan Y，Zhang L. Dual attention deep learning network for automatic steel surface defect segmentation [J]. Computer-Aided Civil and Infrastructure Engineering，2022，37（11）：1468-1487.

[97] Ma D，Fang H，Wang N，et al. Automatic defogging，deblurring，and real-time segmentation system for sewer pipeline defects [J]. Automation in Construction，2022，144：104595.

[98] Ji A，Chew A W Z，Xue X，et al. An encoder-decoder deep learning method for multiclass object segmentation from 3D tunnel pointclouds [J]. Automation in Construction，2022，137：104187.

[99] Bangaru S S，Wang C，Zhou X，et al. Scanning electron microscopy (SEM) image segmentation for microstructure analysis of concrete using U-net convolutional neural network [J]. Automation in Construction，2022，144：104602.

第二章 混凝土矩形梁受火静动力特性及其灾后损伤识别

2.1 基于动力测试的简支梁火灾前、火灾中、火灾后试验概况

2.1.1 试验设计及试验装置

设计制作4根尺寸、配筋及混凝土强度均相同的混凝土简支梁，分别编号 L1～L4，依次进行火灾前振动测试、火灾试验、火灾后振动测试及承载力试验。用以研究简支梁在60min、90min、120min及150min火灾作用下简支梁振动特性发展及火灾后损伤程度识别。简支梁设计几何尺寸分别为3000mm×250mm×400mm，试件采用C35商品混凝土浇筑，28d标准立方体抗压强度平均值为 40.7MPa，钢筋采用HRB400，其屈服强度实测值为468MPa，弹性模量为$2.0×10^5$MPa，混凝土保护层厚度为30mm。配筋详图见图2-1-1。

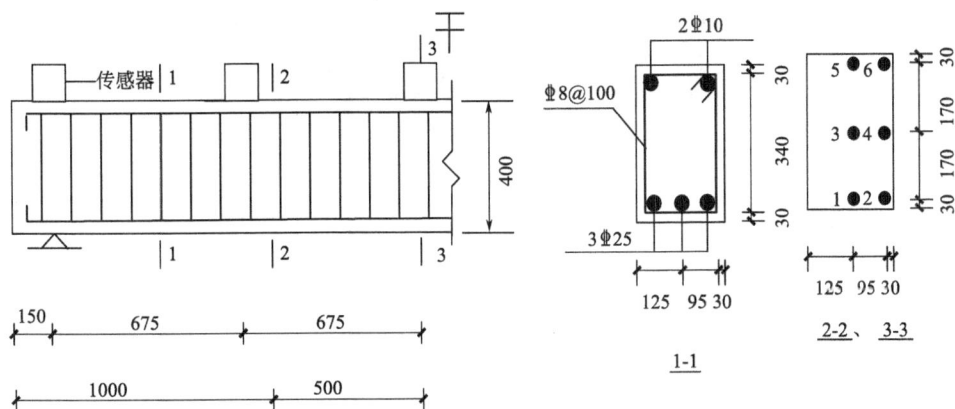

图 2-1-1 配筋详图 (mm)

2.1.2 火灾前、火灾后L1～L4振动测试

为了对简支梁火灾前有限元模型进行修正，并对火灾后损伤情况进行评估，依次进行火灾前后振动测试，激励方式采用力锤激励，通过力锤敲击跨中，获取

简支梁振动速度信号。为获取前 3 阶模态信息，分别将拾振器布置在简支梁四分点位置处。

2.1.3 火灾试验及火灾下振动测试

试验简支梁依次在水平火灾炉内依据 ISO 834 国际标准升温曲线进行火灾试验，火灾后自然冷却，炉温降至 300℃左右时停止数据采集。预埋热电偶排布如图 2-1-1 所示（截面 2-2、3-3）。简支梁试验装置如图 2-2-2 所示，火灾过程中同时进行动力测试，采用 DH5922N 通用型动态信号测试分析系统获取结构模态信息。拾振器采用 CF0926 磁电式速度传感器，测量频率范围为 10～1000Hz，温度适用范围为−10～50℃。为确保拾振器在高温下免受影响，设计了水循环冷却系统。通过冷却筒内温度采集数据显示，最高温度约为 45℃，能够确保速度传感器处在理想的工作环境。

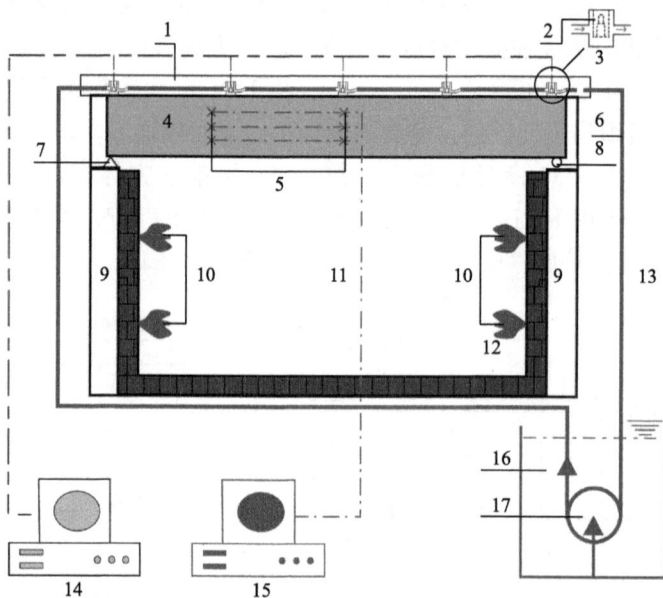

1. 炉盖；2. 拾振器；3. 冷却套筒；4. 试验梁；5. 热电偶；6. 水管；7、8. 简支支座；
9. 混凝土底座；10. 喷火口；11. 火灾炉；12. 防火砖；13. 水循环系统；
14. 加速度信号采集系统；15. 温度采集系统；16. 水箱；17. 水泵

图 2-1-2 简支梁试验装置

2.1.4 火灾后承载力试验

为研究火灾后简支梁力学性能衰减程度，进行了简支梁抗弯承载力试验，试验采用三分点加载方式进行，承载力试验现场如图 2-1-3 所示，加载方式和破坏标准均按照本章文献［1］规定进行。先对结构进行预加载，检查加载装置，然后按照每级加载 10kN，待达到极限承载力的 80% 后，每级采用 5kN，每一量级荷载维持 10min，直至构件发生破坏。

图 2-1-3　承载力试验现场

2.2　简支梁试验结果分析

2.2.1　简支梁火灾前动力测试试验结果分析

拾取简支梁振动信号，并采用系统自带的模态分析算法快速傅里叶变换（FFT）及增强型频域分解算法（EFDD）分别进行频谱分析，综合两种算法识别结果，拾取火灾前简支梁模态信息。L1～L4 实测频率见表 2-2-1。以 L4 为例，火灾前部分模态信息识别见图 2-2-1。由表 2-2-1 数据分析可知，随着爆火时间的增加，结构频率逐渐衰减。

L1～L4 实测频率　　　　　　　　　　表 2-2-1

试件	频率		
	F_1(Hz)	F_2(Hz)	F_3(Hz)
L1	146.48	463.87	708.10
L2	136.91	455.92	673.83
L3	136.83	458.98	678.71
L4	136.72	454.10	675.44

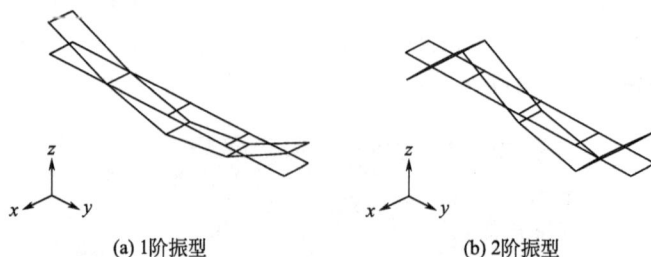

(a) 1阶振型　　　　　　　　　　　　　(b) 2阶振型

图 2-2-1　L4 模态信息识别

2.2.2　简支梁火灾下温度场分析

分别对 L1～L4 进行 60min、90min、120min 及 150min 受火试验，并测试其截面温度和频率值，试验现象和数据分析如下。

（1）火灾试验现象

观察发现，L1～L4 在火灾试验过程中，均出现水分蒸发现象，通过观测口发现试件一般在加热约 25min 后，表面开始出现浸湿现象，梁表面及两端明显出现水泡，此现象持续时间大概 30min。火灾后 4 根简支梁受火灾时间影响，表面呈现不同程度的灰白色，表面有大量龟裂裂纹，箍筋位置处有轻微裂痕，混凝土外表面遗有盐霜。

（2）截面测点温度

火灾试验过程中，依据标准升温曲线对炉内温度进行调控，火灾试验升温曲线及标准升温曲线如图 2-2-2 所示。由图 2-2-2 分析可知：火灾升温曲线大体可分为快速发展阶段、缓慢上升阶段、平稳阶段、降温阶段。其中，0～600℃为快速发展阶段；当达到 600℃后，轻质柴油达到轰燃点，温度缓慢上升；温度达到800℃以后，进入平稳阶段，炉内温度基本保持不变；最终进入火灾后降温阶段。在火灾进行后期，火灾炉温度与标准升温曲线相差较大，主要是由于火灾炉多年使用且修复不完善影响了火灾炉的密封性，导致热量散失较多，影响了温度的继续提升。火灾试验过程中，L1、L4 升温曲线初期与 L2、L3 相比升温较慢，这主要是由于火灾试验时间安排，在依次进行 L1～L4 火灾试验过程中，L4 与 L3火灾试验时间相差 2d，炉内湿度改变所致。

2.2.3　简支梁火灾下动力测试试验结果分析

1. 简支梁时域分析

火灾下激励方式采用环境激励，以 L4 为例，火灾下全过程时域信息如图 2-2-3所示。

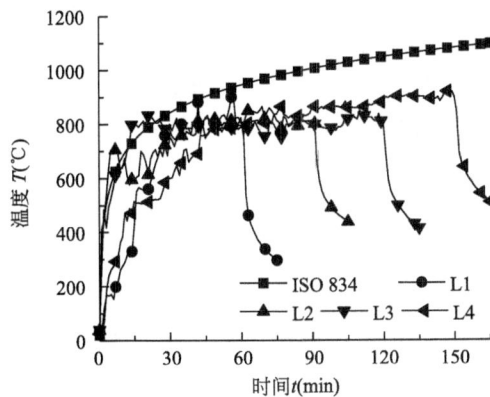

图 2-2-2　火灾试验升温曲线及标准升温曲线

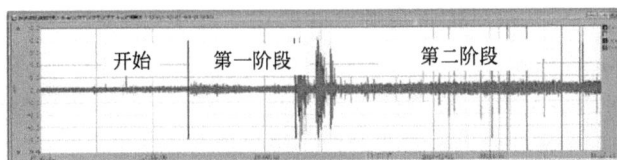

(a) 0～20min

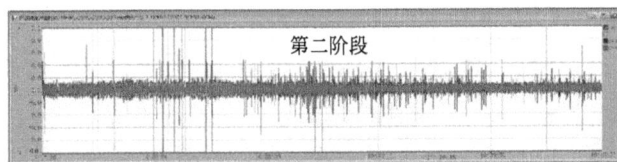

(b) 20～50min

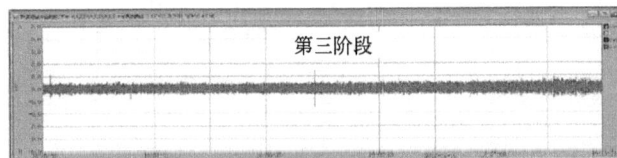

(c) 50～80min

(d) 130～150min

图 2-2-3　L4 火灾下全过程时域信息

由图 2-2-3 可知，整个火灾过程中除火灾前后受通风系统及其他振动源影响，存在波动现象外，火灾过程中时域信息大致可分为三个阶段：1）初始阶段。持续时间大约 10min，该阶段内，炉温上升较快，但由于混凝土热传导系数较低，截面温度较低，截面刚度损失较小，因此，在火灾激励下振幅较小，振动较稳定。2）不稳定发展阶段。由图 2-2-3（a）、2-2-3（b）可知，简支梁在升温过程中，随着温度的升高，内部气压升高，梁底产生爆裂现象。该阶段时域信息存在较多的突变峰值，持续时间 40min 左右，爆裂发生时振动幅值突变明显。3）稳定发展阶段。由图 2-2-3（c）、2-2-3（d）可知，自第 2 阶段结束持续到熄火，这一阶段随着截面整体温度提升及裂缝的发展，截面刚度降低，振动幅值呈稳定增长趋势。

2. 火灾下简支梁模态规律分析

结构在火灾过程中高频振动难以被激发，其振动主要由低频控制，且基频在火灾过程中能较好地反映结构自身刚度的变化，故主要对基频进行研究。分析过程中，截取每 2min 时域信息，进行快速傅里叶变换（FFT），获取结构基频，并与数值模拟结果进行对比。具体模型修正见 2.4 节，实测基频与模拟值对比见2.3.1 节，以 L4 为例，实测和模拟对比结果见图 2-2-4。

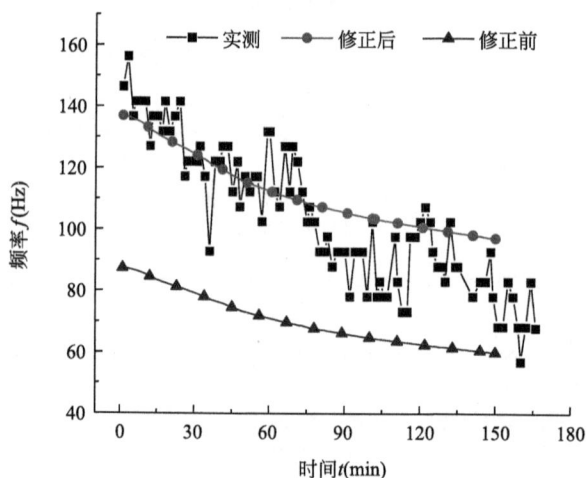

图 2-2-4 L4 实测和模拟对比结果

综合 L1～L4 火灾过程中频率值与数值模拟可得：1）由实测频率分析可知，火灾过程中 L1～L4 频率衰减规律基本相同，总体呈下降趋势，频率衰减方式为波动式衰减；停火后频率有继续衰减的趋势。分析原因，主要是由于火灾试验过程中，截面温度升高，钢筋和混凝土材料性能下降，试验过程中伴随着开裂、爆裂及其他劣化因素所致。2）实测与模拟对比显示，基于修正后简支梁频率衰减曲线更加接近实测数据，由此可说明在模拟火灾过程中频率衰减规律时，对初始有限元模型进行修正是必要的。受实际火灾温度发展的影响，频率曲线并非呈线性衰减。3）实测与对比发现，火灾进行初期模拟结果与实测较为接近，随着火灾的进行，实测频率明显低于修正后频率，这主要是由于修正后模型考虑了高温损伤对频率衰减的影响，但并没有考虑火灾过程中其他损伤对模型的影响，如裂缝、钢筋与混凝土之间的粘结力下降、混凝土爆裂等。为分析简支梁火灾过程中基频衰减规律，对火灾过程中频率衰减曲线进行拟合，图 2-2-5 为 L1～L4 基频衰减拟合。

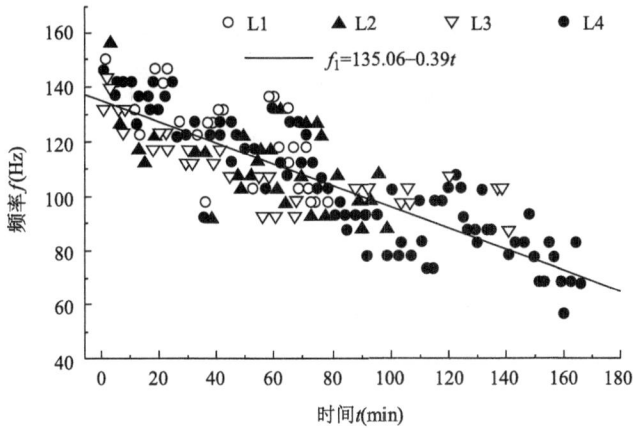

图 2-2-5　L1～L4 基频衰减拟合

拟合公式如下：

$$f_1 = 135.06 - 0.39t \tag{2-2-1}$$

式中，f_1 为实测基频；t 为受火时间。

为研究火灾过程中振型变化规律，选取简支梁四分点振型，构造模态置信准则 MAC，研究发现，火灾过程中简支梁受温度影响，沿纵向产生均匀损伤，无损伤突变，MAC 数值受火灾影响较小，均接近于 1。

2.2.4　简支梁火灾后动力测试试验结果分析

火灾后简支梁振动测试现场如图 2-2-6 所示。简支梁共布置五个拾振器，分别布置在简支梁四分点上。采用人为激励方式分别在跨中进行锤击。L3 简支梁振动测试时域信息如图 2-2-7 所示。利用系统自带的模态分析软件拾取简支梁前两阶频率如表 2-2-2 所示，频谱图如图 2-2-8 所示。实测前两阶振型，振型图如图 2-2-9 所示。

图 2-2-6　火灾后简支梁振动测试现场

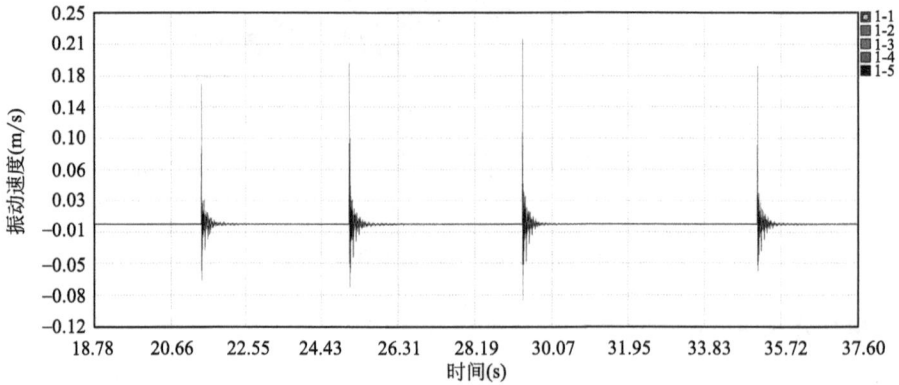

图 2-2-7　L3 简支梁振动测试时域信息

频率识别结果　　　　　　　　　　　　　　　　表 2-2-2

实测工况	实测一阶 F1(Hz)	实测二阶 F2(Hz)
L1	58.39	230.70
L2	47.58	179.90
L3	46.35	173.70
L4	39.14	139.21

2.2.5　简支梁火灾后残余承载力试验结果分析

简支梁破坏标准参照文献 [1]。L4 破坏图如图 2-2-10 所示，L1～L4 跨中荷载-位移曲线如图 2-2-11 所示。

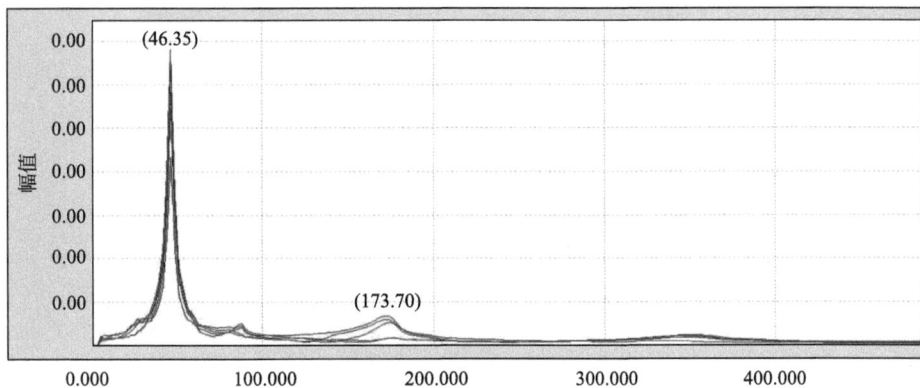

图 2-2-8　频谱图

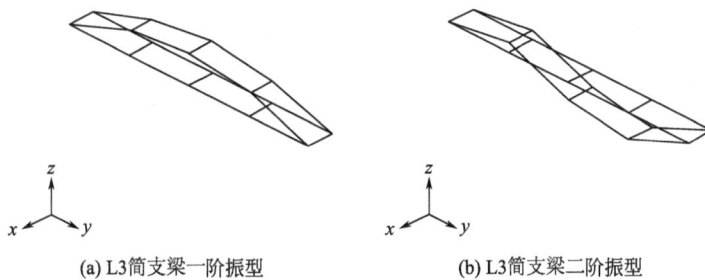

(a) L3简支梁一阶振型　　　　　(b) L3简支梁二阶振型

图 2-2-9　L3 简支梁振型图

图 2-2-10　L4 破坏图

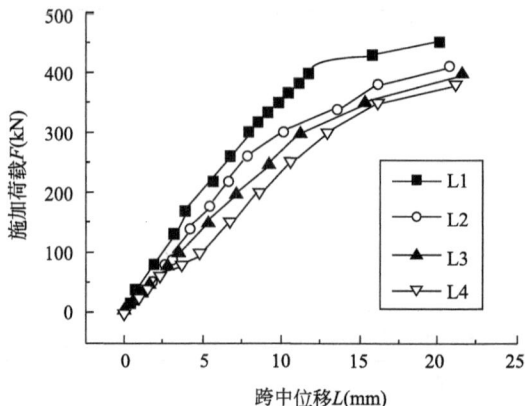

图 2-2-11　L1~L4 跨中荷载-位移曲线

表 2-2-3 为简支梁初始抗弯刚度及承载力试验值,分析可知,L1~L4 经历火灾损伤后,抗弯刚度、抗弯承载力随受火时间均近似呈线性降低。

简支梁初始抗弯刚度及承载力实测值　　　　　　　表 2-2-3

试件	初始抗弯刚度试验值($\times 10^{13}$N·mm^2)	承载力试验值(kN·m)
L1	1.96	191
L2	1.35	183
L3	1.25	177
L4	0.91	169

2.3　初始有限元模型及温度场模拟

2.3.1　初始有限元模型建立

本节利用 ANSYS 建立分离式简支梁有限元模型,考虑模型精度及运行时间,采用 solid45 实体单元模拟混凝土,采用均匀六面体网格划分,运用 link8 单元模拟钢筋,不考虑钢筋与混凝土之间的粘结滑移;为充分考虑支座对结构振动特性的影响,在模拟过程中考虑支座的竖向刚度,忽略简支支座对简支梁的转动刚度影响,运用 combin14 单元模拟两侧弹性支座,通过定义弹簧的竖向刚度对边界条件进行量化分析。结构初始模型物理参数设置:支座位置 $d_1 = d_2 = 10$mm,初始支座刚度为 $K_1 = K_2 = 8 \times 10^9$N/m,简支梁混凝土强度等级 C35,弹性模量为 3.15×10^4MPa,密度为 2.5×10^3kg/m^3。为方便计算简支梁数值模型在任意边界条件下的振动响应,在建模过程中运用 APDL (ANSYS Parametric Design Language）参数化设计语言，实现了 ANSYS 在任意物理参数下的建模，简化了建立样本库的难度，简支梁有限元模型如图 2-3-1 所示，钢筋配置图如图 2-3-2 所示，初始模型平面内前四阶振型如图 2-3-3 所示。

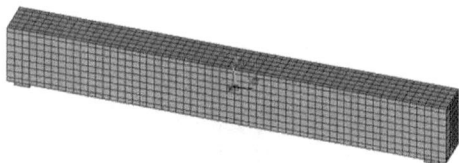

图 2-3-1　简支梁有限元模型图

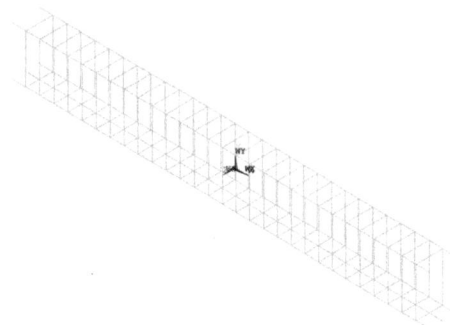

图 2-3-2　钢筋配置图

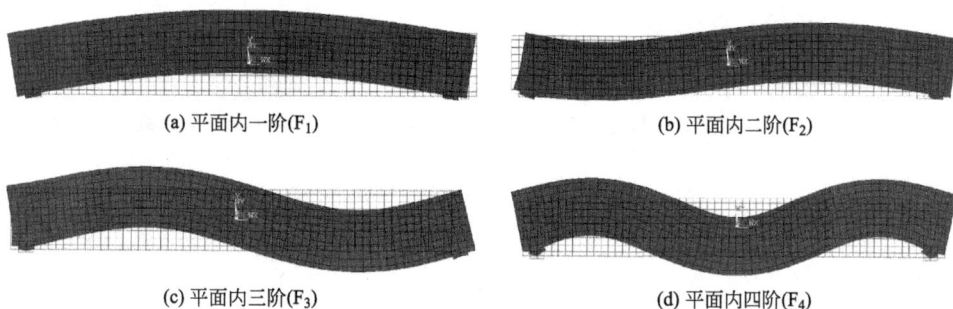

(a) 平面内一阶(F_1)

(b) 平面内二阶(F_2)

(c) 平面内三阶(F_3)

(d) 平面内四阶(F_4)

图 2-3-3　初始模型平面内前四阶振型

建模过程中，为减小单元尺寸对结构模态信息的影响，在综上分析基础上，单元网格尺寸设为 40mm，采用均匀网格尺寸进行建模。

2.3.2　温度场数值仿真分析

1. 温度场分析基本假定

温度场基本假定：

（1）高温加载为三面受火，火灾升温曲线按照实测炉温曲线进行。

（2）不考虑混凝土开裂、爆裂及水分对截面温度的影响。

（3）温度场沿截面长度方向不变。

（4）混凝土及钢筋的热工性能计算。边界条件及物理参数初始值按照有限元模型修正结果设置。

2. 截面温度分析

在模拟过程中，混凝土采用 solid70 单元进行模拟，钢筋采用 link33 单元进行模拟，热对流及热辐射以面荷载形式添加，对流换热系数为 35W/（m²·℃），辐射率系数取值为 0.8，斯蒂芬-波尔兹曼常数为 5.66×10^{-8} W/（m²·K⁴）。由于受实际火灾环境、爆裂影响，实测温度曲线存在突变现象，选取实测温度曲线发展稳定的截面与模拟结果进行对比。温度场模拟效果图及测点实测-模拟对比如图 2-3-4～图 2-3-9 所示。

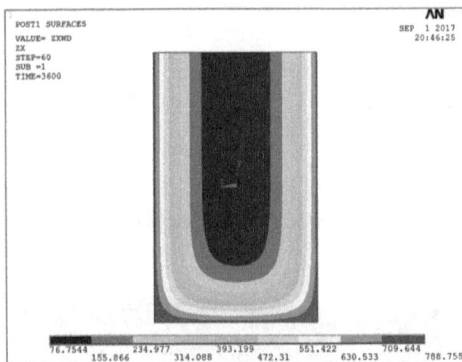

图 2-3-4　L1 简支梁火灾后截面温度场

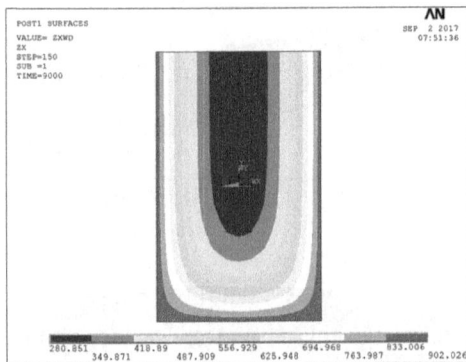

图 2-3-5　L4 简支梁火灾后截面温度场

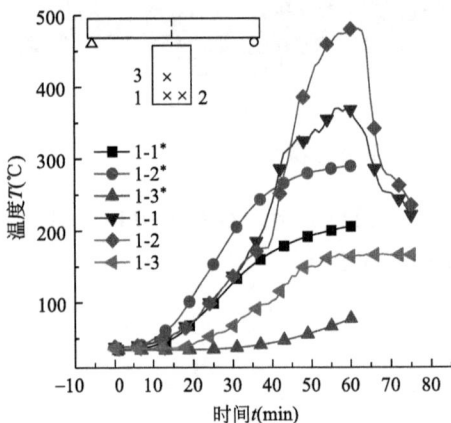

(a) 1～3 测点

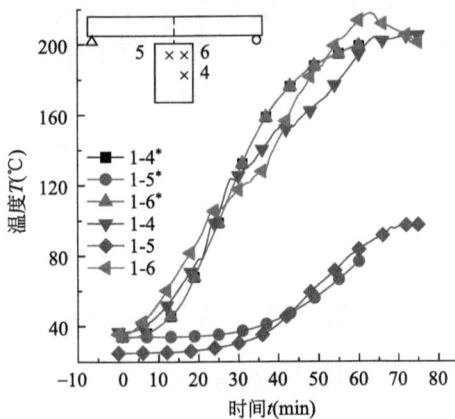

(b) 4～6 测点

图 2-3-6　L1-2 简支梁测点温度实测-模拟对比分析

（图中·号表示测点模拟升温曲线）

由模拟与实测点升温曲线对比分析可得，火灾进行初期，实测与模拟温度发展趋势较为接近，测点温度总体模拟效果较为理想。测点 1、测点 2、测点 4 三个外部测点温度发展受炉温影响明显，因此模拟值与实测值较为接近；6 号测点

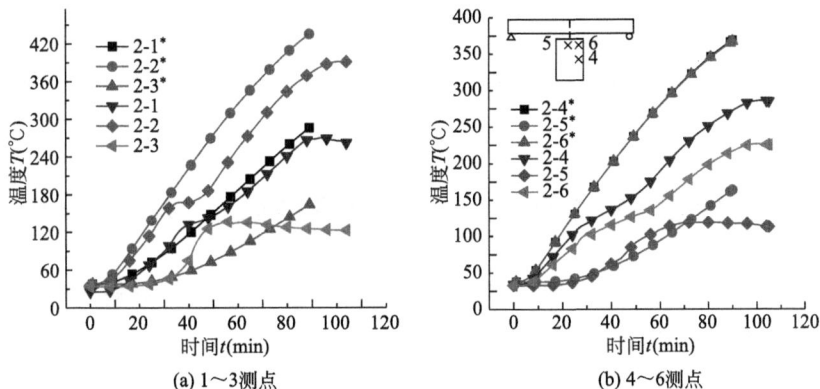

(a) 1~3测点

(b) 4~6测点

图 2-3-7 L2-1 简支梁测点温度实测-模拟对比分析

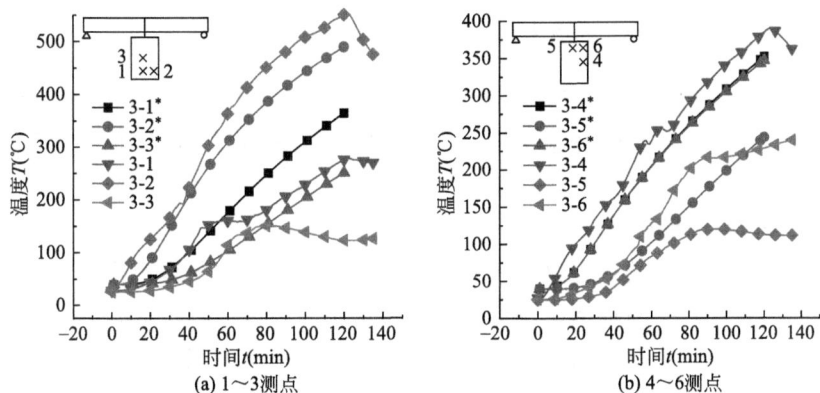

(a) 1~3测点

(b) 4~6测点

图 2-3-8 L3-2 简支梁测点温度实测-模拟对比分析

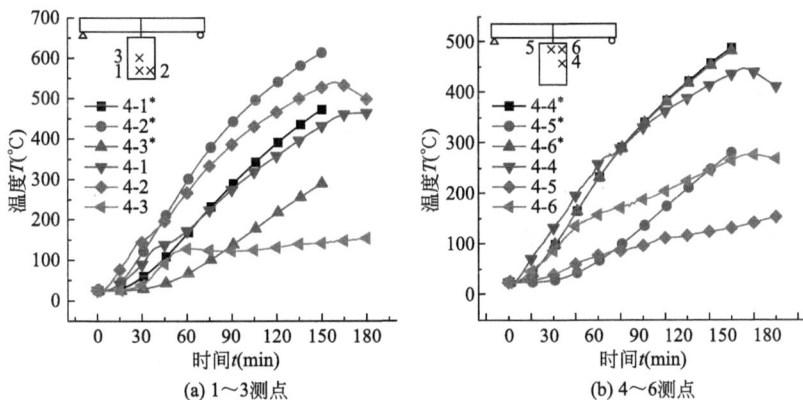

(a) 1~3测点

(b) 4~6测点

图 2-3-9 L4-1 简支梁测点温度实测-模拟对比分析

位于炉盖覆盖范围内（10cm），受实际遮掩情况，部分简支梁模拟值与实测值差异较大；测点 3、测点 5 位于简支梁内部，受水分迁移影响，温度发展初期模拟值与实测值较为接近，随着火灾的进行，测点模拟温度继续发展，而实测点温度发展缓慢。

2.4 基于分步 SVM 算法的简支梁模型修正与参数分析

火灾下结构动力特性发展规律研究对于探究火灾下损伤发展规律具有较好的指导意义，然而值得注意的是，初始有限元模型的准确性对于正确分析火灾下动力特性至关重要。为此，本小节首先基于支持向量机（SVM-Support Vector Machine）提出分步有限元模型修正算法，在验证模型合理性基础上进一步探究火灾下混凝土梁动力特性衰减规律。

2.4.1 基于 SVM 的混凝土梁分步修正方法

SVM 是 20 世纪 90 年代中期发展起来的基于统计学习理论的机器学习方法，其通过寻找结构风险最小化来提高支持向量机的泛化能力，并实现了置信范围和经验风险的最小化，从而在小样本情况下也能够获得较好的统计规律。

1. 损伤特征参数

对于多物理参数的模型修正，样本构造主要包括样本采集及损伤特征参数确定。笔者以各物理参数取值范围作为参考，采用均匀设计方法进行取样，利用对应各物理参数取值组合下的混凝土梁模态响应，组合作为损伤特征参数。所构造混凝土梁损伤特征参数（$VCIP$）。

$$\{VCIP\} = \{FCR_1, FCR_2\cdots, FCR_m, DF_1, DF_2\cdots DF_n\} \qquad (2\text{-}4\text{-}1)$$

式中，n 为使用的振型阶数，m 为使用的频率阶数，FCR_i 为频率变化率，$DF_i = (\Phi_{i1}^0, \Phi_{i2}^0\cdots, \Phi_{ip}^0)$ 为第 i 阶模态对应于 p 个测试自由度的归一化后的振型向量，由下式计算：

$$\Phi_{ij}^0 = \frac{\Phi_{ij}}{(\Phi_{ij})_{\max}} \qquad (j = 1, 2, \cdots, p) \qquad (2\text{-}4\text{-}2)$$

式中，Φ_{ij} 为第 i 阶模态第 j 测试自由度的振型分量。

2. SVM 分步有限元模型修正方法

为有效防止修正样本过低所造成的"数据爆炸"，采用分步修正算法，具体修正过程为：设 a_{ij} 为第 i 个物理参数 j 次的修正基准值，$[a_{ij} - R_{ij}, a_{ij} + R_{ij}]$（$R_{ij}$ 为修正区间半径）为 j 次修正的第 i 个物理参数修正区间，初次修正区间为 $[X_i, Y_i]$。构造样本过程中，设 b_{ij} 为第 i 个物理参数 j 次的训练步长，C_{ij} 为步长个数，b_{ij} 与 C_{ij} 取决于修正区间大小及所选用均匀设计表格的计算值。

1）首次修正：首次修正区间 $[X_i, Y_i]$ 根据工程经验及参考文献确定，修正区间中值不一定为基准值。首先，步长 b_{ij} 及个数 C_{ij} 由均匀设计表计算确定，将 X_i，X_i+b_1，…，$X_i+C_1b_1$ 即对应的样本点输入到有限元模型进行模态计算，提取频率、振型构造 $VCIP_1^*$，建立损伤特征参数与对应物理参数的样本库 A_1；其次，以 $VCIP_1^*$ 作为输入，对应物理参数作为输出，可训练得到 SVM 回归机 SVR_1；最后，采用结构实测频率、振型构造参数 $VCIP_1$，输入到 SVR_1 中，输出即为模态实测值所对应的首次物理参数修正结果 a_{i1}^*。

2）二次修正：$[a_{i1}^*-R_{i2}, a_{i1}^*+R_{i2}]$ 为二次修正区间，R_{i2} 的取值由工程经验确定，修正区间减半进行构造样本，即 $2R_{i2}=(Y_i-X_i)/2$，b_{2j} 与 C_{2j} 的取值原则与 b_{1j} 与 C_{1j} 一致。首先，将 $a_{i1}^*-R_{i2}$，$a_{i1}^*-R_{i2}+b_2$，…，$a_{i1}^*-R_{i2}+C_2b_2$ 即对应样本点输入到有限元模型进行模态计算，提取频率、振型并构造 $VCIP_2^*$，建立损伤特征参数与对应物理参数的样本库 A_2；其次，以 $VCIP_2^*$ 作为输入，对应物理参数作为输出，训练回归机 SVR2；最后，采用结构实测频率、振型构造参数 $VCIP_2$，输入到 SVR2 中，输出即为物理参数二次修正值 a_{i2}^*。

3）n 次修正：根据 $n-1$ 次修正结果，按照上述相同流程进行计算，从而获得物理参数的 n 次修正结果 a_{in}^*。然后按照输出的多参数修正终止指标，对模型修正结果进行评估，若满足指标要求则结束修正；反之，对于不满足要求的模型，已收敛的物理参数将作为最终的修正结果，尚未收敛的参数通过合适的均匀设计表构造样本库继续进行修正。

3. 修正终止指标

对于修正终止指标的选择，当修正参数较少时，物理参数收敛与结构响应具有一致性；但当其较多时，结构响应绝对收敛所对应的物理参数真值，可能并不唯一，此时应采用相对收敛。因此，笔者综合考虑修正效率及结果准确性，收敛指标选取为：

$$\begin{cases} \left| \dfrac{\omega_n^i - \omega_{(n-1)}^i}{\omega_n^i} \right| \leqslant \delta \\ \left| \dfrac{a_{ij}' - a_{i(j-1)}'}{Y_i - X_i} \right| \leqslant \varepsilon \end{cases} \tag{2-4-3}$$

式中，ω_n^i 为第 i 阶 n 次修正后结构频率；a_{ij}' 为第 i 个参数 j 次修正后结果；X_i，Y_i 为第 i 个修正参数初始修正区间的上下限；δ，ε 为理想收敛界限值；i 为感兴趣的频率阶次。依据工程经验，本模型修正过程中取 $\delta=1\%$，$\varepsilon=5\%$。

2.4.2　SVM 分步修正算法试验验证

火灾前实测模态信息与数值模拟信息误差如表 2-4-1 所示。由表 2-4-1 可知，

ER 值最大为 24.01%，MAC 最小值为 0.891，频率及振型误差均较大。为获得更为精确的结构响应，建立精确的有限元模型具有很大的现实意义，因此有必要对初始有限元模型进行修正。

火灾前实测模态信息与数值模拟信息误差   表 2-4-1

梁	工况	阶次	实测频率(Hz)	计算频率(Hz)	ER(%)	MAC
矩形梁	L1	1	146.48	169.55	15.75	0.940
		2	463.87	532.62	14.82	0.954
	L2	1	136.91	169.55	23.84	0.909
		2	455.92	532.62	16.82	0.934
	L3	1	136.83	169.55	23.91	0.901
		2	458.98	532.62	16.04	0.938
	L4	1	136.72	169.55	24.01	0.891
		2	458.98	532.62	16.04	0.938

注：表中 ER 及 MAC 分别为简支梁频率相对变化率及模态置信准则

1. 待修正物理参数确定

考虑模型修正的实际意义，矩形简支梁选取混凝土弹性模量（E）、混凝土密度（D_s）、支座偏移（D_1，D_2）、支座刚度（K_1，K_2），作为有限元模型修正的待修正参数，基于工程经验及设计参数，矩形梁物理参数修正区间如表 2-4-2 所示。基于 ANSYS 的概率分析，模块分别进行灵敏度分析，矩形梁物理参数灵敏度分析见图 2-4-1。

矩形梁物理参数修正区间   表 2-4-2

梁	待修正参数	D_s	E	D_1	D_2	K_1	K_2
矩形梁	下限值	2400	2.80	90	90	1	1
	标准值	2500	3.15	130	130	55	55
	上限值	2800	3.35	170	170	100	100

由矩形梁灵敏度分析可知：频率对 K_1，K_2，D_s，E 变化较敏感；振型对 K_1，K_2，D_1 变化较敏感。由于结构的对称性，依然考虑 D_2 对结构的影响。因此，矩形梁选取 E，D_s，K_1，K_2，D_1，D_2 作为最终待修正参数。

2. 基于实测模态信息的有限元模型修正

以实测火灾前 2 阶模态数据为依据，按照作者提出的 SVM 分步模型修正方法，进行矩形梁有限元模型修正，并与 ANSYS 修正方法进行对比，矩形梁物理参数修正结果如表 2-4-3 所示，修正前后结构响应评价如图 2-4-2 所示。

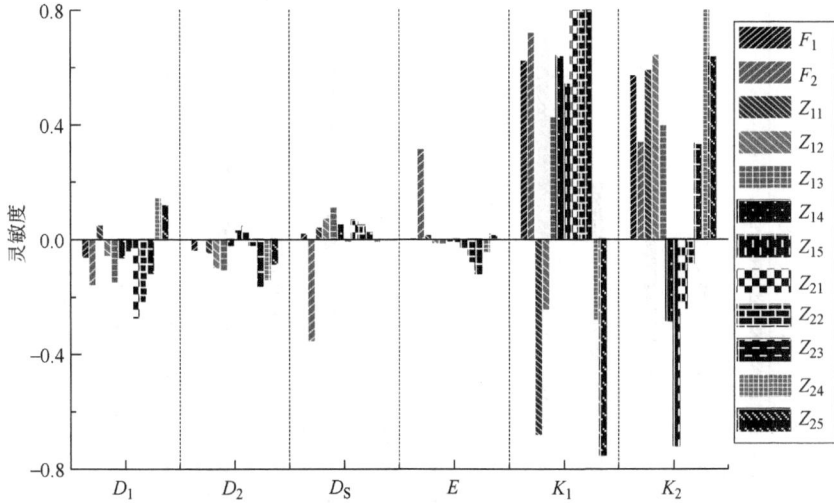

图 2-4-1 矩形梁物理参数灵敏度分析

各物理参数修正结果 表 2-4-3

工况	E	D_s	K_1	K_2	D_1	D_2	B_f
L_1	3.35 (4.78%)	2448* (1.06%)	11.58* (1.33%)	9.65* (0.22%)	14.0 (2.95%)	17.7 (0.06%)	—
L_2	3.19 (1.61%)	2606 (2.80%)	17.13 (2.18%)	15.06 (0.49%)	14.9 (2.98%)	16.1 (0.48%)	—
L_3	3.20 (1.33%)	2546 (3.74%)	16.12* (0.06%)	13.45* (0.13%)	16.9 (0.92%)	9.9* (1.54%)	—
L_4	3.06* (0.17%)	2487 (1.98%)	16.69* (0.31%)	14.13* (0.18%)	12.0 (2.54%)	11.1* (4.97%)	—

注：上标加"*"表示 4 次修正满足收敛的物理参数；其他为 3 次修正即满足收敛的物理参数；括号内百分数为物理参数区间误差。

对图 2-4-2 分析可知：基于 SVM 的分步模型修正方法修正后，除 T_1 梁 ER_1 值超过 5% 外，其他均在 5% 以内，且 MAC 均趋近于 1，修正效果较好；与 AN-SYS 优化算法相比，基于 SVM 的分步修正方法效果更加明显。结果表明，修正后的模型能够反映实际结构的动力特性，证明了笔者所提出修正方法的合理有效性。

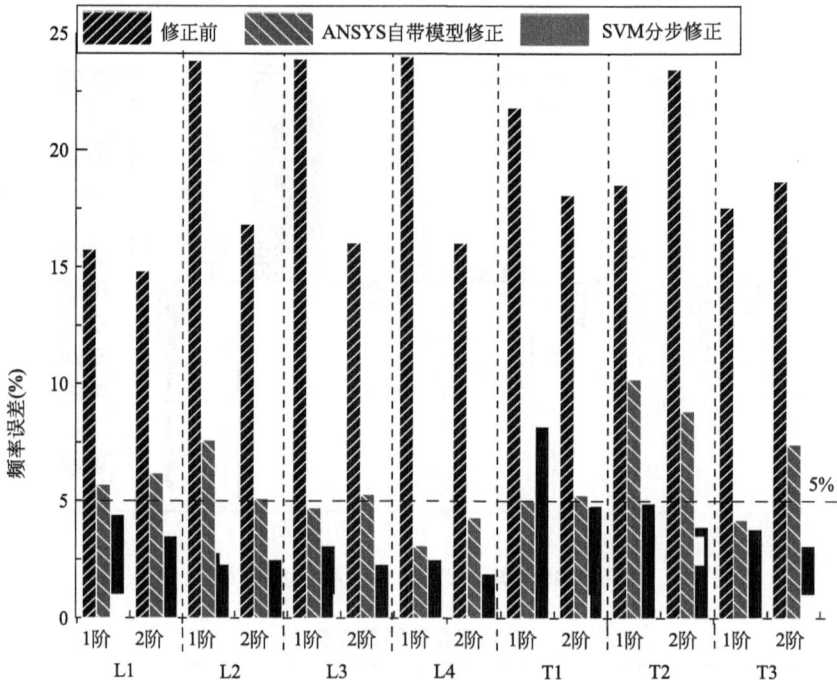

图 2-4-2　修正前后结构响应对比

3. 基于有限元模型修正的火灾下基频衰减规律

矩形梁在青岛理工大学结构实验室完成，依次进行 60min、90min、120min 及 150min 下的受火试验，T 形梁在山东建筑大学火灾实验室完成，依次进行 60min、90min 及 120min 下的受火试验。通过安捷伦 34980A 数据采集仪及炉内热电偶采集截面温度变化。对试件施加环境激励，通过布置加速度传感器及测试系统实时捕捉结构振动信号，为数值模拟提供数据支持。火灾试验现象如图 2-4-3 所示。

结构在火灾过程中高频振动难以被激发，结构振动主要由低频控制，拾取结构基频进行研究，基频在火灾过程中具有较好的稳定性，且能很好地反映结构自身刚度的变化。分析过程中，截取每 2min 时域信息，模态识别后获取结构实测基频信息，并与理论值进行对比。火灾过程中模态计算采用间接耦合法，即先进行热分析，然后将热分析导入结构场，进而进行模态分析。在对钢筋混凝土梁进行瞬态热分析时，将初始建模时的结构单元转化为热单元，修改混凝土单元为 Solid70 实体单元，钢筋为 Link33 线单元，升温曲线按炉温实测值设定，每 2min 提取一次热分析结果，并作为下一次分析的起始温度。以 L4 为例，实测及模拟对比结果如 2.2.3 节火灾下简支梁模态规律分析。

图 2-4-3　火灾试验现象

2.4.3　参数分析及公式拟合

1. 参数分析

除受火时间 t 影响外，影响基频的主要参数有截面宽度（B）、高跨比（H/L）、混凝土弹性模量（E）、纵向受拉钢筋配筋率（ρ）及保护层厚度（c）。根据《混凝土结构设计标准》GB/T 50010—2010，矩形梁高宽比 H/B 取值范围一般为 2.0～3.0、梁的高跨比 H/L 一般在 1/16～1/10，根据工程经验，钢筋混凝土梁的经济配筋为 0.6%～1.5%。本研究简支梁高宽比选定在 2 左右，配筋率选定在 1%左右，建模时设定模型长度为 4000mm，取弹性模量 E 为 3×10^4～3.35×10^4N/mm，截面宽度 B 为 0.12～0.2m，每种工况下进行受火 150min 的火灾模拟，同时计算 30min、60min、90min、120min 及 150min 下的频率，分析各因素与受火时间 t 对矩形梁基频 f_1 的影响，见图 2-4-4。

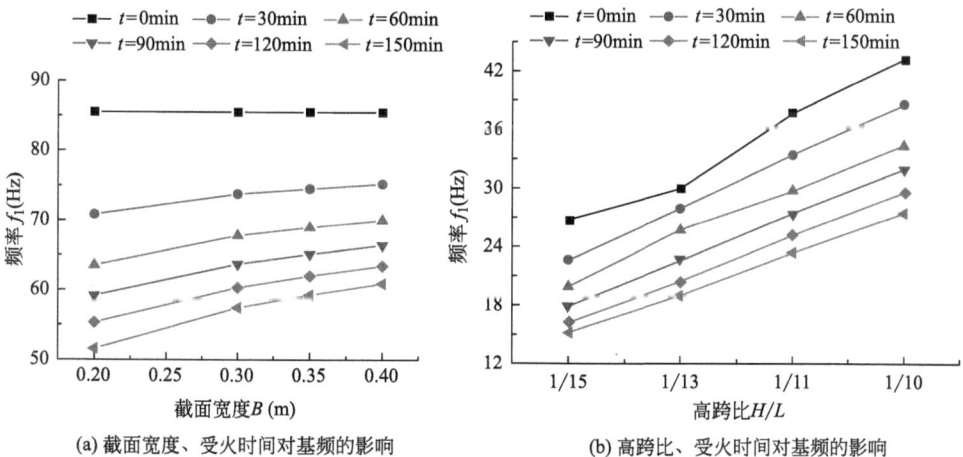

(a) 截面宽度、受火时间对基频的影响　　　(b) 高跨比、受火时间对基频的影响

图 2-4-4　各物理参数对基频的影响（一）

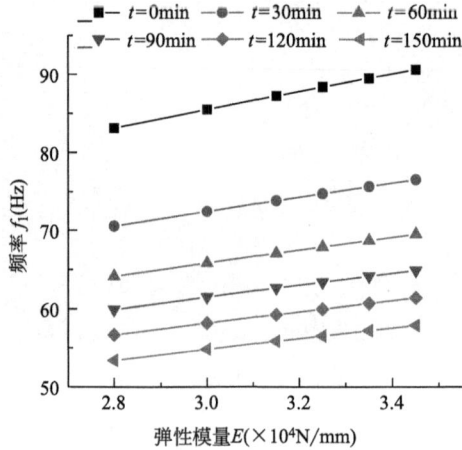

(c) 混凝土弹性模量、受火时间对基频的影响

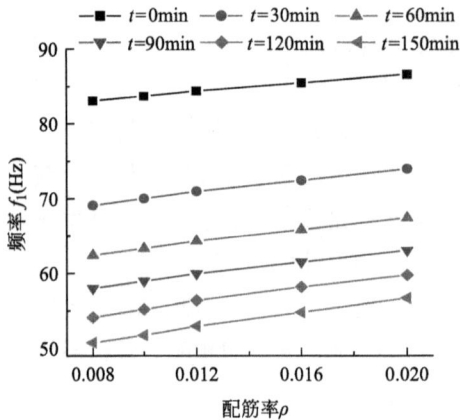

(d) 纵向受拉钢筋配筋率、受火时间对基频的影响

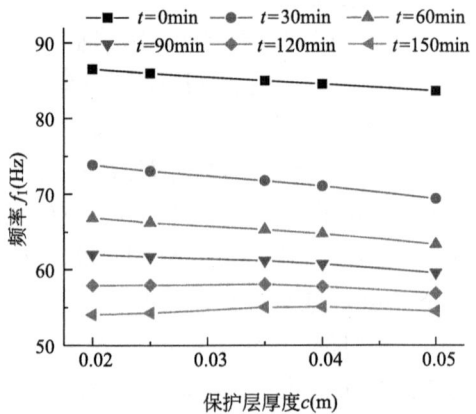

(e) 混凝土保护层厚度、受火时间对基频的影响

图 2-4-4　各物理参数对基频的影响（二）

分析图 2-4-4 可以得到以下结论：

（1）当 B 较小时，随着 t 的增加，梁的基频衰减幅度较大，当 B 逐渐增加时，基频衰减幅度变小。混凝土梁常温时随着截面宽度的增加，梁基频变化可忽略不计，当 t 保持不变时，截面宽度增长初期梁基频增长幅度较大，后期增长幅度较小。

（2）当 H/L 一定时，t 越大基频越小，同一时刻 H/L 越大基频值越大。t 越小 H/L 越大简支梁的基频值越大，当 t 一定时，基频与 H/L 的关系曲线可视为线性发展。

（3）当 t 相同时，基频受 E 影响大致呈线性发展，不同受火时间的简支梁基

频值随 E 变化规律类似。在受火初期基频衰减幅度较大，之后基频值持续减小，但衰减幅度明显降低。

（4）当 t 一定时，ρ 的增加导致基频值增大，发展趋势基本呈线性，不同受火时间对应的基频值变化趋势相近。基频随 t 逐渐降低，在受火初期基频值降幅较为明显，后期基频值降幅逐渐减小。

（5）在简支梁受火初期，基频衰减幅度较大。随着 t 的增加，基频持续衰减，但幅度明显降低。当 t 较小时，随着 c 的增加，基频逐渐衰减，这是由于相比 t 对基频的影响，c 的影响更加明显；但是随着 t 的增加，截面刚度明显减小，t 对基频的影响渐渐成为主要影响因素，c 对频率影响逐渐减小。

2. 基频衰减公式拟合

通过各参数对基频的影响可以看出，当 t 一定时，基频随各参数的增加大致呈线性变化，选出对基频影响较大的参数，即 H/L，E，ρ 及 t，对简支梁的基频公式进行拟合。各物理参数修正结果见表 2-4-4。

各物理参数修正结果　　　　　　　　　　表 2-4-4

$E(\times10^4 \text{MPa})$	H/L	$T(\text{min})$				
		30	60	90	120	150
3.00	1/15	0.844	0.744	0.668	0.606	0.569
	1/13	0.932	0.859	0.753	0.682	0.634
	1/11	0.887	0.789	0.728	0.668	0.620
	1/10	0.891	0.796	0.739	0.684	0.635
3.15	1/15	0.841	0.741	0.666	0.605	0.569
	1/13	0.938	0.831	0.758	0.687	0.640
	1/11	0.886	0.787	0.726	0.667	0.620
	1/10	0.902	0.806	0.748	0.693	0.644
3.25	1/15	0.843	0.743	0.668	0.607	0.571
	1/13	0.934	0.827	0.755	0.685	0.638
	1/11	0.887	0.788	0.727	0.669	0.621
	1/10	0.906	0.809	0.751	0.696	0.647
3.35	1/15	0.843	0.742	0.668	0.608	0.572
	1/13	0.934	0.825	0.754	0.685	0.638
	1/11	0.896	0.796	0.735	0.676	0.628
	1/10	0.903	0.806	0.748	0.693	0.645

采用统计分析软件 SPSS 对表 2-4-4 中数据进行拟合，可得到 f_t/f_0 与 t，E 以及 H/L 之间的近似关系式（2-4-4）。

$$f_t/f_0 = 0.846 - 0.003t + 1.326H/L + 0.006E \qquad (2\text{-}4\text{-}4)$$

式中，f_t/f_0 为矩形梁刚性支座基频折减系数；f_t 为刚性支座混凝土梁受火时间 t 时的基频；f_0 为混凝土梁未受火时的基频；参数取值范围为 $1/16 \leqslant H/L \leqslant 1/10$，$30\text{min} \leqslant t \leqslant 150\text{min}$，$3 \leqslant E \leqslant 3.35$（单位：$\times 10^4 \text{MPa}$）。

式（2-4-4）相关系数为 0.97，偏斜度标准误差为 0.033，满足精度要求。

为验证公式的合理性，图 2-4-5 对比了公式基频值与有限元结果（刚性支座）。图中纵坐标为公式计算结果，横坐标为有限元计算结果。若两者一致，则该点位于图中 45°中线处，否则将偏离该中线。

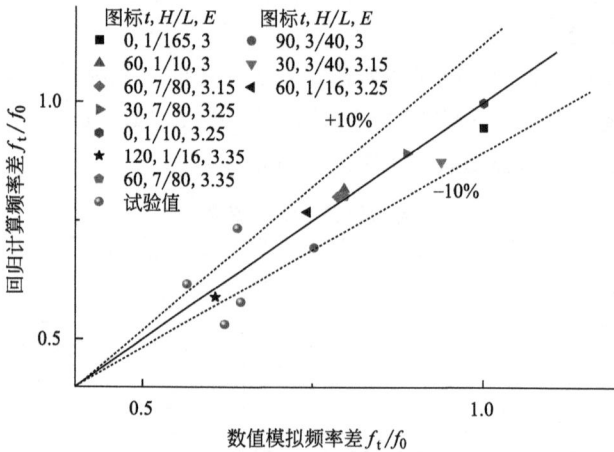

图 2-4-5 基频公式值与有限元值比较（刚性支座）

从图 2-4-5 可以看出，数值模拟与回归计算结果总体吻合较好，均在 ±10% 以内。但若将简支试验梁频率实测值放入进行比较，则误差明显偏大，出现这种结果的原因主要是本次数值模拟的支座为刚性，与实际支座刚度存在一定差异。

为解决此问题，在刚性模型的基础上将支座形式修改为弹性支座，且假定梁两端支座刚度变化相同，与刚性模型计算类似，可得出弹性支座条件下的矩形梁的频率定量关系，最终得到 f_t'/f_0' 与 t，E 以及 H/L 之间近似关系，见式（2-4-5）。

$$f_t'/f_0' = 1.447 - 0.001t + 0.673H/L - 0.174E + 0.028k \qquad (2\text{-}4\text{-}5)$$

式中，f_t'/f_0' 为矩形梁弹性支座基频折减系数；f_t' 为矩形梁弹性支座下受火时间 t 时的基频；k 为支座刚度折减值（0.1~1.0）；其余字母含义与式（2-4-4）相同。

式（2-4-5）相关系数为 0.91，偏斜度标准误差为 0.032，满足精度要求。

同刚性模型，为验证弹性支座模型的合理性，将数值模拟值与试验频率实测值进行对比，如图 2-4-6 所示，可发现试验值及模拟值吻合度较好，误差在 ±10%

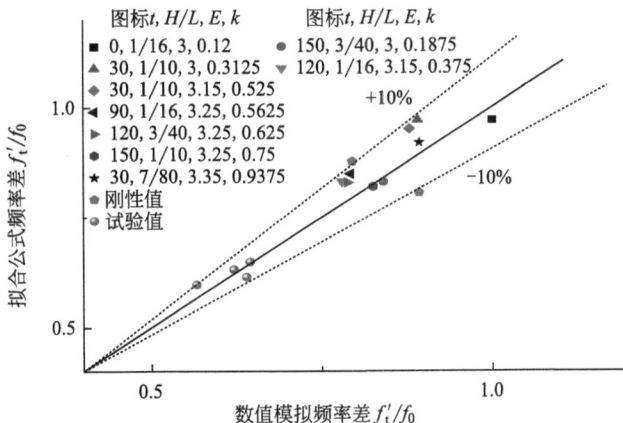

图 2-4-6　基频公式值与有限元值比较（弹性支座）

以内；刚性支座下两工况的"刚性值"误差较大，在±10％左右，进一步说明了式（2-4-5）的合理性。

最终得出结论：1）为获取用于混凝土梁结构火灾健康监测的准确有限元模型，提出了重点考虑边界条件基于 SVM 的分步有限元模型修正方法，并利用 4 根矩形试验梁、3 根 T 形试验梁的试验数据对所提出的算法进行了验证。结果表明，修正后有限元模型能较好地反映混凝土梁的真实动力特性，采用分步修正算法可精简计算量，能够有效用于混凝土梁结构的有限元模型修正。2）为进一步验证所提修正方法的适用性，以火灾下简支梁振动特性作为背景，利用修正后有限元模型耦合火灾升温曲线，模拟火灾过程中频率衰减规律，通过与实测值对比显示，修正后的计算结果较为合理。3）以矩形简支梁为例，分别分析了 H/L，E，ρ 及 t 对基频的影响，并拟合出了基频折减公式，数值模拟及试验结果验证了公式的合理性，可为后续损伤识别与评估提供参考依据。

2.5　基于 WNN 技术的钢筋混凝土梁火灾损伤识别方法

2.5.1　基于 WNN 技术的简支梁火灾损伤识别方法

本节以等效爆火时间为指标，提出了基于小波神经网络（Wavelet Neural Network，WNN）技术的损伤识别新方法。WNN 是在小波分析研究获得突破的基础上提出的一种人工神经网络。它是基于小波分析理论以及小波变换所构造的一种分层的、多分辨率的新型人工神经网络模型，即用非线性小波基取代了通常的非线性 Sigmoid 函数，其信号表述是通过将所选取的小波基进行线性叠加来表现的。它避免了 BP 神经网络结构设计的盲目性和局部最优等非线性优化问题，大大简化了训练，具有较强的函数学习能力和推广能力及广阔的应用前景。

频率反映结构整体刚度的变化，振型则对结构局部损伤较为敏感。在现场实测时，低阶模态较为容易和准确地获得，此外火灾下振动测试只能采用环境激励，因此火灾下及火灾后的损伤识别需合理利用低阶频率和振型组合作为 WNN 的输入。本文选取的组合参数 CPFM 详见式（2-5-1）。

$$CPFM = \{FR_1, FR_2, \cdots, FR_m; MO_1, MO_2, \cdots, MO_n\} \quad (2\text{-}5\text{-}1)$$

式中，FR_i 损伤识别所用第 i 阶频率，$MO_i = (\phi_{i1}, \phi_{i2}, \cdots, \phi_{iq})$ 为第 i 阶模态对应 q 个测试自由度归一化振型向量，算式为：

$$\phi_{ij} = \phi_{ij}/(\phi_{ij})_{max}, \quad (j = 1, 2, \cdots, q) \quad (2\text{-}5\text{-}2)$$

式中，ϕ_{ij} 为第 i 阶模态对应于 j 个测试自由度分量。

通常情况下，针对梁结构可利用截面抗弯刚度及承载力的降低来反映其损伤程度，但二者最终均与其受火时间有关，即可通过标准升温曲线的受火时间确定截面温度分布，进而确定截面刚度和抗弯承载力，基于上述分析，定义 WNN 的输出为标准升温曲线下各跨受火时间 t_f。WNN 结构通过自编 MATLAB 程序实现，采用的 WNN 拓扑结构为 12-12-1：输入层具有 12 个节点，表示简支梁前 2 阶频率、振型组合值 CPFM，隐含层有 12 个节点。输出层具有 1 个节点，输出网络预测的受火时间为 t_f'，测点为梁跨范围 4 等分点处，见图 2-5-1。

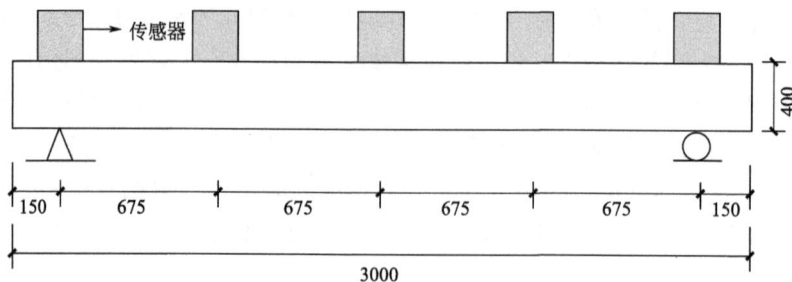

图 2-5-1　传感器布置（mm）

训练样本选取：采用 ISO 834 标准升温曲线三面升温，t_f 范围为 0～150min，间隔 10min，即 0，10min，20min，140min，150min 共计 16 种受火工况，提取前 2 阶平面内模态信息计算组合参数 CPFM，建立 CPFM 与受火时间 t_f 的样本库。通过参数初始化函数获得网络权值，传递函数为适应性较高的 Morlet 母小波基函数，训练 WNN，训练次数为 100 次，此时达到了收敛状态。

根据工程实际经验，收敛准则 ER 设定为≤5%；考虑梁跨均匀受火，对其 MAC 影响相对较小，此处取值为≥0.95。

综上分析，简支梁火灾损伤识别流程见图 2-5-2。由于现场实测时不可避免存在测试及环境干扰等引起的数据误差，为考虑此因素的影响，在测试样本中叠加了不同程度的正态分布的随机噪声，噪声的模拟见式（2-5-3）：

$$\widetilde{\gamma}_i = \gamma_i(1 + \varepsilon_i p) \tag{2-5-3}$$

式中，$\widetilde{\gamma}_i$ 和 γ_i 分别为有噪声和无噪声的模态参数，ε_i 是正态分布的随机数（均值为零，均方值为1），p 是在测试样本上所加噪声的大小。为模拟实际情况，叠加5%的噪声进行分析，用训练好的 WNN 预测 t_f^i，并对其结果进行分析。为衡量模型的识别效果，引入评价准则：

$$ER(\omega_i^t, \omega_i^c) = \left| \frac{\omega_i^t - \omega_i^c}{\omega_i^t} \right| \tag{2-5-4}$$

$$MAC(\varphi_i^t, \varphi_i^c) = \frac{|\varphi_i^{tT}\varphi_i^c|^2}{|\varphi_i^{tT}\varphi_i^t||\varphi_i^{cT}\varphi_i^c|} \tag{2-5-5}$$

式中，假定 $\omega_i^t = (1, 2, \cdots, n)$ 表示实际测量的自振频率，$\phi_i^t = (1, 2, \cdots, n)$ 表示实际测量的振型矢量，$\omega_i^c = (1, 2, \cdots, n)$ 表示理论预测的自振频率，$\phi_i^c = (1, 2, \cdots, n)$ 表示理论预测的振型矢量。其中 $ER(\omega_i^t, \omega_i^c)$ 为频率变化率，$MAC(\phi_i^t, \varphi_i^c)$ 为模态置信准则。

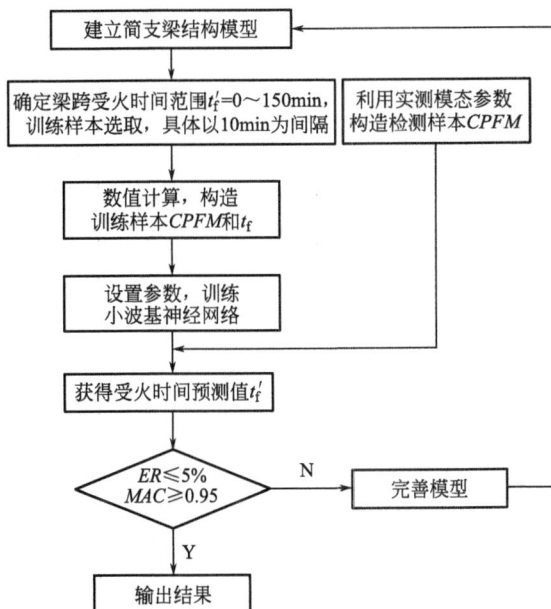

图 2-5-2　简支梁火灾损伤识别流程

为验证该方法的有效性，选取受火真实值测试样本分别为：65min、95min、125mim、155mim，同时为验证 WNN 鲁棒性，对真实值加噪声5%。根据图2-5-2步骤，简支梁火灾下与火灾后损伤识别结果误差见表2-5-1、表2-5-2。

简支梁火灾下损伤识别结果误差 表 2-5-1

样本编号	预测值(min)	真实值(min)	ER(%)	MAC
1	59	65	3.22	0.99
2	93	95	0.60	0.99
3	127	125	0.82	0.99
4	151	155	0.87	0.99

简支梁火灾后损伤识别结果误差 表 2-5-2

样本编号	预测值(min)	真实值(min)	ER(%)	MAC
1	69	65	0.54	0.99
2	92	95	0.78	0.99
3	119	125	1.67	0.99
4	151	155	0.76	0.99

最终通过受火时间预测值 t_f 确定简支梁的刚度及承载力损伤程度。截面刚度的计算采用有限单元法，即首先将混凝土截面进行等分网格化，然后对全截面范围内的网格刚度相加。抗弯承载力采用过镇海提出的基于等温线进行混凝土等效面积折减计算方法，即将高温作用下的混凝土截面通过折减转换为与常温下混凝土相同强度的等效截面，再按照常温下极限承载力公式计算。

根据上述分析，测试样本火灾下及火灾后真实值与预测值计算结果见图 2-5-3。对表 2-5-1、表 2-5-2 及图 2-5-3 的结果进行综合分析，可得出以下结论：

（1）受火时间真实值与预测值较为接近，说明本节提出的识别方法具有准确率较高且具有一定的容错性和鲁棒性，该方法可有效实现 t_f 预测，较好地达到目标模型的收敛要求；

（2）由简支梁的刚度及承载力预测值可知，本节选取的 WNN 输入及输出参数是合理有效的，特别是输出参数 t_f 的选用，其作为中介桥梁将结构模态参数变化与刚度、承载力的降低有效联系起来，具有一定的工程实用价值；

（3）从图 2-5-3 可知，火灾下和火灾后损伤程度并不相同，火灾后由于混凝土材料重组，体积膨胀加剧内部结构破坏，较火灾下刚度损失严重，且随受火时间增大，二者差异越小，火灾下钢筋屈服强度受温度制约，抗弯承载力存在急剧下降段，但火灾后其内部产生了相变，强度恢复明显。

2.5.2 混凝土简支梁火灾损伤识别过程

1. 等效爆火时间

在建筑结构火灾相关研究文献中，除较多采用 ISO 834 国际标准升温曲线进

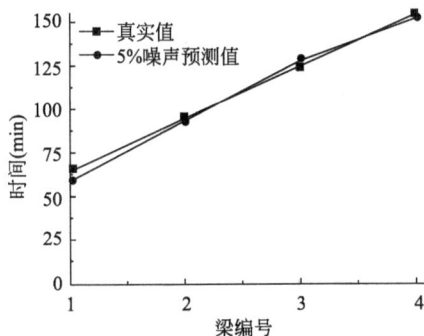

(a) 简支梁火灾下损伤识别结果

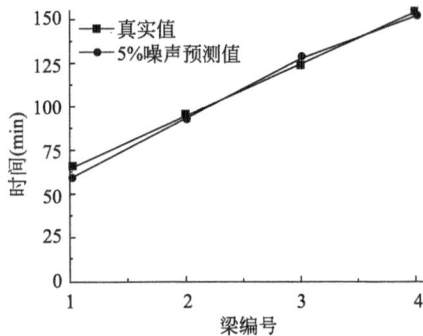

(b) 简支梁火灾后损伤识别结果

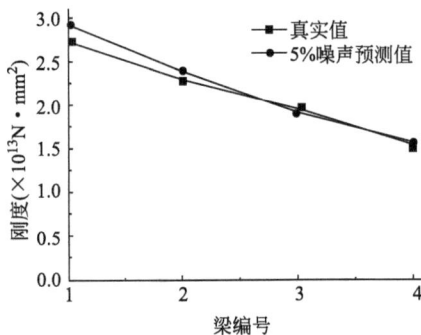

(c) 简支梁火灾下刚度预测结果

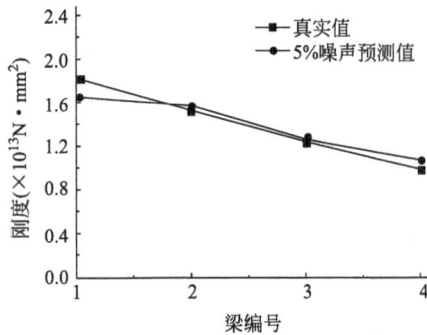

(d) 简支梁火灾后刚度预测结果

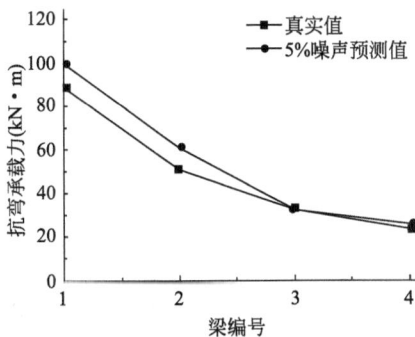

(e) 简支梁火灾下承载力预测结果

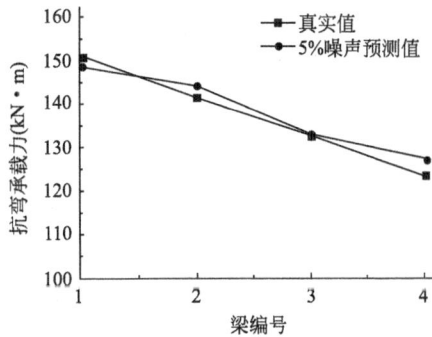

(f) 简支梁火灾后承载力预测结果

图 2-5-3　简支梁火灾下及火灾后真实值与预测值计算结果

行研究外，还有采用火灾实际升温曲线，且有的国家的规范给出的升温曲线并不是 ISO 834（如美国采用 ASTM E119 升温曲线等），为了对不同试验结果进行对比，需要将国际标准升温曲线与真实升温值联系起来，进行热量传输损伤等效。现有做法通常采用等效爆火时间，即将实际升温时间转化为等效爆火时间，等效爆火时间为与实际升温曲线下方的面积相等的标准升温曲线所对应的时间，如

图 2-5-4 所示。

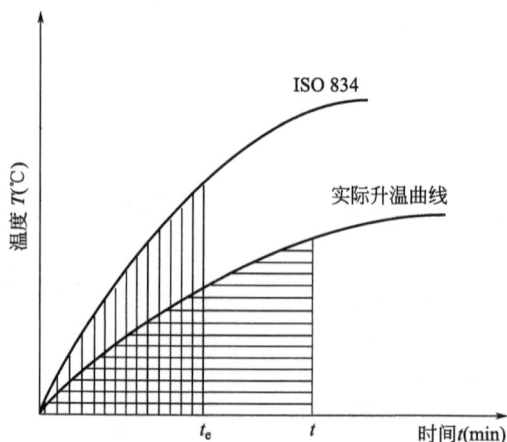

图 2-5-4　等效爆火时间

受实际火灾炉保温性及温度发展随机性的影响致使试验升温曲线后期与 ISO 834 标准曲线存在差距，但总体趋势吻合较好，为方便对不同试验结果进行对比，采用等效爆火时间为指标进行统一分析，试验等效爆火时间见表 2-5-3。

试验等效爆火时间　　　　　　　　　　　　　表 2-5-3

试件	实际受火时间(min)	等效爆火时间(min)
L1	60	48
L2	90	80
L3	120	105
L4	150	124

2. 火灾损伤识别

该试验损伤识别过程中混凝土在多重火灾循环后强度基本保持不变，即火灾下和火灾后试件的支座条件不再发生变化。参考初始边界条件修正结果建模，修正结果如表 2-5-4 所示。

初始边界条件修正结果　　　　　　　　　　　表 2-5-4

试件	支座刚度(×10⁷N/m)	支座边距(cm)	密度(kg/m³)	弹性模量(MPa)
L1	1.16(左)　0.97(右)	14.0(左)　17.7(右)	2448	3.35×10^4
L2	1.71(左)　1.51(右)	14.9(左)　16.1(右)	2606	3.19×10^4
L3	1.61(左)　1.35(右)	16.9(左)　9.9(右)	2546	3.20×10^4
L4	1.67(左)　1.41(右)	12.0(左)　11.1(右)	2487	3.06×10^4

选取与理论计算对应的前 2 阶频率、振型。由于试验现场激励条件限制，仅测得简支梁前两阶频率、振型，所以采用的 WNN 拓扑结构为 12-12-1：输入层具有 12 个节点，表示简支梁基于模型修正的有限元模拟前 2 阶频率、振型组合值 $CPFM$，隐含层有 12 个节点，输出层具有 1 个节点，t'_f 为网络预测的受火时间。

训练样本选取：采用 ISO 834 标准升温曲线三面升温，t_f 为 0～150min，间隔 10min，共计 16 种受火工况，提取前 2 阶平面内模态信息获得组合参数 $CPFM$，建立 $CPFM$ 与受火时间 t_f 的样本库。试验样本均为前 2 阶实测频率、振型构造的组合参数 $CPFM$，将其输入到训练完毕的 WNN，输出为预测受火时间 t'_f，见表 2-5-5。根据预测等效时间计算的刚度及承载力值见图 2-5-5、图 2-5-6。

简支梁火灾后试验结果误差　　　　　　　　　　　　表 2-5-5

试件	预测值(min)	实际等效值(min)	$ER(\%)$	MAC
L1	59	48	3.81	0.98
L2	72	80	1.91	0.99
L3	120	105	2.45	0.98
L4	135	124	3.87	0.98

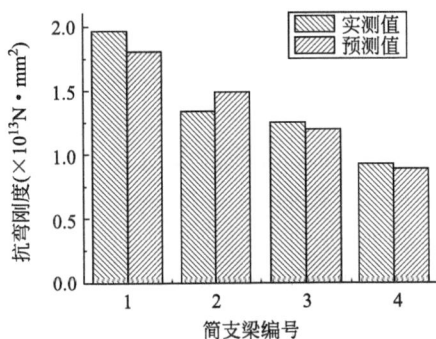

图 2-5-5　简支梁刚度结果对比

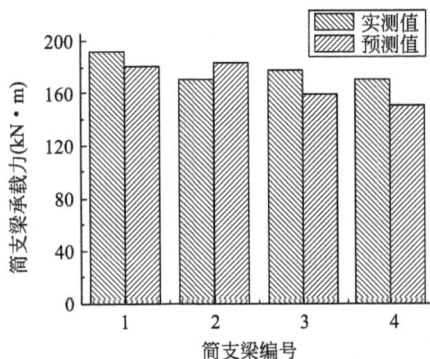

图 2-5-6　简支梁承载力结果对比

由上述分析可得，试验实测值与算法预测值较为接近，验证了本节提出的基于 WNN 技术以等效爆火时间为指标的损伤识别方法的可靠性，具有一定的工程应用价值。

2.6　本章小结

为探究火灾环境下混凝土结构的振动规律及火灾后损伤评估方法，设计 4 根足尺寸简支梁 L1～L4，依次进行火灾前振动测试、火灾试验、火灾后振动测试及承载力试验。首先，获取火灾前 3 阶模态信息，据此基于 SVM 分步修正算法对其初始有限元模型进行修正；然后，为模拟火灾下振动特性发展规律，采用修正后模型结合实际升温曲线，模拟火灾下振动发展规律，并与试验值进行对比分析；最后，为评估火灾后简支梁损伤程度，进行了承载力试验，并基于实测不完备模态信息，提出一种灾后损伤识别方法，预测火灾后简支梁损伤程度。并且验证了本章提出的基于 WNN 技术以等效爆火时同为指标的损伤识别方法的可靠性，具有一定的工程应用价值。

参考文献

[1] 中华人民共和国住房和城乡建设部. 混凝土结构试验方法标准：GB/T 50152—2012 [S]. 北京：中国建筑工业出版社，2012.

[2] 刘才玮，张毅刚，吴金志. 考虑螺栓球节点半刚性的网格结构有限元模型修正研究 [J]. 振动与冲击，2014，33 (6)：35-39.

[3] Liu C F, Liu C W, Liu C X, et al. Fire damage identification in RC beams based on support vector machines considering vibration test [J]. KSCE Journal of Civil Engineering, 2019, 23 (10): 4407-4416.

[4] 朱大雷，王振清，乔牧. 高温下内力重分布引起的钢筋混凝土连续梁弹塑性分析 [J]. 哈尔滨工程大学学报，2011，32 (2)：165-172.

[5] Yan B, Cui Y, Zhang L, et al. Beam structure damage identification based on BP neural network and support vector machine [J]. Mathematical Problems in Engineering, 2014, (1): 850141.

[6] Tsai C H, Hsu D S. Diagnosis of reinforced concrete structural damage based on displacement time history using the back-propagation neural network technique [J]. Journal of Computing in civil engineering, 2002, 16 (1): 49-58.

[7] Li Z X, Yang X M. Damage identification for beams using ANN based on statistical property of structural responses [J]. Computers & structures, 2008, 86 (1-2): 64-71.

[8] Hu Z, Zhu H, Huang L, et al. Damage Identification Method and Uncertainty Analysis of Beam Structures Based on SVM and Swarm Intelligence Algorithm [J]. Buildings, 2022, 12 (11): 1950.

[9] Sadeghi F, Yu Y, Zhu X, et al. Damage identification of steel-concrete composite beams based on modal strain energy changes through general regression neural network [J]. Engi-

neering Structures，2021，244：112824.

[10] Liu C，Huang X，Miao J，et al. Modification of finite element models based on support vector machines for reinforced concrete beam vibrational analyses at elevated temperatures [J]. Structural Control and Health Monitoring，2019，26（6）：e2350.

[11] Wang Y，Hao H. Damage identification of steel beams using local and global methods [J]. Advances in Structural Engineering，2012，15（5）：807-824.

[12] Yang X，Chen X. Test verification of damage identification method based on statistical properties of structural dynamic displacement [J]. Journal of Civil Structural Health Monitoring，2019，9：263-269.

[13] Shan W，Wang X，Jiao Y. Modeling of temperature effect on modal frequency of concrete beam based on field monitoring data [J]. Shock and Vibration，2018，2018（1）：8072843.

[14] Jaishi B，Ren W X. Structural finite element model updating using ambient vibration test results [J]. Journal of Structural Engineering，2005，131（4）：617-628.

[15] 刘才玮，苗吉军，高天予，等. 基于动力测试的钢筋混凝土梁火灾损伤识别方法 [J]. 振动与冲击，2019，38（11）：121-131.

[16] 肖书敏，闫云聚，姜波澜. 基于小波神经网络方法的桥梁结构损伤识别研究 [J]. 应用数学和力学，2016，37（2）：149-159.

[17] 刘承鑫. 基于振动测试的钢筋混凝土梁火灾损伤识别方法与试验研究 [D]. 山东：青岛理工大学，2018.

[18] 苗吉军，陈娜，侯晓燕，等. 使用损伤与高温耦合作用下钢筋混凝土梁火灾试验研究与数值分析 [J]. 建筑结构学报，2013，34（3）：1-11.

[19] 张毅刚，吴金志，梁鑫. 面向节点的网格结构损伤定位方法 [J]. 北京工业大学学报，2004，3（2）：171-175.

[20] 丁幼亮，李爱群. 基于振动测试与小波包分析的结构损伤预警 [J]. 力学学报，2006，38（5）：639-644.

[21] 闫云聚，韩莉，余龙，等. 改进的小损伤结构动力学有限元建模方法 [J]. 应用力学学报，2005，（3）：431-434＋509.

[22] 姜绍飞，徐云良，张春梅，等. 基于小波包分解的数据融合损伤识别方法 [J]. 沈阳建筑大学学报（自然科学版），2006，（6）：881-884.

[23] 瞿伟廉，陈伟，李秋胜. 基于神经网络技术的复杂框架结构节点损伤的两步诊断法 [J]. 土木工程学报，2003，（5）：37-45.

[24] Bakhary N，Hao H，Deeks A J. Substructuring technique for damage detection using statistical multistage artificial neural network [J]. Advances in Structural Engineering，2010，13（4）：619-639.

[25] Padil K H，Bakhary N，Hao H. The use of a non-probabilistic artificial neural network to consider uncertainties in vibration-based-damage detection [J]. Mechanical Systems and Signal Processing，2017，83：194-209.

［26］Kao C Y，Hung S L. Detection of structural damage via free vibration responses generated by approximating artificial neural networks ［J］. Computers & Structures，2003，81 (28-29)：2631-2644.

［27］Pillai P，Krishnapillai S. A hybrid neural network strategy for identification of structural parameters ［J］. Structures & Infrastructure Engineering，2010，6 (3)：379-391.

第三章 混凝土T形梁受火静动力特性及其灾后损伤识别

3.1 基于动力测试的T形梁火灾前、火灾中、火灾后试验概况

3.1.1 试验设计及试验装置

本试验T形梁长为3000mm，梁高为300mm，两端预留100mm的支撑长度，保护层厚度为30mm，翼宽度为450mm，翼缘高度为100mm，采用C35商品混凝土进行浇筑，纵筋及箍筋均采用HRB400级钢筋进行绑扎，共10根T形梁。钢筋混凝土T形梁的构件信息及热电偶布置见图3-1-1。

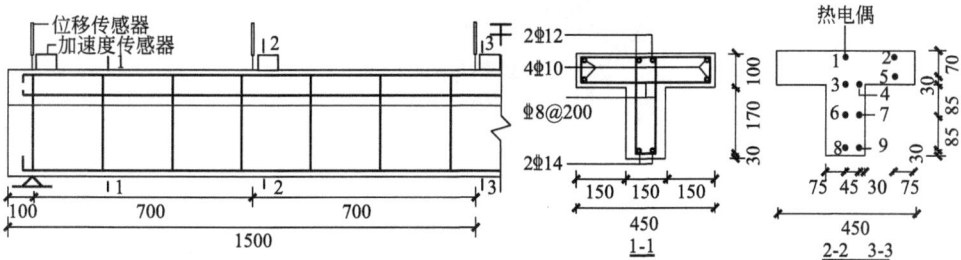

图 3-1-1 钢筋混凝土T形梁的构件信息及热电偶布置

为充分利用火灾炉空间，减少不确定因素，同时也能够缩短试验时间，9根梁分3组分别进行60min、90min、120min的恒载升温火灾试验，每组3根T形梁，荷载比分别为0（$q=0$，无荷载状态）、12%（$q=3.84$kN/m，未开裂状态）、44%（$q=13.76$kN/m，正常使用状态），试件分组见表3-1-1。

		试件分组		表 3-1-1
梁编号	振动测试	温度采集	静载试验	试验状态
B-T06L00	是	是	是	无荷载
B-T06L12	是	是	是	未开裂
B-T06L44	是	是	是	正常使用

梁编号	振动测试	温度采集	静载试验	试验状态
B-T09L00	是	是	是	无荷载
B-T09L12	是	是	是	未开裂
B-T09L44	是	是	是	正常使用
B-T12L00	是	是	是	无荷载
B-T12L12	是	是	是	未开裂
B-T12L44	是	是	是	正常使用
B-N	否	否	是	对比试件

注：表中梁编号以 B-T06L12 为例。B 为简支梁，T 为时间（min），其后数字扩大 10 倍为遭受火灾时间，即 60min，L 为荷载比，即梁上施加荷载与常温下极限荷载比值，其后数字为荷载比具体数值，即 12%，N 为自然状态。

差动式位移传感器见图 3-1-2。

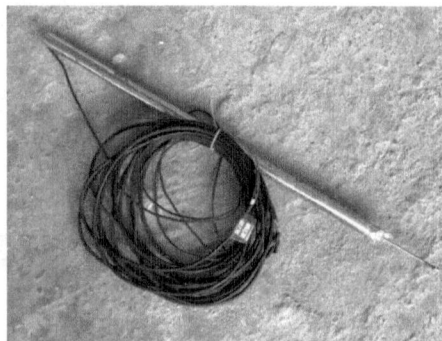

图 3-1-2　差动式位移传感器

原水平火灾试验炉、改造后试验炉及改造后炉膛布置（俯视）见图 3-1-3～图 3-1-5。

图 3-1-3　原水平试验炉

图 3-1-4　改造后试验炉

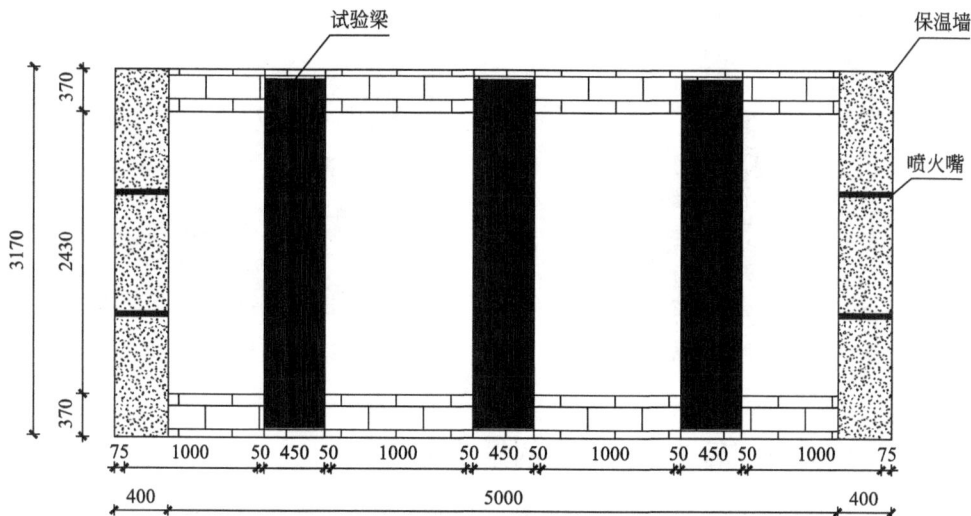

图 3-1-5 改造后炉膛布置（俯视）

为防止传感器温度过高，自制了水循环冷却装置，确保试验能够顺利进行，图 3-1-6 为多信号采集系统连接示意图，图 3-1-7 为水循环冷却装置，图 3-1-8 为多信号信息采集系统现场布置。

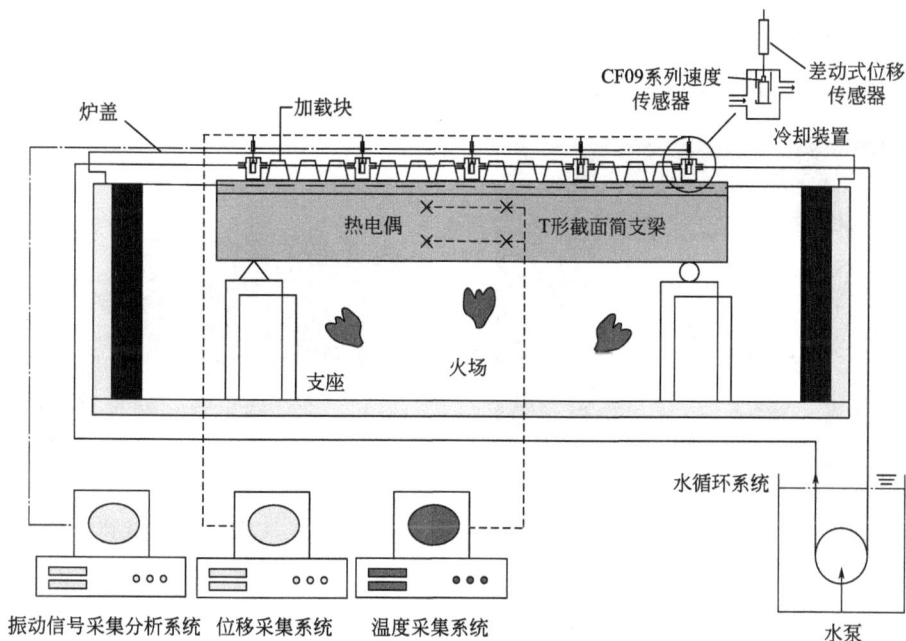

图 3-1-6 多信号采集系统连接示意图

图 3-1-7　水循环冷却装置

图 3-1-8　多信号采集系统现场布置

3.1.2　火灾前、后 T 形试验梁的振动测试

本试验采用 DH5922N 振动信号测试分析系统，该系统可实现多通道并行同步高速长时间连续采样。采用 CF0926 磁电式速度传感器，使用温度为 $-10 \sim 60 ℃$。为充分考虑支座刚度的影响，在"试验"梁计算跨度 L_0 范围内四分点处设置五个竖向位移及振动测点（两端支座处、跨中及 $L_0/4$ 处），如无特殊说明，本节所有测点都按上述布置。启动振动信号采集系统，设定每隔 1min 采集一次振动信号，使用力锤施加激励。由于力锤为瞬时激励方式，采集以间断锤击形式进行。DH5922N 信号采集箱见图 3-1-9，CF0926 磁电式速度传感器见图 3-1-10，简支梁测点布置示意图见图 3-1-11。

图 3-1-9　DH5922N 信号采集箱

图 3-1-10　CF0926 磁电式速度传感器

3.1.3　火灾试验及火灾下振动测试

本试验采用升温制度同 2.1.3 节，火灾后自然冷却，炉温降至 300℃左右时

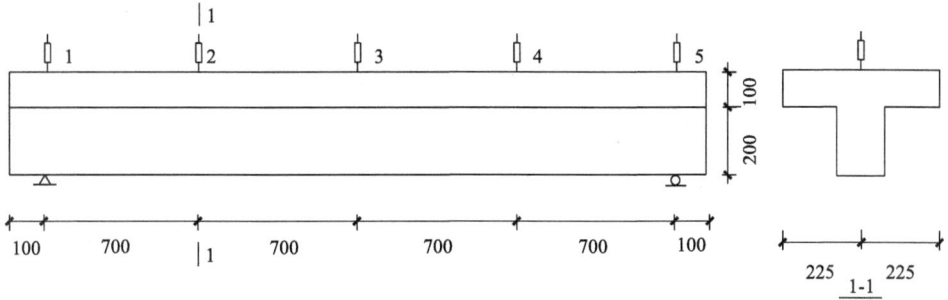

图 3-1-11　简支梁测点布置示意图

停止数据采集。火灾过程中进行动力测试，采用 DH5922N 通用型动态信号测试
分析系统获取结构模态信息。拾振器采用 CF0926 磁电式速度传感器，测量频率
范围为 10～1000Hz，温度适用范围为－10～50℃。为确保火灾下振动测试的顺
利进行，采用耐高温导线连接传感器，并用水循环装置给传感器降温。如
图 3-1-12 所示。该方法可有效保护传感器不被烧坏，并将传感器进行有效固定。
试件热电偶布置同图 3-1-1，传感器布置示意图见图 3-1-13。

图 3-1-12　冷却杯

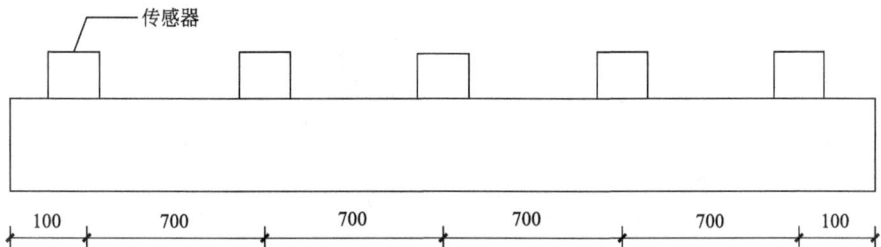

图 3-1-13　传感器布置示意图

3.1.4 火灾后承载力试验

火灾后试件静载试验采用三分点加载的方式进行，梁跨中布置位移计，梁两端布置千分表，梁底中部及腹板中部布置应变片，试验加载示意图见图 3-1-14。

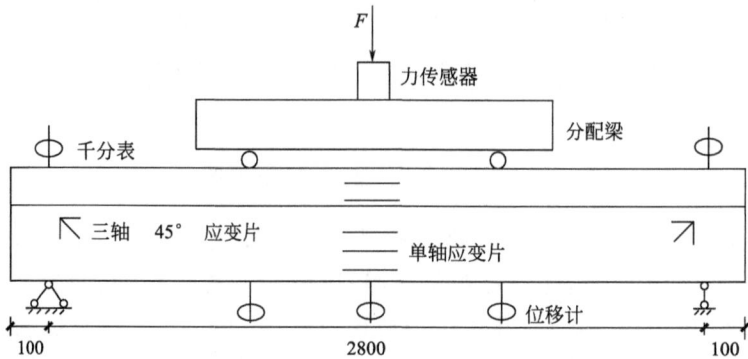

图 3-1-14 静载试验示意图

静载试验前对试件进行预加载，保持荷载稳定，检查支座及仪器设备是否正常，卸载后重新加载，重复两次预加载。静载试验开始后正式加载，选用分级加载制度，每级加载荷载为 5kN，保载持续 5min，达到极限荷载的 80% 时，每级加载为极限荷载的 5%，每级荷载持续时间为 15min，加载至试件破坏。

依据跨中荷载相等的原则 $ql^2/8 = P/3$，采用两点对称加载，经计算，火灾中 $P = 35.2$kN。试验开始之前为消除试件内部结构产生的误差，将混凝土梁在弹性范围内进行预加载，预加载值取使用荷载的 25%，本试验选用 8.8kN。

出现以下任一现象即为试件破坏：钢筋混凝土梁跨中挠度达到梁跨度的 1/50；裂缝宽度达到 1.5mm 或钢筋拉应变达到 0.01；受拉钢筋断裂或受压区混凝土被压碎。静载试验现场布置如图 3-1-15 所示。

图 3-1-15 静载试验现场布置

3.2　T 形梁的试验结果分析

3.2.1　T 形梁火灾前动力测试试验结果分析

　　试验中振动测点布置示意图如图 3-1-13 所示，振动信号采集过程中，采用竖向锤击的方式对试件进行激励，通过振动测试系统采集振动信号，设定采样频率为 1000Hz，采用平均谱计算方法对振动信号进行快速傅里叶变换。B-T12L12 火灾前振动测试采集的时域信息如图 3-2-1 所示，对应频谱图如图 3-2-2 所示，经互功率谱法识别、计算获得试件的频率识别结果，如表 3-2-1 所示，B-T12L12 火灾前实测前三阶振型如图 3-2-3～图 3-2-5 所示。

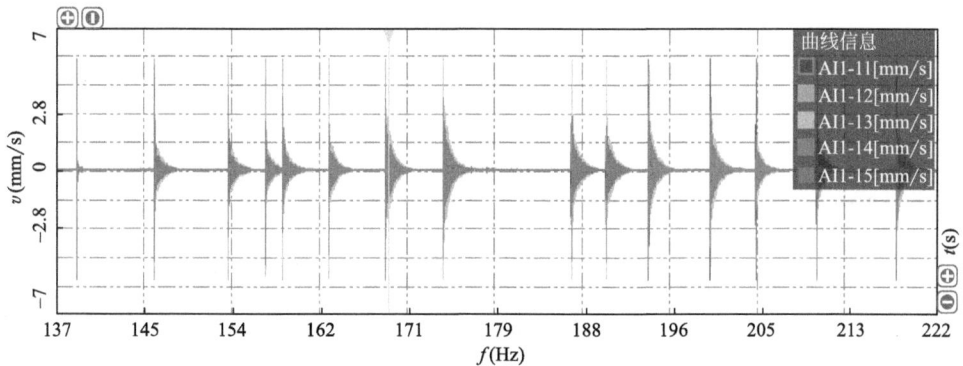

图 3-2-1　B-T12L12 火灾前振动测试采集的时域信息

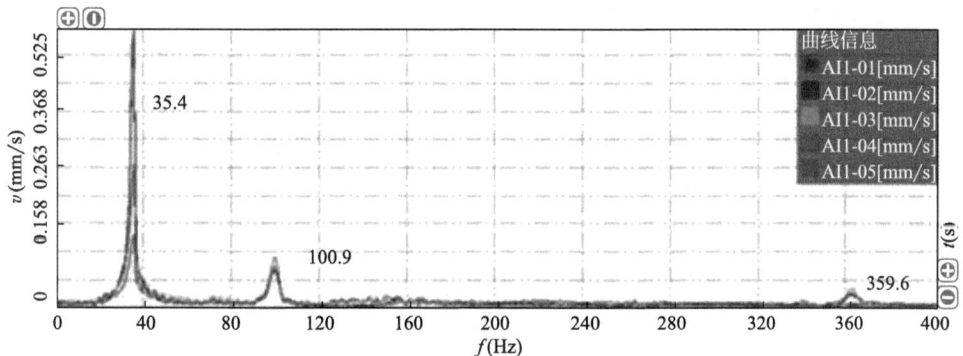

图 3-2-2　B-T12L12 火灾前频谱图

试件火灾前实测前三阶频率 （Hz）　　　　　　　　　表 3-2-1

编号	一阶	二阶	三阶
B-T06L0	28.9	93.9	334.2
B-T06L12	25.1	84.2	299.5

续表

编号	一阶	二阶	三阶
B-T06L44	29.5	93.6	333.7
B-T09L0	31.7	96.9	319.9
B-T09L12	34.6	97.3	339.7
B-T09L44	30.8	94.2	343.6
B-T12L0	32.6	97.9	332.9
B-T12L12	35.4	100.9	359.6
B-T12L44	34.8	102.6	327.8

注：表中梁编号以 B-T06L12 为例。B 为简支梁，T 为时间（min），其后数字扩大 10 倍为遭受火灾时间，即 60min，L 为荷载比，即梁上施加荷载与常温下极限荷载比值，其后数字为荷载比具体数值，即 12%，N 为自然状态。

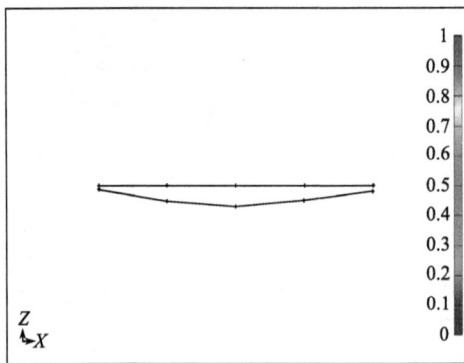

图 3-2-3　B-T12L12 火灾前实测
一阶振型（35.4Hz）

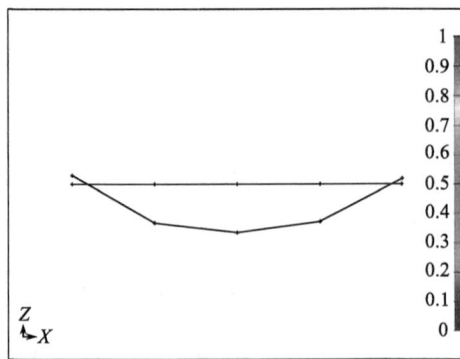

图 3-2-4　B-T12L12 火灾前实测
二阶振型（100.9Hz）

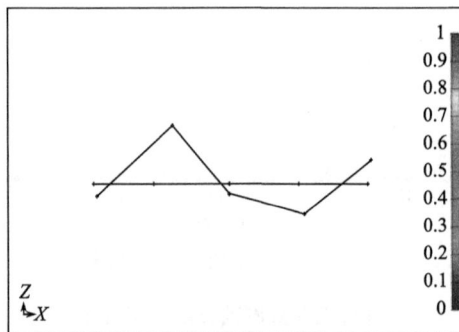

图 3-2-5　B-T12L12 火灾前实测前
三阶振型（359.6Hz）

3.2.2　T 形梁火灾下温度场分析

采用 ISO 834 标准升温曲线进行火灾试验，对受火时间为 120min 的 3 个试件进行截面温度场分析。

试件 B-T12L0～B-T12L44 不同截面各测点温度变化曲线如图 3-2-6～图 3-2-8 所示。

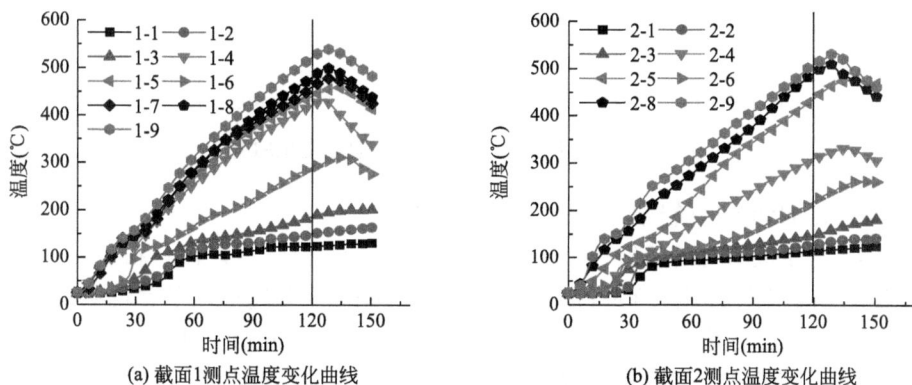

(a) 截面1测点温度变化曲线　　　(b) 截面2测点温度变化曲线

图 3-2-6　B-T12L0 各截面测点温度变化曲线

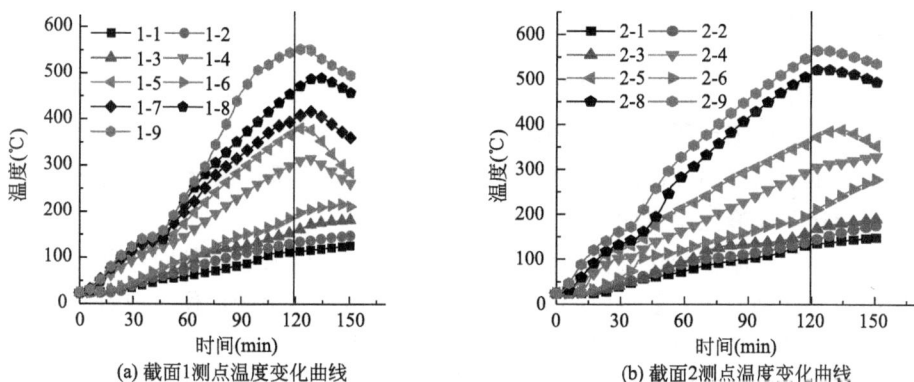

(a) 截面1测点温度变化曲线　　　(b) 截面2测点温度变化曲线

图 3-2-7　B-T12L12 各截面测点温度变化曲线

通过对比分析，发现试件截面各测点温度变化有以下规律：

（1）在受火时间 120min 内，各试件的所有测点温度基本呈现上升的趋势，只是上升的速率相差较大，距受火面越近的测点温度上升越快，达到的峰值温度越高。

（2）在受火时间达到 120min 停火后，各测点的温度并没有马上下降，均表现出了一定的滞后性且距受火面越远的测点滞后性越明显，这是因为混凝土的热惰性使试件截面产生了较大的温度梯度，停火后距受火面越近的点温度越高，热

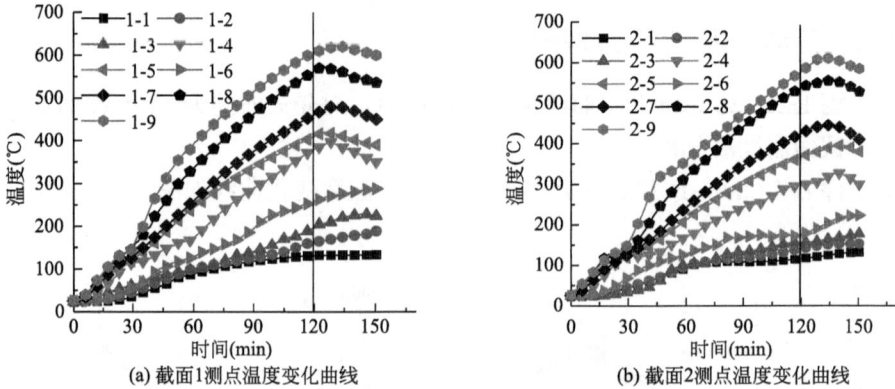

(a) 截面1测点温度变化曲线   (b) 截面2测点温度变化曲线

图 3-2-8　B-T12L44 各截面测点温度变化曲线

量由高温区向低温区传递导致的。

（3）由于混凝土的热惰性，试件内测点温度明显滞后于炉温；在各测点达到 130℃ 左右时均出现了温度平台现象，且表现为距受火面越远，平台现象越明显，持续时间越长。温度平台现象的产生是由于试件内部水分随温度的升高蒸发和迁移造成的，距受火面越远水分蒸发得越慢，故温度平台表现越明显。

（4）由于试件受火不均匀，同一试件不同截面温度场分布存在明显差异。

（5）在试验的自然冷却过程中，同一截面不同测点温度有向同一温度逼近的趋势。

（6）试验中 3 根荷载比不同的梁相同截面的温度场存在明显差异，表现为荷载比越大，截面测点所达到的峰值温度越高。

（7）由于试件 B-T12L0 翼缘爆裂比其他试件更严重，因此翼缘底部 5 号测点的升温速率及峰值温度明显高于其他试件。

为研究测点温度变化规律与荷载比的关系，对比分析各试件对应测点温度变化情况，考虑到荷载主要是引起试件开裂损伤，而这些裂缝损伤主要分布在试件的底面，因此，分别选取 B-T12L0～B-T12L44 截面 1-8、2-8、1-9、2-9 测点进行对比分析，各试件对应测点温度变化曲线如图 3-2-9 所示。

由图 3-2-9 可知：

（1）各测点升温趋势基本一致，但峰值温度存在明显差异，表现为荷载比越大，峰值温度越高。原因是温度和结构荷载共同作用下，荷载比越大，试件的损伤就会越大，特别是裂缝的开展越迅速，裂缝处热量传递较快，最终导致其峰值温度越高。

（2）试件 B-T12L0 与 B-T12L12 峰值温度差较 B-T12L0 与 B-T12L44 明显更小，原因是试件 B-T12L0 与 B-T12L12 受火前均不存在初始裂缝，说明火灾下裂缝的存在对热量的传递有较大的影响。

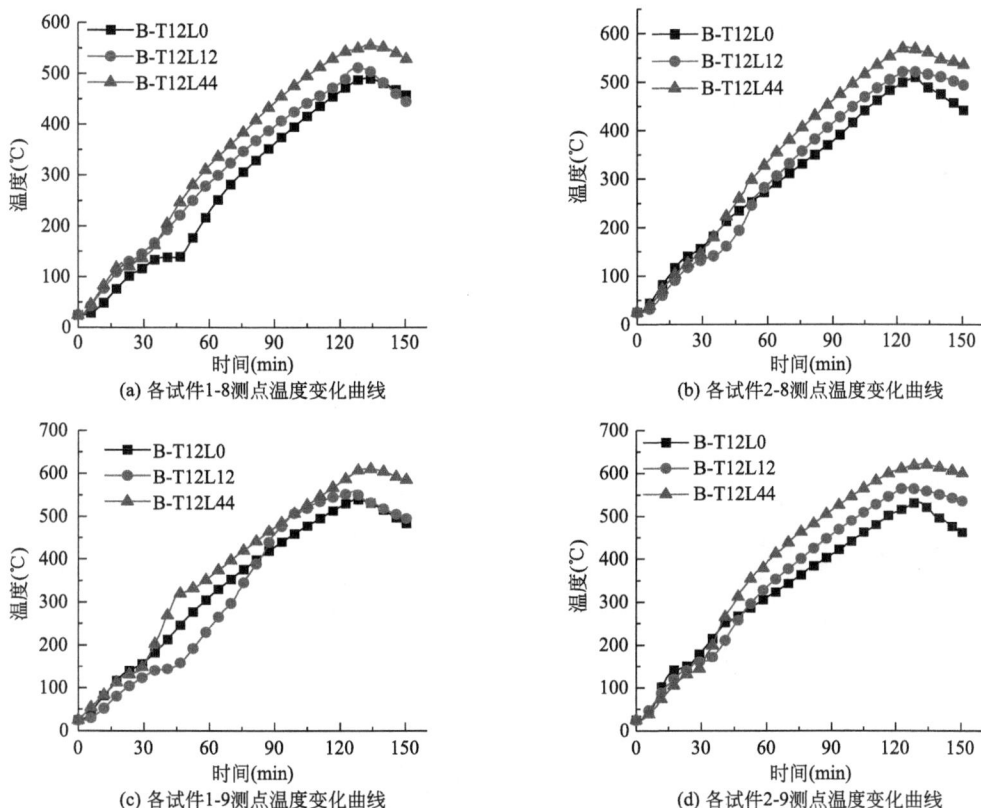

(a) 各试件1-8测点温度变化曲线

(b) 各试件2-8测点温度变化曲线

(c) 各试件1-9测点温度变化曲线

(d) 各试件2-9测点温度变化曲线

图 3-2-9　各试件对应测点温度变化曲线

3.2.3　T 形梁火灾下动力测试试验结果分析

火灾过程中试件受热气流及鼓风机等因素的影响，并且这些影响是随机的，故认为试件处于自然激励的状态下。动态信号采集系统采集的 3 个试件的时域信号如图 3-2-10～图 3-2-12 所示。

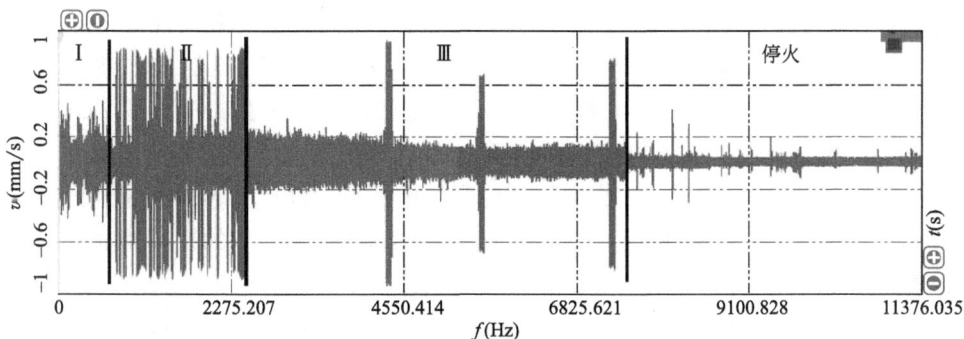

图 3-2-10　B-T12L0 火灾下时域信号

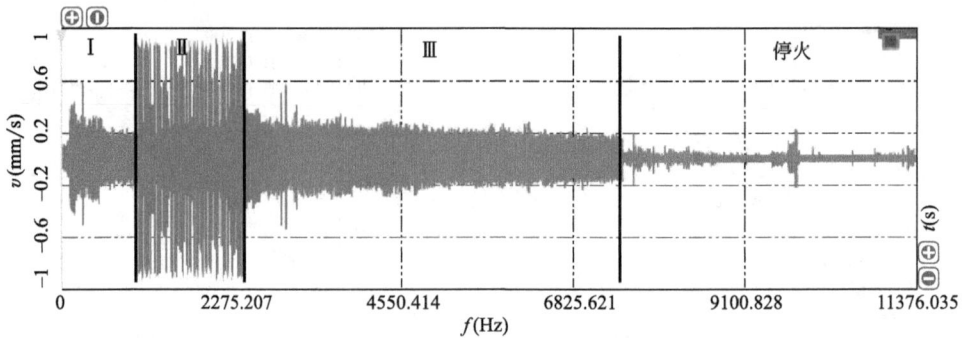

图 3-2-11　B-T12L12 火灾下时域信号

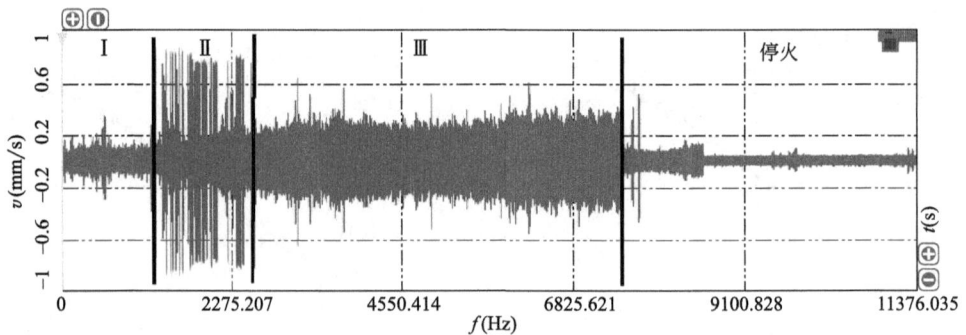

图 3-2-12　B-T12L44 火灾下时域信号

分析图 3-2-10～图 3-2-12 时域信号得出如下结论：

相同受火条件不同荷载比下的试件振动基本可分为三个阶段，从点火开始至受火 10min 左右为Ⅰ阶段，此阶段由于试验设备老旧，鼓风机鼓风及喷火口火焰不稳定致使振幅不断波动；随后试件振动进入Ⅱ阶段（不稳定发展阶段），此阶段大约持续 25min，由于该时间段内炉温迅速上升，致使混凝土不断发生爆裂，这相当于对梁的一种变相激励，故时域信号上表现为速度不断突变，振幅波动明显比第一阶段更剧烈，爆裂持续时间与荷载比成反比；接下来试件进入Ⅲ阶段（稳定发展阶段），直至停火，该阶段内试件 B-T12L12、B-T12L44 试件振幅基本趋于稳定，但试件 B-T12L0 振幅存在部分突变点，这是由于试件 B-T12L0 在此阶段内依然是爆裂引起的，这与试验现象一致。该阶段内由于正常使用状态下的试件 B-T12L44 荷载比较大，火灾下裂缝开展比其他试件更大，由于裂缝的开展同样相当于对试件的变相激励，因此，该阶段试件 B-T12L44 的振幅明显大于其他试件。

由于试验过程中受支座刚度的影响，实测一阶振型均出现了整体式的跳动，这与模拟结果相一致，但考虑到振型整体跳动更多的是对支座条件的反映，并且试验过程中实测一阶频率衰减不明显，这正是因为火灾过程中支座刚度不变（火灾过程中通过热电偶测得的支承墙与防火板间的最高温度不超过 60℃，不会对支座刚度产生影响）引起的，故实测二阶振型（一个弧）对应的频率为基频。为研究基频在火灾过程中的衰减规律，以受火时间为 120min 的 3 个试件为例，对 120min 内的时域信号每 1min 进行一次傅里叶变换（FFT），得到 3 个试件火灾下的基频衰减曲线，如图 3-2-13～图 3-2-15 所示。

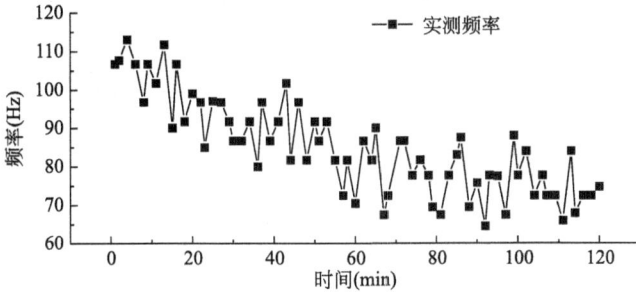

图 3-2-13　B-T12L0 基频衰减曲线

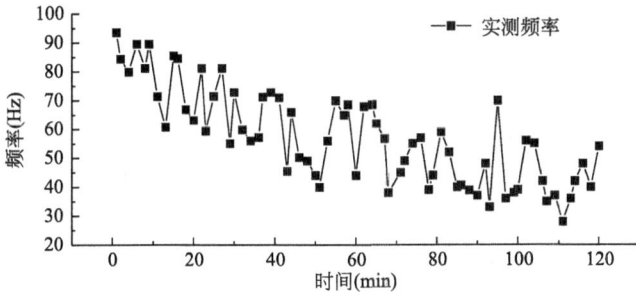

图 3-2-14　B-T12L12 基频衰减曲线

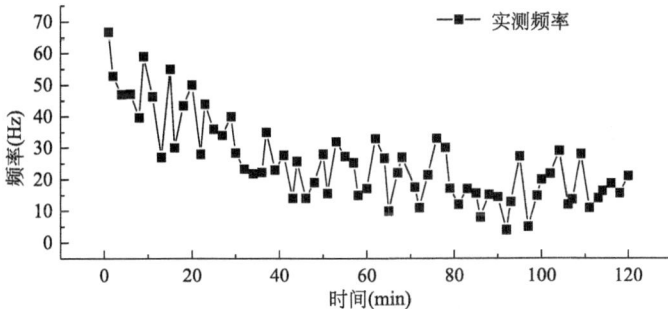

图 3-2-15　B-T12L44 基频衰减曲线
（火灾下 0～50Hz 内杂峰包括实测一阶整体跳动及用电频率）

分析图 3-2-13～图 3-2-15 可知：

B-T12L0～B-T12L44 基频衰减规律大致相同，都呈现出波动式的减小，前期衰减速率快，后期衰减速率逐渐变慢，这主要是因为火灾发展初期炉温迅速上升，30min 内炉温就达到最高温度的 85%，此时试件损伤剧烈，热应力及结构应力共同作用下微裂缝迅速开展，混凝土与钢筋之间粘结力下降，致使构件刚度损失较大所致。

B-T12L0～B-T12L44 基频衰减速率不同，主要在于荷载比不同，火灾前期基频衰减速率不同，表现为 B-T12L0＜B-T12L12＜B-T12L44，主要是因为荷载比越大，构件所受到的初始损伤越大，火灾下裂缝开展也越快，同等条件下截面刚度损失越快。

综合 B-T06L0～B-T12L0、B-T06L12～B-T12L12、B-T06L44～B-T12L44 火灾下基频实测数据进行拟合。拟合得到的基频随受火时间的变化关系如式（3-2-1）～式（3-2-3）所示。

$$F = 107.89871 - 0.56697t + 0.00253t^2 \qquad (3\text{-}2\text{-}1)$$

$$F = 87.22156 - 0.78337t + 0.00352t^2 \qquad (3\text{-}2\text{-}2)$$

$$F = \begin{cases} 58.61526 - 1.31241t + 0.01446t^2 - 5.46559E - 5t^3 & (0 \leqslant t \leqslant 90) \\ 34.31862 - 0.2801t + 0.00105t^2 & (90 < t \leqslant 120) \end{cases}$$

$$(3\text{-}2\text{-}3)$$

式中，F 为基频，即实测二阶频率；t 为受火时间。

将三个荷载工况下拟合后的基频随受火时间变化曲线进行归一化处理，得到基频衰减曲线，如图 3-2-16～图 3-2-19 所示。可以更加直观地发现，荷载比越大，基频随受火时间的衰减越剧烈，且降幅越大。

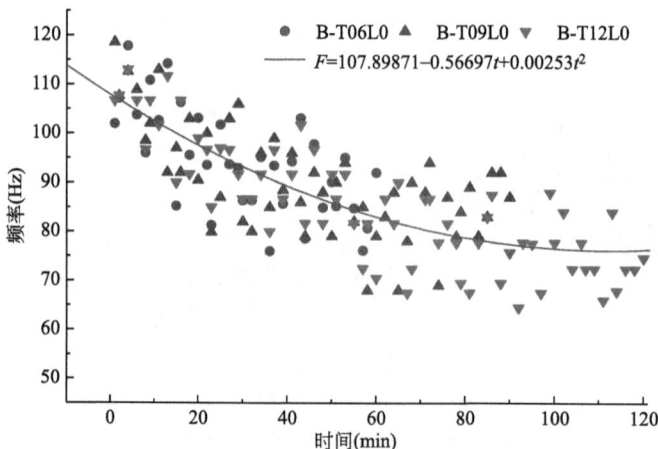

图 3-2-16　B-T06L0～B-T12L0 基频衰减曲线

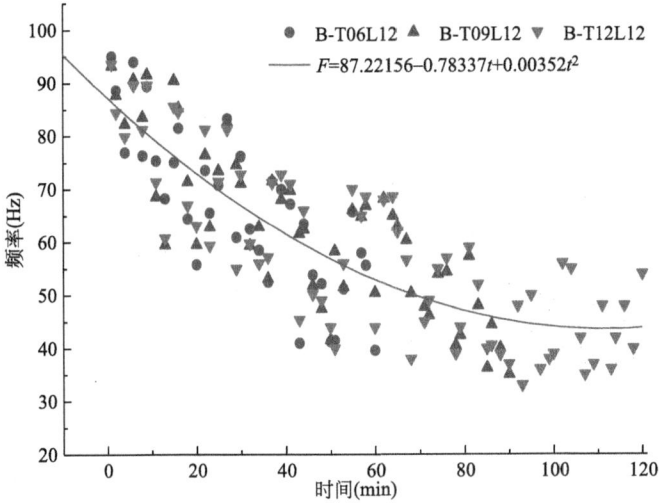

图 3-2-17　B-T06L12～B-T12L12 基频衰减曲线

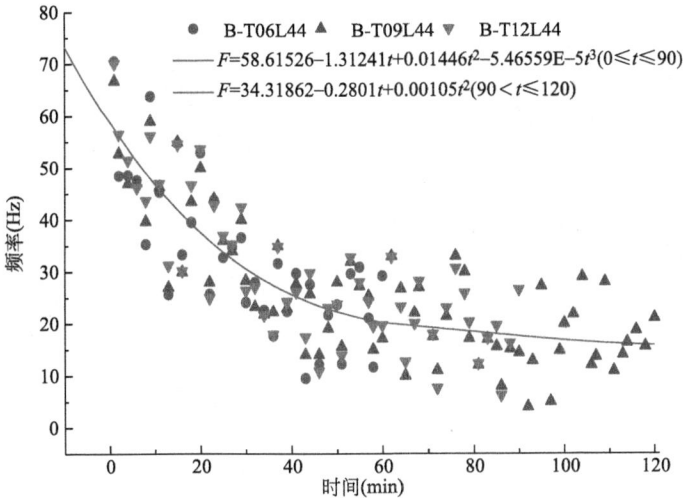

图 3-2-18　B-T06L44～B-T12L44 基频衰减曲线

3.2.4　T 形梁火灾后动力测试试验结果分析

图 3-2-20 为试件在火灾前后的频率变化图，图中可以发现，火灾后试件频率均出现了不同程度衰减，相同受火时间条件下，衰减程度与锈蚀率之间规律性不明显。

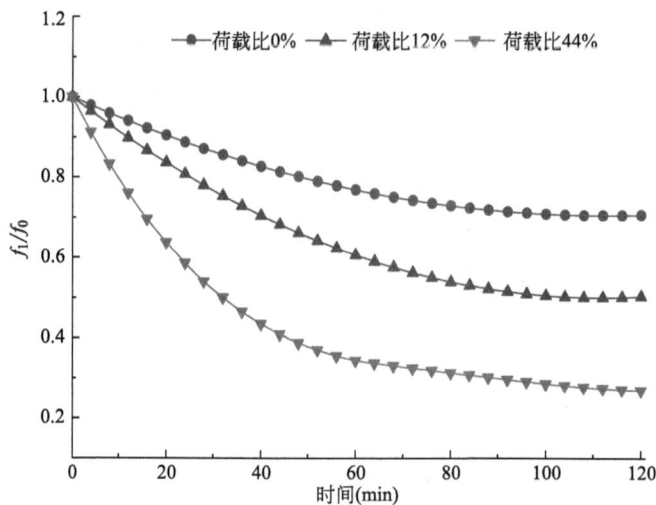

图 3-2-19　不同荷载比下归一化的基频衰减曲线

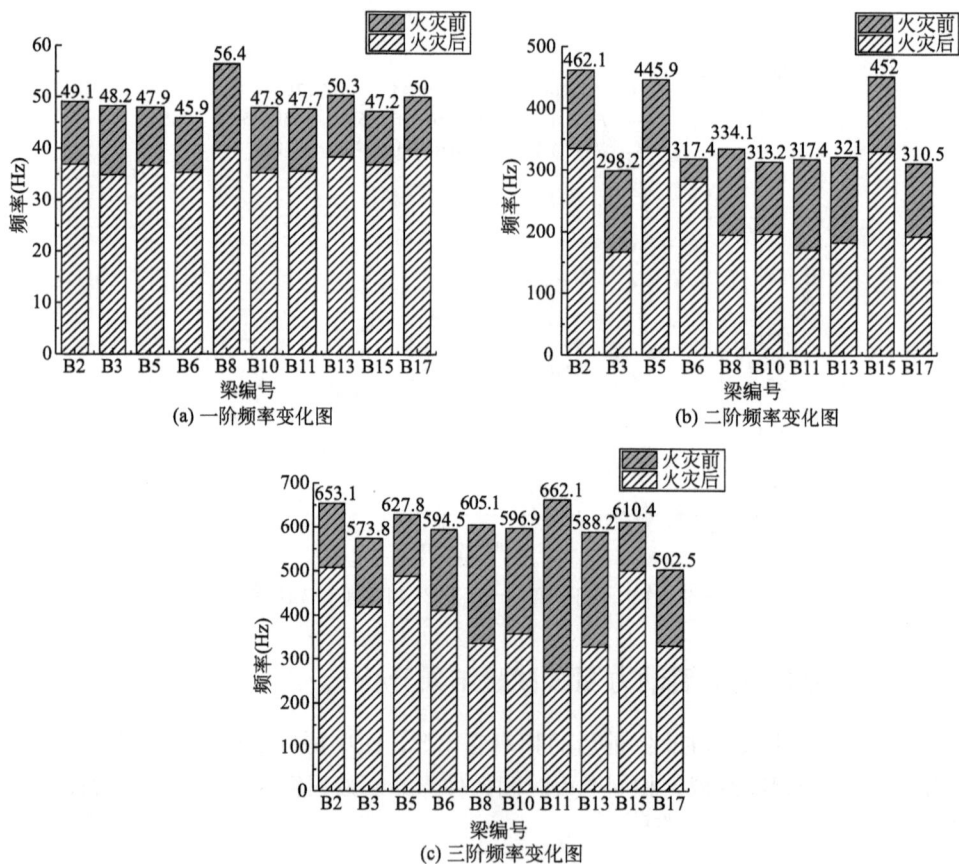

(a) 一阶频率变化图

(b) 二阶频率变化图

(c) 三阶频率变化图

图 3-2-20　试件在火灾前后的频率变化图

3.2.5　T形梁火灾后静力试验结果分析

1. 挠度变化分析

试验梁达到极限破坏时挠度变化较大，破坏方式均为顶部混凝土压碎，为适筋破坏，因此，由所设计的配筋情况来看，火灾作用不会导致构件破坏方式的改变，所有构件包括 B-N 试验梁破坏形态基本相同。通过对试验梁跨中挠度的数据处理，得到挠度变化曲线，如图 3-2-21 所示。

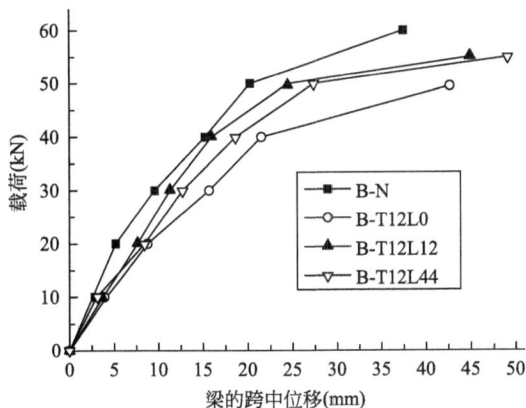

图 3-2-21　钢筋混凝土梁跨中挠度变化

从图 3-2-21 可以看出，荷载初期，随着荷载的增加，挠度呈现线性变化，且增长幅度较小，其中 B-N 试验梁在荷载为 20kN 左右时，挠度变化明显，这是由于受拉区混凝土开裂，导致挠度发生突变；另外三根经受火灾作用的试验梁未发生突变现象是因为火灾作用下将受拉区混凝土烧损，甚至有些位置露出钢筋，因此经受 120min 的三根试验梁未发生挠度突变；当荷载施加达到极限荷载的 90％时，挠度出现大幅度突变，此时由于受拉钢筋达到屈服强度，钢筋产生较大弹塑性变形，导致挠度变大，继续施加荷载受压区混凝土被压碎，此时荷载突然变小，挠度迅速增大，构件失去承载能力，达到破坏。受火灾作用后的试验梁承载力低于自然状态下的梁，且火灾作用下施加荷载对试件的灾后承载力也有影响，施加荷载越大，灾后残余承载力越小；火灾作用后试验梁所承受的跨中挠度有所增加，但火灾过程中所施加荷载的大小对变形影响不太明显。

2. 应力应变分析

由于试验梁经高温作用，外部混凝土发生爆裂、脱落等现象，导致有些位置无法布置混凝土应变片，每根试验梁所采集数据位置有所不同，通过整理，给出部分应力-应变分析结果，见图 3-2-22。

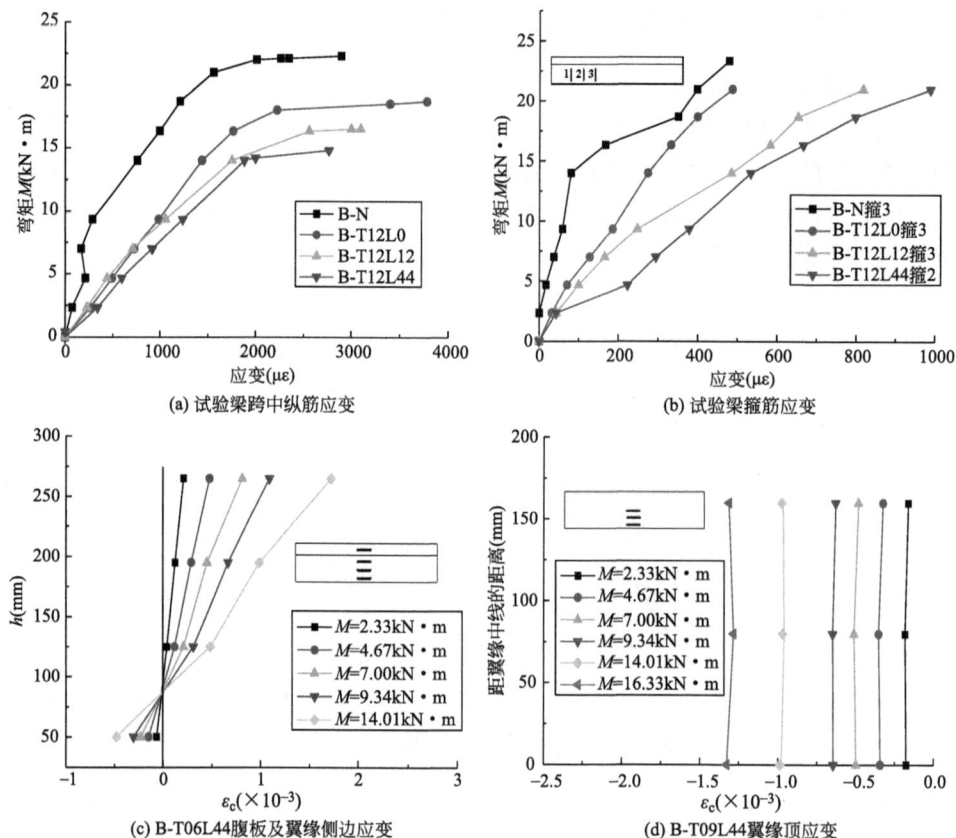

(a) 试验梁跨中纵筋应变

(b) 试验梁箍筋应变

(c) B-T06L44腹板及翼缘侧边应变

(d) B-T09L44翼缘顶应变

图 3-2-22　应变片数据统计

由图 3-2-22（a）可得，随着荷载的增加，应变基本沿线性增加，对于相同受热温度的梁，梁底应变随着荷载的增大而减小，受热后梁的刚度减小，相应的屈服和极限承载力也越小，当达到一定荷载值时，荷载不再增加而应变增大，表明此时处于屈服阶段，符合混凝土梁受压变化趋势；继续施加荷载，应变片达到极限值而破坏，应变片失效，受拉钢筋被拉断，顶部混凝土压碎，构件破坏。

由图 3-2-22（b）可知，箍筋应变均未达到屈服强度的应变值，由于每根梁对剪切荷载的位置及趋势变化不同，只得出箍筋应变近似为随着荷载的增加缓慢增加，相同荷载作用下，受火时间越长，箍筋应变增大越快；所施加的均布荷载越大，箍筋应变增大越快。

由图 3-2-22（c）和图 3-2-22（d）可知，火灾作用后的钢筋混凝土梁变化初期应符合平截面假定，受火时间与所施加的均布荷载不会影响这一特性，随着荷载的增加，从图 3-2-22（c）可以看出，荷载达到 14.01kN·m 时，超出平截面假定适用范围。

3. 裂缝分析

由于火灾作用，使梁底部的混凝土爆裂脱落，导致较多试验梁最大裂缝统计不能从最小值开始统计，裂缝变化统计见表 3-2-2。

裂缝变化统计

表 3-2-2

梁编号	平均裂缝间距(mm)	作用弯矩(kN·m)	平均裂缝宽度(mm)	最大裂缝宽度(mm)
B-N	102.23	14.01	0.13	0.19
		16.33	0.20	0.31
		18.68	1.00	2.41
B-T06L0	98.43	14.01	0.17	0.28
		18.68	0.72	1.40
B-T06L12	95.32	14.01	0.21	0.42
		16.33	0.76	1.19
		18.68	2.08	3.60
B-T06L44	90.58	14.01	0.19	0.21
		16.33	0.32	0.44
		18.68	2.52	3.24
B-T09L0	91.02	18.68	0.35	0.50
		23.35	0.74	1.25
		25.67	1.87	3.22
B-T09L12	97.53	14.01	0.19	0.26
		16.33	0.77	1.87
		18.68	1.56	2.76
B-T09L44	95.35	9.34	0.10	0.12
		14.01	0.18	0.23
		16.33	0.48	1.06
		18.68	3.37	4.78
B-T12L12	105.35	14.01	0.22	0.31
		16.33	0.52	0.78
B-T12L44	93.26	14.01	0.25	0.42
		16.33	0.42	0.50

由表 3-2-2 中的数据可知，相同弯矩下受火时间越长裂缝宽度越大；火灾作用下，B-T09L44 梁在荷载为 18.68kN·m 时产生的裂缝宽度达到 4.78mm，相同荷载下较 B-T06L44 梁裂缝宽度大 1.54mm，说明相同荷载作用下，火灾过程中施加荷载越大对后期梁裂缝开展的影响更大。平均裂缝宽度随着所施加荷载的增大而增宽，总体的平均裂缝间距基本相同，此因素受火灾作用影响较小。

4. 残余承载力、刚度计算

通过静载试验，读取每根梁最终破坏的荷载值，从而得到火灾后混凝土梁的残余承载力。根据梁的挠度及变形确定梁的刚度。经过计算分析，得到试件的承载力和刚度结果如图 3-2-23 所示。

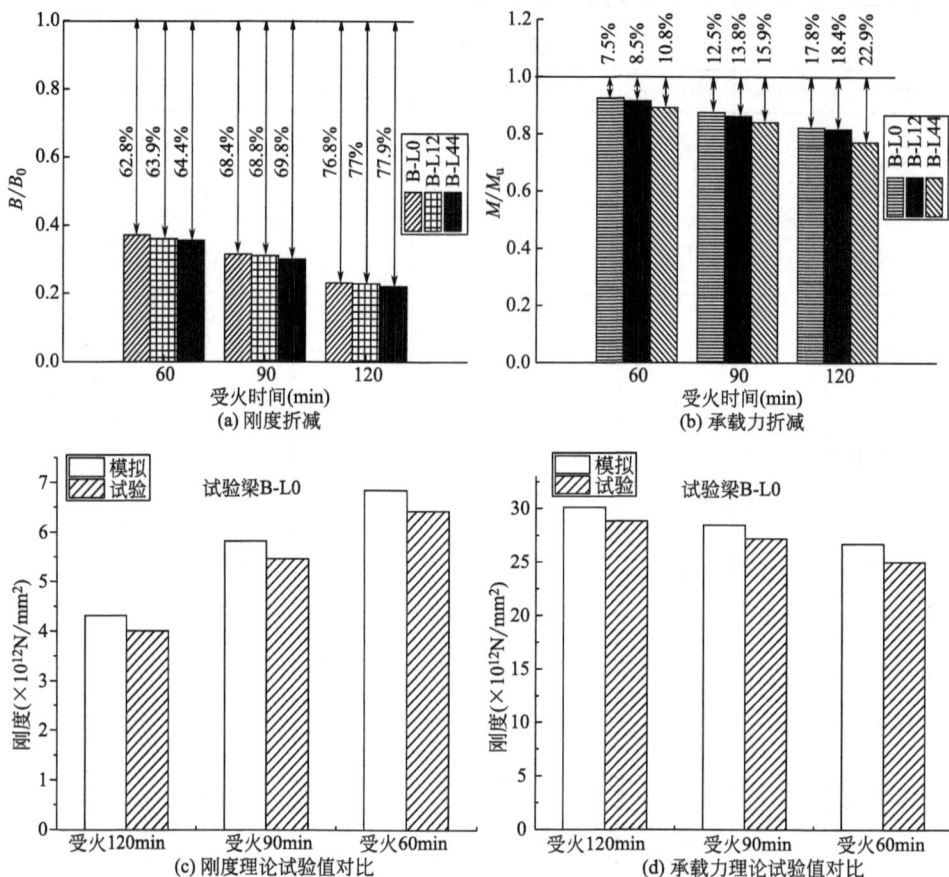

图 3-2-23　承载力、刚度结果

由图 3-2-23 分析可得：

（1）由图 3-2-23（a）、图 3-2-23（b）可以得出，在分别考虑 B-L0、B-L12、B-L44 的情况下随着受火时间的增加，承载力与刚度均有不同程度的损失，且刚度损失明显高于承载力损失。

（2）受火后对梁的刚度影响特别大，受火 120min 后，残余刚度仅为初始刚度的 23.2%，施加荷载对刚度的影响较小，由于刚度随受火时间的变化太大，因此灾后评估中刚度所占的比例应较小。

（3）承载力随受火时间的增加迅速下降，在不受荷载情况下，受火 120min 比受火 60min 承载力下降了 10.3%，开裂荷载情况下，受火 120min 比受火 60min 承载力下降 12.1%，受火时间相同，荷载越大，灾后残余承载力越低。受火时间的增加比荷载的增加对承载力的影响幅度大。

（4）由图 3-2-23（c）、图 3-2-23（d）可以看出，受火灾作用后的刚度、承载力理论值与试验值相差不大，差距最大为受火 90min 施加开裂荷载的刚度值，相差 14.53%，其他相差不超过 10%，理论值与试验值吻合度较好，基本满足要求，证明其准确性。

3.3　初始有限元模型及温度场模拟

3.3.1　初始有限元模型建立

在进行有限元分析时，采用三维实体化建模，有限元模型如图 3-3-1 所示。

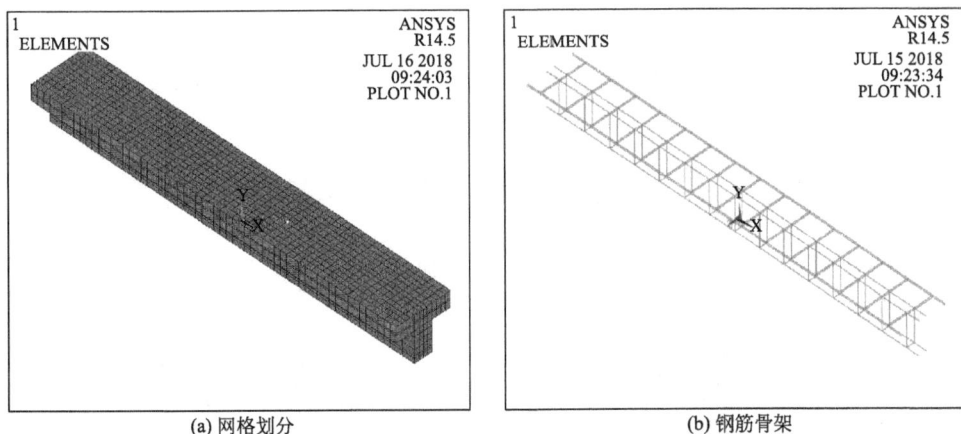

(a) 网格划分　　　　　　　　　　(b) 钢筋骨架

图 3-3-1　有限元模型

有限元热分析采用牛顿拉夫逊法，升温至 120min。第一次热分析取升温至 10min 的温度场分布，并作为下一次，即 10～20min 热分析的初始状态。以 10min 为间隔，其余 11 次热分析均取上一个 10min 的温度场作为本次热分析的初始状态。假设裂缝线性开展，初始裂缝宽度为 0.2mm，至受火 120min 时裂缝宽度开展至 3.06mm，初始裂缝深度为 30mm，至受火 120min 时裂缝深度开展至 89.4mm。运用 ANSYS 重启动功能，在每次热分析时顺次删除裂缝处预先设定好的混凝土单元，从而达到模拟裂缝随时间开展的效果。设置对流换热系数为 35W/(m² · ℃)，辐射率系数取 0.8，定义绝对温度偏差为 273，Stefan-Boltzmann 常数为 $5.6696×10^{-8}$，设定初始温度为 20℃，一个温度荷载步为 1min。T 形梁的腹板三面受火，翼缘的底面单面受火，钢筋混凝土梁热荷载、辐射及对流如图 3-3-2 所示。

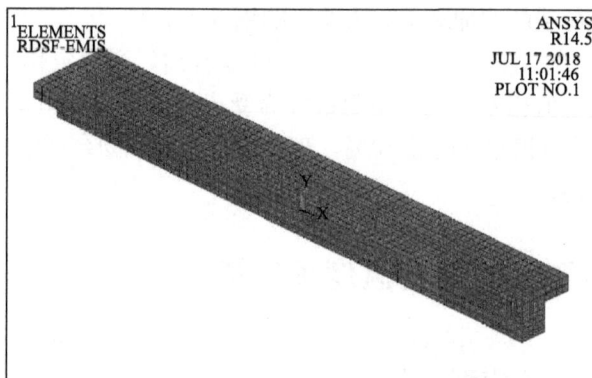

图 3-3-2　钢筋混凝土梁热荷载、辐射及对流

3.3.2　温度场数值仿真分析

温度场计算完成后，利用 ANSYS 后处理器可以查看不同时刻的温度云图。30min 及 120min 的结果，如图 3-3-3 所示。

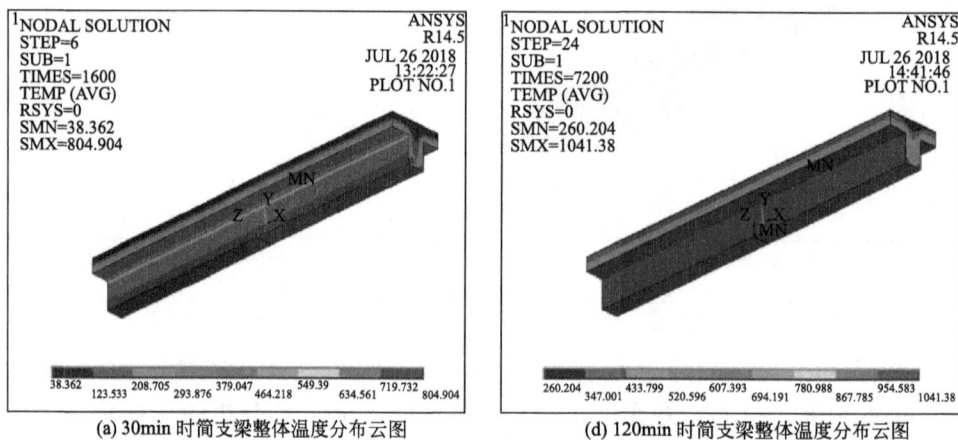

(a) 30min 时简支梁整体温度分布云图　　　　(d) 120min 时简支梁整体温度分布云图

图 3-3-3　钢筋混凝土简支 T 形梁整体温度分布云图

通过分析图 3-3-3 可得出如下结论：

（1）总体来说，梁沿跨度方向温度场分布较为规则。在 30min 时由于裂缝的存在，在裂缝处存在不均匀温度场，30min 后随着受火时间的增长，温度逐渐升高，不均匀程度显著降低。

（2）由端部截面可见，表面的温度较内部的温度上升快，这是由于混凝土热惰性导致的。因此，适当加厚混凝土保护层，有利于减弱高温对混凝土内部的影响，从而提高混凝土的抗火性能。

为研究截面温度场，并说明裂缝的存在对于截面温度场的影响，对一根与带裂缝梁的几何尺寸完全相同的无裂缝梁进行热分析，相应温度场参数设置与带裂缝梁完全相同。并将无裂缝梁与带裂缝梁的跨中截面温度场进行对比分析，给出相应的等温线图，如图 3-3-4、图 3-3-5 所示。

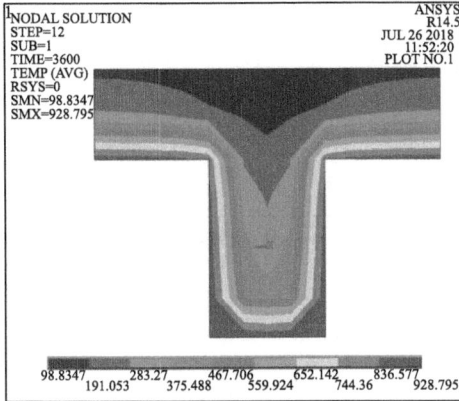

(a) 60min 时无裂缝梁截面温度分布云图　　　(b) 60min 时有裂缝梁截面温度分布云图

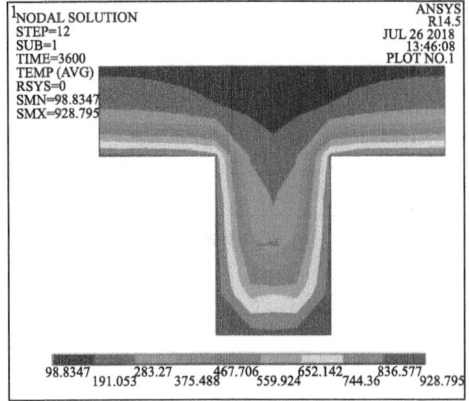

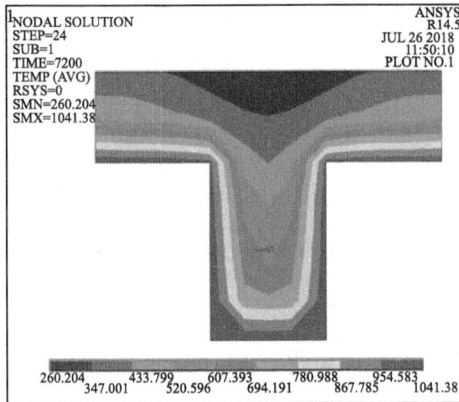

(c) 120min 时无裂缝梁截面温度分布云图　　　(d) 120min 时有裂缝梁截面温度分布云图

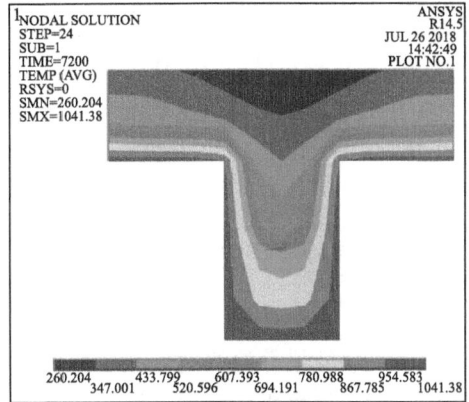

图 3-3-4　钢筋混凝土简支 T 形梁截面温度分布云图

通过分析图 3-3-4、图 3-3-5 可得出如下结论：

（1）钢筋混凝土 T 形梁翼缘部分温度场与板底面受火的温度场相似，只在厚度方向上存在温度梯度。

（2）钢筋混凝土 T 形梁腹板部分温度场与三面受火矩形梁相似，腹板角部由于存在两个受火面，其温度最高。

（3）随着受火时间的增长以及裂缝的开展，梁的等温线逐渐上移，有裂缝梁的等温线较无裂缝梁的等温线上移幅度大。

（4）随着受火时间的增长以及裂缝的开展，梁的等温线宽度逐渐减小，有裂

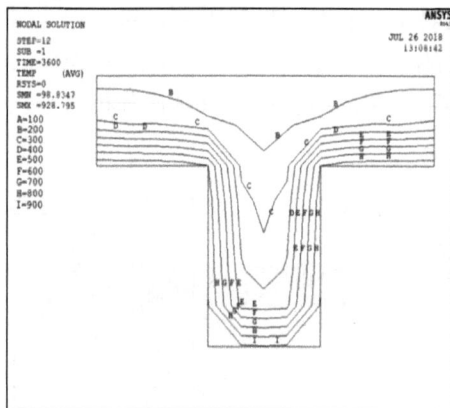

(a) 60min 时无裂缝梁截面等温线图

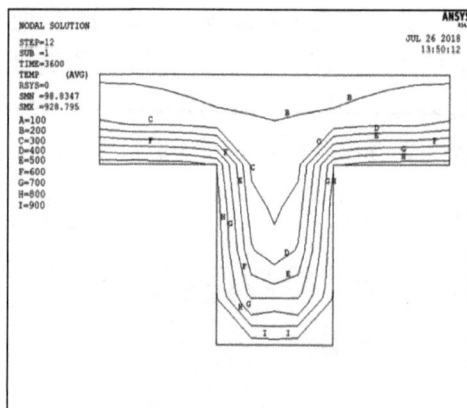

(b) 60min 时有裂缝梁截面等温线图

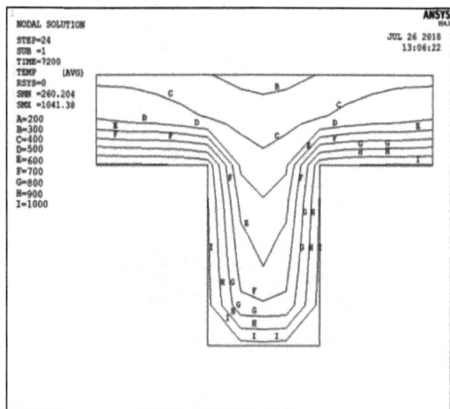

(c) 120min 时无裂缝梁截面等温线图

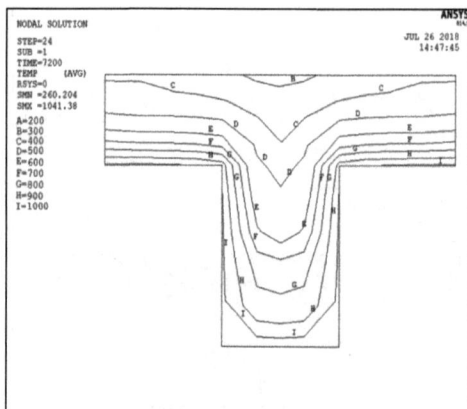

(d) 120min 时有裂缝梁截面等温线图

图 3-3-5　钢筋混凝土简支 T 形梁等温线图

缝梁和无裂缝梁等温线宽度减小幅度大致相同。由此可见，裂缝的开展仅对等温线的高度有显著影响，对等温线宽度的影响不明显。

3.4　基于静动力信息的 T 形梁模型修正

　　有限元法作为一种把问题归结为有限个离散点的数值分析方法，已在工程结构中有广泛的应用。但由于测量误差、结构理想化等因素，有限元模型与实际结构的响应之间存在误差，导致有限元模型无法精确地反映真实结构的特性，为了使有限元模型更接近实际情况，有限元模型修正显得尤为重要。按照测试信息的不同，有限元模型修正可分为基于动力测试的有限元模型修正、基于静力测试的有限元模型修正和联合静动力的有限元模型修正。

　　结构的振动特征主要包括结构的频率、振型、频响函数等。WENG 和 XIA

等基于振动测试数据对框架结构有限元模型进行了修正，修正结果较好。赵崇基等基于动力测试数据对连续梁桥有限元模型进行了修正，并进行了加载试验，修正后挠度误差在 10％ 以内。但由于结构的动力特性受噪声等因素的影响较大，并且难以对结构的质量和阻尼进行测量，可能会引起较大的误差。结构的静力数据具有测量简便、受干扰小等特点。向天宇等通过静力测试获取了新津岷江大桥的位移，构造了基于位移的目标函数，并将模型修正转化为用内部惩罚函数法求解有约束最优化的问题。邓苗毅等通过响应面法将结构的静力响应与待修正参数之间的隐式关系表达为显式函数，并基于静力响应面对两跨连续梁的有限元模型进行修正，修正后静力响应计算值与实测值吻合较好。由于基于动力测试或静力测试的有限元模型修正仅能反映结构的动力特性或静力特性之一，为了有效地反映结构的静动力特性，国内外学者对基于静动力测试的有限元模型修正进行了研究。

3.4.1 联合静动力的模型修正方法

考虑到结构各物理参数对结构响应的敏感性不同，提出了一种基于灵敏度分析的有限元逐步修正方法。通过灵敏度分析得到全局和局部物理参数，分别根据全局和局部目标函数进行修正。

1. 目标函数的确定

目标函数由影响模型修正效率和精度的不同结构响应的残差组成，反映了试验与仿真之间的差异。模态信息是反映结构损伤的重要信息，常被用来构造目标函数，频率对结构的整体性质（例如弹性模型和密度）的变化敏感。因此，f 通常被认为是代表结构振动特性的全局量。相比之下，振动模式 $\{\phi\}$，是敏感的局部损伤结构，并被视为局部量表征结构的响应。在此基础上，构造了整体损伤目标函数和局部损伤目标函数。

基于测量和模拟频率构建全局损伤目标函数 ΔF_g：

$$\begin{cases} \min\Delta F_g = \sum_{i=1}^{m_f} \left(\dfrac{f_i^a - f_i^e}{f_i^e} \right)^2 \\ \text{s. t.} \left| \dfrac{f_i^a - f_i^e}{f_i^e} \right| \leqslant 5\% \end{cases} \qquad (3\text{-}4\text{-}1)$$

式中，m_f 是参与组合频率的阶数；f_i^a 是第 i 个频率的理论值；f_i^e 是第 i 个频率的测量值。在全局修改过程中，采用全局损伤目标函数对全局物理参数进行更新。

主要基于振动模态建立了局部损伤目标函数。但考虑到数据采集的准确性，同时采集测量点对应的位移 U，U 具有噪声干扰小、测量精度高的优点。基于振型和位移构造多响应目标函数 ΔF_l，显著降低了修正过程中不同响应残差项的相互制约和影响：

$$\begin{cases} \min\Delta F_1 = \alpha \Delta F_{\mathrm{M}} + \beta \Delta F_{\mathrm{U}} \\ \text{s. t. } MAC_i \geqslant 0.8 \\ |U_j^a - U_j^e| \leqslant 0.5\mathrm{mm} \end{cases} \qquad (3\text{-}4\text{-}2)$$

其中：

$$\Delta F_{\mathrm{M}} = \sum_{i=1}^{m_\mathrm{h}} \left(\frac{1 - \sqrt{MAC_i}}{MAC_i} \right)^2 \qquad (3\text{-}4\text{-}3)$$

$$\Delta F_{\mathrm{U}} = \sum_{j=1}^{m_i} \left(\frac{U_j^a - U_j^e}{U_j^e} \right)^2 \qquad (3\text{-}4\text{-}4)$$

$$\alpha = \frac{1}{\Delta F_{\mathrm{M}}^{0'}} \qquad (3\text{-}4\text{-}5)$$

$$\beta = \frac{1}{\Delta F_{\mathrm{U}}^{0'}} \qquad (3\text{-}4\text{-}6)$$

$$MAC_i = \frac{[\varphi]^4}{([\varphi_i]^{\mathrm{T}})^2} (0 < MAC < 1) \qquad (3\text{-}4\text{-}7)$$

式中，ΔF_{M} 为振型对应的局部损伤目标函数；ΔF_{U} 为位移；m_h 为振型参与阶数；m_t 为测点个数；MAC_i 为第 i 阶振型保证准则；ϕ_i ($i=1$, 2, $\cdots$, n) 为测量的模态形状；ϕ_i ($i=1$, 2, $\cdots$, n) 为理论计算得到的振型，T 为矩阵转置；并且 U_j^a 是测量点 j 处的理论位移，并且 U_j^e 是在该点处测量的位移。为了消除目标函数的大残差对修改的主要影响，引入了权重系数 α 和 β。ΔF_{M}^0 和 ΔF_{U}^0 分别为第一次修改后的 ΔF_{M} 和 ΔF_{U} 值。考虑到该标准值的范围和经验值，MAC 的下限设定为 0.8。针对钢筋混凝土 T 形梁模型修正过程中的实测位移，根据经验 $|U_j^a - U_j^e|$ 设定为 0.5mm。

2. 基于灵敏度分析的全局和局部物理参数确定

根据工程经验和相关研究，可初步选定需要修改的参数和相应的修改间隔。然后，利用 ANSYS 软件进行灵敏度分析。在修正过程中，考虑到实用性和修正效率，剔除了对目标函数不敏感的修正参数（相关性较低的物理参数）。基于敏感性分析结果，剩余的物理参数可以进一步分为全局和局部物理参数。全局物理参数表明，参数对频率 f_i 敏感，局部物理参数表明，参数对本研究中的模式 ϕ_i 敏感。当存在对 f_i 和 ϕ_i 都敏感的参数时，将这些参数优先作为局部参数，这可以防止参数更新偏离正常方向。

3. 逐步有限元修正

导入建立好的模型，利用 ANSYS 的优化设计模块对有限元模型进行修正。具体过程如下：

（1）设置物理参数值的范围。修正后的物理参数值的可能范围可以在理论设计或测量中找到。

（2）更新全局参数。局部参数作为初始设计值。首先基于全局损伤目标函数 ΔF_g 和测量频率修改全局参数。

（3）更新本地参数。在保持修改后的全局参数不变的情况下，可以使用局部损伤目标函数 ΔF_l 以及测量的模态和位移来修改局部物理参数。

（4）评估模型更新的终止。局部修改过程中参数的变化可能会影响结构的频率和模型精度。为了解决这些问题，采用环路收敛准则 $|\Delta F_g' - \Delta F_g|$，其中 "$\Delta F_g'$" 是根据更新的参数和 Eq。根据工程经验，全局目标函数 τ 的容差设置为 5%。当满足条件时，逐步 FEM 更新终止。此时，我们认识到局部目标函数和全局目标函数都在允许的误差范围内，否则，重复逐步有限元修改，直到满足收敛条件。

逐步 FEM 修改的流程图如图 3-4-1 所示。

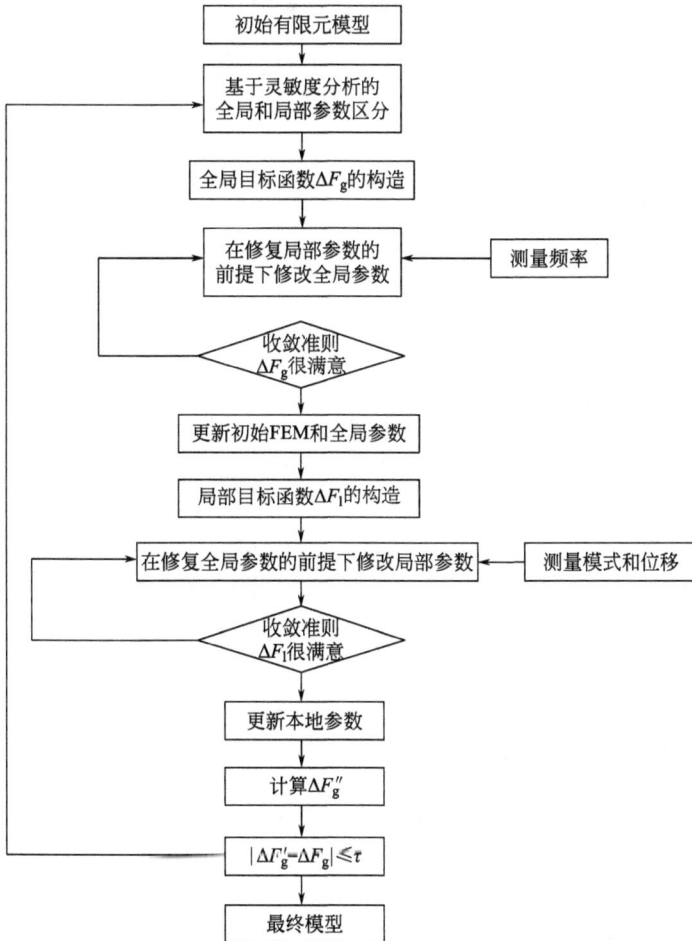

图 3-4-1 逐步有限元修正的流程图

3.4.2　待修正参数的确定

在进行结构试验时很难实现理想化的简支边界条件，根据研究发现：结构的边界条件是影响其振动性能的重要因素。本文研究的是结构平面内的静动力响应，显然支座的竖向刚度及支座位置的安装误差是对结构响应影响最大的参数；混凝土弹性模量及密度在构件浇筑及养护过程中受各种因素的影响且数值模拟过程中做了各种简化，因此，混凝土弹性模量及密度对结构响应的影响同样不能忽视。综上所述，并根据工程经验，本节初选混凝土弹性模量、混凝土密度、左侧支座偏移、右侧支座偏移、左侧支座竖向刚度和右侧支座竖向刚度等物理参数作为待修正参数，待修正物理参数及取值区间如表 3-4-1 所示。

待修正物理参数及取值区间　　　　　　　　表 3-4-1

参数名称	代表符号	单位	初始值	参数取值区间
混凝土弹性模量	E	N/m²	3.15×10^{10}	$(2.55\times10^{10}, 3.45\times10^{10})$
混凝土密度	D_s	kg/m³	2500	$(2200, 2800)$
左侧支座偏移	D_1	m	0.1	$(0.07, 0.13)$
右侧支座偏移	D_2	m	0.1	$(0.07, 0.13)$
左侧支座竖向刚度	K_1	N/m	1.4×10^7	$(8\times10^6, 2\times10^7)$
右侧支座竖向刚度	K_2	N/m	1.4×10^7	$(8\times10^6, 2\times10^7)$

选用 ANSYS 概率设计模块中的蒙特卡罗法的拉丁超立方抽样进行灵敏度分析。在统计学中，当只知道最小值和最大值时均匀分布是最基本的分布函数，故本文所有待修正参数（随机输入变量）都设定为均匀分布函数，综合考虑计算效率和计算精度，设定灵敏度分析仿真抽样 600 次。一阶频率 M_1 的抽样过程如图 3-4-2 所示。

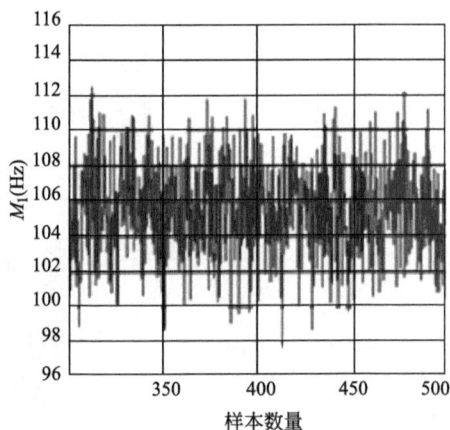

图 3-4-2　M_1 的抽样过程

混凝土密度 D_s 样本历史柱状图如图 3-4-3 所示；混凝土密度 D_s 累积分布函数如图 3-4-4 所示；一阶频率 M_1 均值样本如图 3-4-5 所示；一阶频率 M_1 标准差样本如图 3-4-6 所示。

（1）图 3-4-3 中混凝土密度 D_s 样本历史相对平稳连续且柱状图接近其概率密度函数，说明设置的仿真抽样次数足够多，灵敏度分析结果真实可靠。

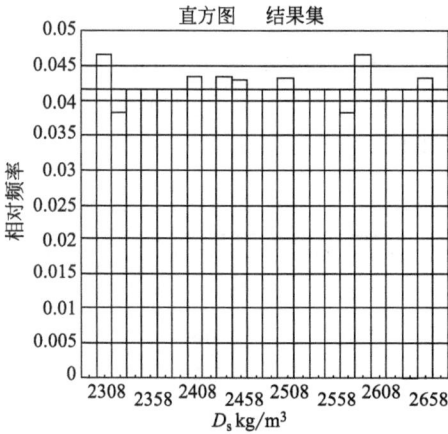

图 3-4-3　D_s 样本历史柱状图

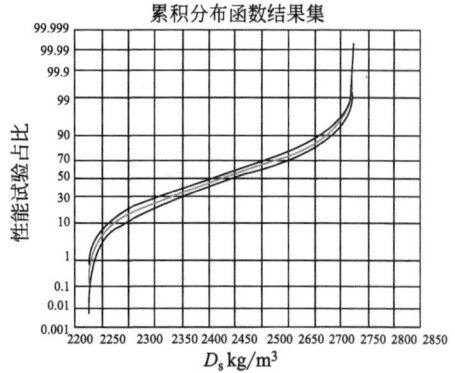

图 3-4-4　D_s 密度累积分布函数

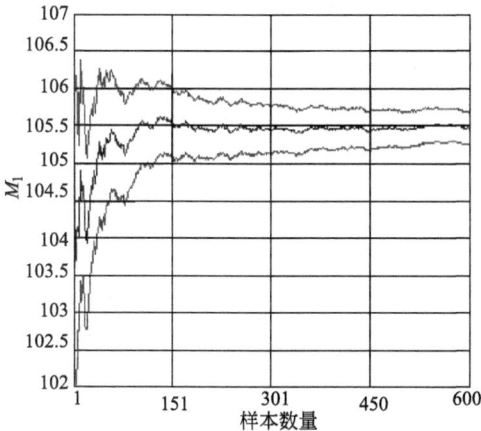

图 3-4-5　M_1 均值样本趋势图

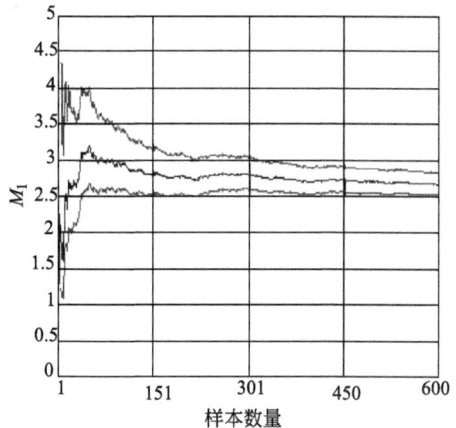

图 3-4-6　M_1 标准差样本趋势图

（2）图 3-4-4 中混凝土密度 D_s 累积分布函数图连续无跳跃且趋近于 1 与设定的分布函数接近，说明设置的仿真抽样次数足够多。

（3）图 3-4-5 中一阶频率 M_1 均值样本趋势图走势趋于平稳，说明样本数目足够多。

（4）图 3-4-6 中阶频率 M_1 标准差样本趋势图走势趋于平稳，说明样本数目足够多。

综上所述，灵敏度分析中设定仿真抽样 600 次满足要求，灵敏度分析结果真实可靠。

通过设置，ANSYS 软件在完成灵敏度分析后会自动导出一份包含灵敏度相关数据及图像的分析报告。在导出的分析报告中提取输入和输出变量之间的灵敏度图（由于篇幅有限，仅给出一阶频率 M_1、一阶振型模态置信准则 MAC_1、跨中位移和基于 MAC 的目标函数 F_2 的灵敏度图）和斯皮尔曼等级相关系数即灵敏度。具体结果如表 3-4-2 所示。

由结果分析可知，混凝土密度 D_s 和混凝土弹性模量 E 对一阶频率 M_1 影响较大，但对基于振型信息的 MAC 影响很小；跨中位移 Z_3 对 E 灵敏度最大；基于 MAC 的目标函数 F_2 对 D_s、E 的灵敏度很小。

设计变量灵敏度分析结果 表 3-4-2

输出\输入	$D_1(m)$	$D_2(m)$	$E(N/m^2)$	$K_1(N/m)$	$K_2(N/m)$	$D_s(kg/m^3)$
M_1	0.048	−0.047	0.491	0.076	0.1	−0.862
M_2	0.027	−0.02	0.85	0.164	0.078	−0.526
M_3	0.081	−0.004	0.86	0.17	0.145	−0.544
FD_1	0.048	−0.047	0.491	0.076	0.1	−0.862
FD_2	0.027	−0.02	0.85	0.164	0.078	−0.526
FD_3	0.081	−0.004	0.86	0.17	0.145	−0.544
FOF_1	0.021	−0.016	−0.299	−0.211	−0.31	0.173
FOF_2	0.045	−0.052	−0.028	0.066	0.017	0.022
FOF_3	0.07	−0.051	0.184	0.068	0.001	−0.082
F_1	0.054	−0.038	0.521	−0.046	−0.025	−0.792
Z_{11}	−0.348	0.082	0.043	0.672	−0.623	0.076
Z_{12}	−0.772	0.362	0.023	−0.451	0.048	−0.056
Z_{13}	0.6	−0.75	−0.069	0.21	−0.111	−0.033
Z_{14}	0.003	0.109	0.101	−0.711	0.601	−0.051
Z_{15}	−0.121	−0.1	−0.007	−0.067	0.981	−0.018
Z_{21}	0.912	−0.1	0.087	−0.252	0.298	0.02
Z_{22}	0.08	0.151	−0.151	0.92	0.2	−0.096
Z_{23}	0.108	−0.204	0.141	−0.9	−0.284	0.039
Z_{24}	−0.151	0.31	−0.15	0.832	0.272	0.004
Z_{25}	−0.174	0.215	0.016	0.761	−0.504	0.013
Z_{31}	0.181	−0.212	−0.084	−0.399	0.5	−0.04
Z_{32}	0.102	−0.32	0.018	0.075	0.58	0.025
Z_{33}	0.02	0.181	−0.057	−0.282	−0.132	−0.018
Z_{34}	0.041	0.111	0.088	0.321	−0.681	−0.018
Z_{35}	−0.11	0.15	0.014	−0.067	−0.39	0.009
MAC_1	0.202	−0.315	0.035	0.686	−0.511	0.02
MAC_2	0.301	0.02	0.102	−0.862	0.348	0.02
MAC_3	0.084	0.103	0.046	0.501	−0.702	0.02
MOF_1	−0.214	0.31	0.052	−0.692	0.511	0.066
MOF_2	−0.301	0.026	−0.105	0.849	−0.362	−0.02

续表

输出\输入	D_1(m)	D_2(m)	E(N/m^2)	K_1(N/m)	K_2(N/m)	D_s(kg/m^3)
MOF_3	-0.031	-0.111	-0.024	-0.5	0.702	-0.02
F_2	-0.3	0.248	0.055	0.516	-0.717	0.055
Z_1	-0.078	0.045	0.281	0.921	0.043	0.075
Z_2	0.627	0.282	0.682	0.078	0.056	0.051
Z_3	0.411	0.403	0.791	0.065	0.024	0.009
Z_4	0.396	0.624	0.682	0.042	0.086	-0.039
Z_5	0.039	-0.005	0.318	0.038	0.924	-0.066
VD_1	-0.078	0.045	0.281	0.942	0.043	0.075
VD_2	0.652	0.391	0.682	0.081	0.066	0.051
VD_3	0.41	0.402	0.791	0.075	0.061	0.009
VD_4	0.295	0.046	0.681	0.062	0.099	-0.039
VD_5	0.039	-0.005	0.332	0.038	0.932	-0.066
VOF_1	0.024	0.002	0.282	0.922	-0.04	-0.034
VOF_2	0.641	0.281	0.685	0.062	0.043	-0.082
VOF_3	0.411	0.406	0.791	0.049	0.074	-0.052
VOF_4	0.295	0.631	0.682	0.041	0.082	0.017
VOF_5	-0.045	0.001	0.315	0.012	0.924	0.053
F_3	0.451	0.445	0.74	-0.32	0.48	0.016

注：随机输出变量 M_i 表示 i 阶频率，FD_i 表示 i 阶频率状态变量，FOF_i 表示频率目标函数分项（$i=1$，2，3）；Z_{ij} 表示 i 阶 j 测点的振幅，MAC_i 表示 i 阶振型模态置信准则，MOF_j 表示振型目标函数分项（$j=1$，2，…，5）；Z_j 表示 j 测点的位移，VD_j 表示 j 测点位移状态变量，VOF_j 表示位移目标函数分项；$F_1=f_1$，$F_2=f_2$，$F_3=f_3$。

　　由表 3-4-2 可知，频率的灵敏度与频率状态变量的灵敏度相同，这是因为频率状态变量是关于频率的线性函数，同理，位移与位移状态变量的灵敏度也是相同的；频率与混凝土弹性模量正相关，与混凝土密度负相关，这与理论分析相一致。综上所述，这从侧面验证了本次灵敏度分析的可靠性。

　　为更加直观地展示出灵敏度分析结果，将表 3-4-2 数据结果整理绘制成柱状图，如图 3-4-7 所示。由图 3-4-7 可知，结构静动力响应对经参数初选得到的待修正参数的灵敏度各异，但是都不能剔除，因为频率虽然对某一参数的灵敏度较低，但是振型或位移却对该参数有着较高的灵敏度，如右侧支座竖向刚度 K_2。频率是表征结构振动特性的一个全局量，而振型及位移则是局部量。由图 3-4-7（a）可知全局量对混凝土弹性模量 E 和混凝土密度 D_s 的灵敏度较大，而对其他待修正参数的灵敏度相对较低，然而由图 3-4-7（b）、图 3-4-7（c）可知，局部量却对其他待修正参数有着较高的灵敏度，这与图 3-4-7 灵敏度图所显示的结果相符，因此，可将 E 和 D_s 定义为全局参数，其他待修正参数为局部参数。

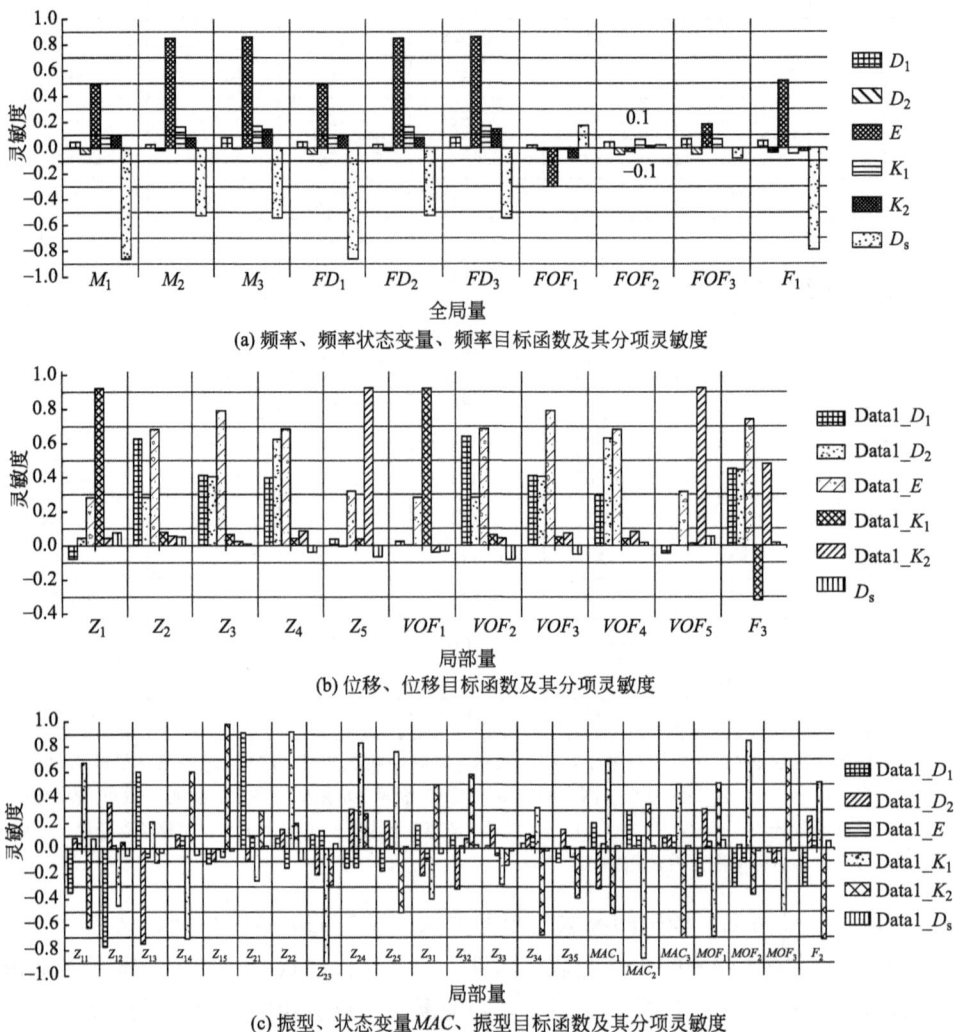

(a) 频率、频率状态变量、频率目标函数及其分项灵敏度

(b) 位移、位移目标函数及其分项灵敏度

(c) 振型、状态变量 MAC、振型目标函数及其分项灵敏度

图 3-4-7　不同响应对各待修正参数的灵敏度柱状图

综上所述，结构静动力响应对六个待修正参数的灵敏度各异，但均不能忽略，故选取 E、D_s、D_1、D_2、K_1 和 K_2 这六个参数作为最终待修正参数，对简支梁进行修正。

3.4.3　有限元模型修正结果

基于研究成果并综合考虑实测静动力数据，待修正物理参数及其取值范围按表 3-4-1 取用，此处不再对待修正参数的选取做过多的阐述。

由于试验过程中未能激励出理论的第三阶频率（三个弧），且分析可知，实测一阶频率（整体跳动）可以很好地反映支座条件；仅对该阶频率及振型做灵敏度分析可知，振型对支座刚度及支座偏移的灵敏度很大，这再次验证上述分析的正确性；同时发现全局量-实测一阶频率 M_1 仅对 E、D_s 有较高灵敏度，而对其他变量灵敏度相对较小，此处选取前三阶实测频率、振型及 5 个测点的竖向位移作为修正依据。实测一阶频率及振型灵敏度分析结果如图 3-4-8 所示。

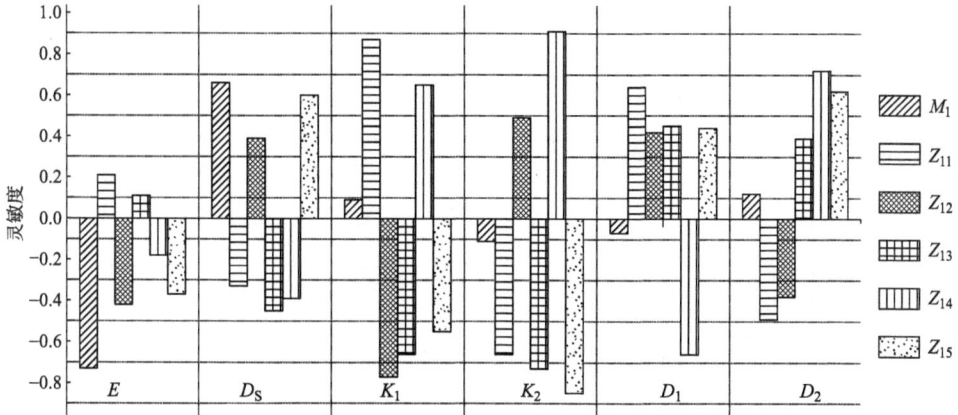

图 3-4-8　灵敏度分析

本节以第三章研究成果为基础，以实测数据为依据，分两步完成对试件的修正，具体修正过程不再赘述，此处仅对 B-T12L0、B-T12L12、B-T12L0 修正前及修正后静动力响应对比结果及所有试件修正后物理参数进行陈列，具体情况如表 3-4-3～表 3-4-5 所示，修正过程中 B-T12L44 变量迭代收敛曲线如图 3-4-9 所示。

修正前后模态变化结果对比（单位：Hz）　　　　表 3-4-3

试件编号	阶次	实测频率	修正前			修正后		
			计算频率	误差（%）	MAC	计算频率	误差（%）	MAC
B-T12L0	1	32.6	39.6	21.47	0.922	31.4	−3.69	0.997
	2	97.9	105.4	7.66	0.946	100.2	2.33	0.998
	3	332.9	355.7	6.85	0.912	345.1	3.65	0.999
B-T12L12	1	25.1	39.6	57.78	0.896	26.2	4.23	0.998
	2	84.2	105.4	25.18	0.919	82.1	−2.49	0.998
	3	299.5	355.7	18.76	0.938	310.9	3.82	0.999
B-T12L44	1	34.8	39.6	13.79	0.903	34.2	−1.77	0.999
	2	102.6	105.4	2.73	0.918	101.8	−0.82	0.999
	3	327.8	355.7	8.51	0.936	331.6	1.16	0.999

修正前后位移变化结果对比（单位：mm）　　　　表 3-4-4

试件编号	测点编号	实测位移	修正前		修正后	
			计算位移	误差(%)	计算位移	误差(%)
B-T12L0	1	−0.143	−0.122	17.21	−0.141	−1.40
	2	−1.506	−1.322	13.92	−1.490	−1.06
	3	−1.918	−1.462	31.19	−1.959	2.14
	4	−1.027	−1.322	−22.31	−1.019	−0.78
	5	−0.130	−0.122	6.56	−0.131	0.77
B-T12L12	1	−0.151	−0.122	23.77	−0.154	2.00
	2	−1.415	−1.322	7.035	−1.444	2.05
	3	−1.812	−1.462	23.94	−1.800	−0.66
	4	−1.105	−1.322	−16.41	−1.114	0.81
	5	−0.129	−0.122	5.74	−0.129	0
B-T12L44	1	−0.139	−0.122	13.93	−0.141	1.44
	2	−1.058	−1.322	−19.97	−1.045	−1.29
	3	−1.661	−1.462	13.61	−1.687	1.57
	4	−1.095	−1.322	−17.17	−1.070	−2.28
	5	−0.143	−0.122	17.21	−0.145	1.40

修正后试件物理参数值　　　　表 3-4-5

试件编号	$E(10^{10}N/m^2)$	$D_s(kg/m^3)$	$K_1(10^6N/m)$	$K_2(10^6N/m)$	$D_1(m)$	$D_2(m)$
B-T06L0	2.99	2495	12.44	18.37	0.121	0.077
B-T06L12	3.24	2438	12.60	15.88	0.125	0.082
B-T06L44	3.19	2588	12.75	17.20	0.093	0.124
B-T09L0	3.22	2602	13.99	18.34	0.117	0.106
B-T09L12	3.08	2403	12.77	17.83	0.729	0.124
B-T09L44	3.19	2572	13.94	18.88	0.881	0.127
B-T12L0	3.05	2519	12.35	16.28	0.083	0.121
B-T12L12	2.91	2624	12.71	19.62	0.079	0.119
B-T12L44	3.26	2486	15.78	14.44	0.086	0.111

对表 3-4-3～表 3-4-5 进行分析可知：

(1) 修正后模型频率误差大幅降低，最大降幅高达 53.55%，并且误差均低于 5%，表明修正效果明显；

(2) 模态置信准则 MAC 修正后达到较高水平，最低值高达 0.997；

（3）修正后，位移误差均有较大幅度的降低，最大降幅为 29.05%，且误差均低于 3%；

（4）总体来看修正效果没有第三章数值模拟的修正效果好，可能是由于实际修正中无法考虑支座沉降的影响所造成的。

综上所述，所有试件经修正后静动力响应的误差均有较大幅度降低，且误差均保持在较低的水平，表明修正后模型能够反映真实结构的静动力响应，该修正方法具备一定的工程实用价值。

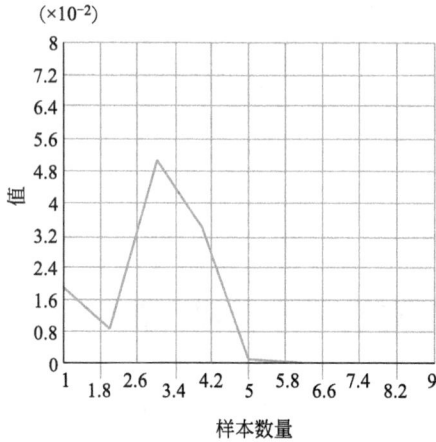

(a) 第一步修正目标函数 F_1 迭代收敛曲线

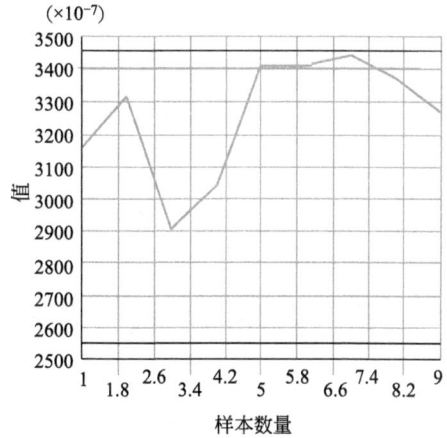

(b) E 迭代收敛曲线

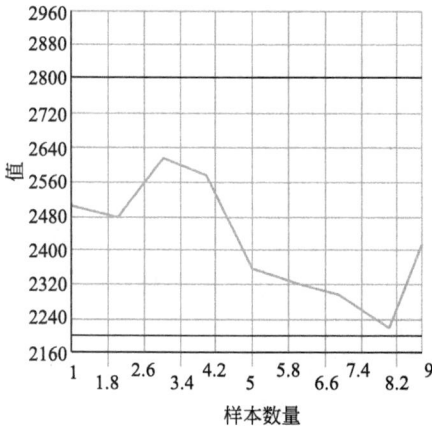

(c) D_S 迭代收敛曲线

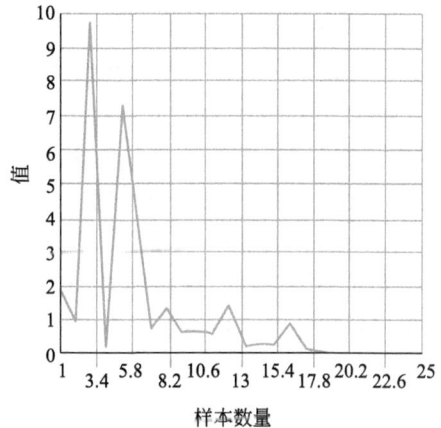

(d) 第二步修正目标函数 F_4 迭代收敛曲线

图 3-4-9　B-T12L44 变量迭代收敛曲线（一）

(e) K_1、K_2迭代收敛曲线

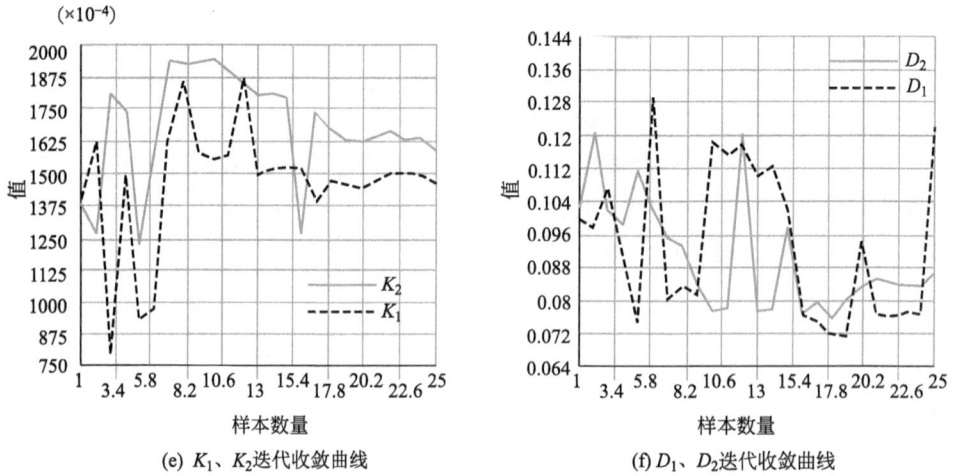

(f) D_1、D_2迭代收敛曲线

图 3-4-9　B-T12L44 变量迭代收敛曲线（二）

3.5　萤火虫算法改进的火灾后混凝土 T 形梁损伤识别方法

萤火虫算法（Firefly Algorithm，FA）是剑桥学者 Xin-She Yang 在 2008 年提出的一种模拟萤火虫个体之间进行信息交流的群智能优化算法。算法的基本思路是：首先随机初始化一组解，然后以目标函数为依据不断对解进行更新，直至搜索到最优解。该算法一经出现便引起了广泛关注，国内外许多学者对此展开了研究，并应用到诸多领域，研究发现萤火虫算法具有较高的寻优精度和较快的收敛速度，是一种可行有效的参数优化方法。同其他的智能优化算法相比，萤火虫算法概念简单，流程清晰，需要调整的参数少，更加容易实现。目前有大量研究利用萤火虫算法作为各领域损伤诊断及识别任务的主流优化工具。Alshammari 提出一种混合狮子-萤火虫优化（HL-FO）方法对各种橄榄叶病害进行检测分类。Samantaray 利用混合粒子群算法和萤火虫算法的改进 SVR 模型去预测地下水位，利用相关系数、平均绝对误差、均方根误差三类指标衡量预测精度。Ru 提出一种进化萤火虫算法开发 EFA 去提高识别效率。

考虑到多项式核函数参数较多，会影响到模型的复杂程度。线性核函数无法实现非线性映射。本节选用非线性能力强且参数较少的 RBF 核函数。

惩罚参数 c 和核函数参数 g 的选取采用萤火虫算法进行优化，设置种群数量 $n=50$，迭代次数 $N=100$，最大吸引力 β_0 取 1.0，光吸收系数取 1.0，权重系数 α 取 1.0。

支持向量机具有强大的鲁棒性和容错性，可以解决复杂随机误差问题。考虑

到实际工程中测试的数据易受到噪声的影响，在测试样本中施加 5% 和 10% 的白噪声进行预测。施加白噪声的公式如下：

$$\tilde{\gamma}_i = \gamma_i(1 + \varepsilon_i p) \tag{3-5-1}$$

式中，$\tilde{\gamma}_i$ 为加噪声后的模态参数；γ_i 为不加噪声的模态参数；e_i 为正态分布的随机数；p 为检测样本所加噪声大小。

FA-SVR 简支梁火灾损伤识别方法的实现流程如图 3-5-1 所示。

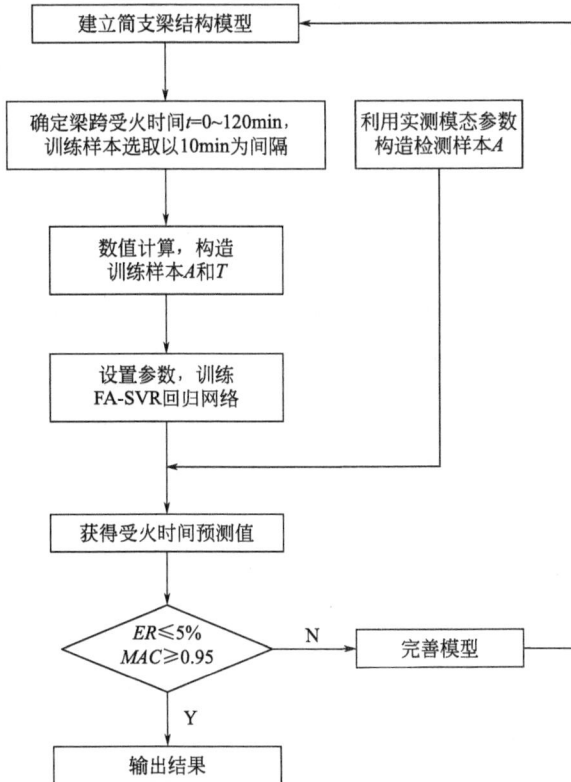

图 3-5-1　FA-SVR 简支梁火灾损伤识别方法的实现流程

参考已有的火灾统计资料可知，火灾在 2h 内被扑灭的数量占发生火灾总数的 95%。基于此，本节受火时间的范围选定为 0~120min。以 10min 为间隔构建训练样本，即 0，10min，20min，…，110min，120min 共计 13 种工况，提取前三阶模态信息组成频率和振型的组合参数。为验证该方法的有效性，测试集选取受火时刻 55min、85min 和 115min，对测试集的输入向量施加 5% 和 10% 的白噪声，并与 SVR 的损伤识别结果进行对比。具体验证结果如表 3-5-1~表 3-5-4 所示：

施加 5%白噪声简支梁火灾下 SVR 损伤识别结果 表 3-5-1

样本编号	真实值(min)	SVR 预测值(min)	c	g	ER(%)	MAC
1	55	51	22.6274	0.0039063	4.73	0.99
2	85	76	22.6274	0.0039063	14.89	0.97
3	115	108	22.6274	0.0039063	5.27	0.99

施加 5%白噪声简支梁火灾下 FA-SVR 损伤识别结果 表 3-5-2

样本编号	真实值(min)	FA-SVR 预测值(min)	c	g	ER(%)	MAC
1	55	52	28.8984	0.0105	4.31	0.99
2	85	83	28.8984	0.0105	2.5	0.99
3	115	117	28.8984	0.0105	3.06	0.99

施加 10%白噪声简支梁火灾下 SVR 损伤识别结果 表 3-5-3

样本编号	真实值(min)	SVR 预测值(min)	c	g	ER(%)	MAC
1	55	46	11.3137	0.011049	15.75	0.97
2	85	80	11.3137	0.011049	4.79	0.99
3	115	107	11.3137	0.011049	5.91	0.98

施加 10%白噪声简支梁火灾下 FA-SVR 损伤识别结果 表 3-5-4

样本编号	真实值(min)	FA-SVR 预测值(min)	c	g	ER(%)	MAC
1	55	51	17.2778	0.01	4.73	0.99
2	85	82	17.2778	0.01	2.42	0.99
3	115	109	17.2778	0.01	4.98	0.99

同理可获得简支梁火灾后损伤识别结果如表 3-5-5～表 3-5-8 所示：

施加 5%白噪声简支梁火灾后 SVR 损伤识别结果 表 3-5-5

样本编号	真实值(min)	SVR 预测值(min)	c	g	ER(%)	MAC
1	55	49	45.2548	0.0055243	6.07	0.98
2	85	78	45.2548	0.0055243	7.92	0.98
3	115	109	45.2548	0.0055243	5.26	0.99

施加 5％白噪声简支梁火灾后 FA-SVR 损伤识别结果　　　　表 3-5-6

样本编号	真实值（min）	FA-SVR 预测值（min）	c	g	ER（％）	MAC
1	55	59	41.7276	0.0278	3.02	0.99
2	85	82	41.7276	0.0278	1.78	0.99
3	115	113	41.7276	0.0278	1.57	0.99

施加 10％白噪声简支梁火灾后 SVR 损伤识别结果　　　　表 3-5-7

样本编号	真实值（min）	SVR 预测值（min）	c	g	ER（％）	MAC
1	55	42	45.2548	0.0078125	9.62	0.98
2	85	75	45.2548	0.0078125	11.63	0.98
3	115	108	45.2548	0.0078125	5.47	0.99

施加 10％白噪声简支梁火灾后 FA-SVR 损伤识别结果　　　　表 3-5-8

样本编号	真实值（min）	FA-SVR 预测值（min）	c	g	ER（％）	MAC
1	55	51	99.9994	0.01	3.87％	0.99
2	85	81	99.9994	0.01	2.12％	0.99
3	115	110	99.9994	0.01	4.97％	0.99

　　以施加 5％白噪声简支梁火灾中和火灾后损伤识别的参数寻优为例，给出萤火虫算法优化惩罚参数 c 和核函数参数 g 的迭代过程，如图 3-5-2～图 3-5-5 所示。

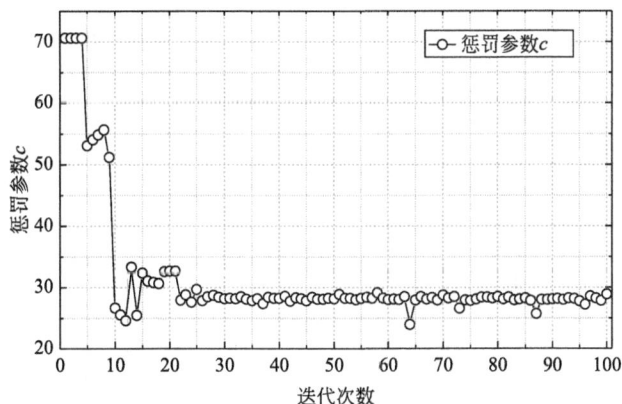

图 3-5-2　简支梁火灾中 FA-SVR 惩罚参数 c 1-100 次迭代寻优结果

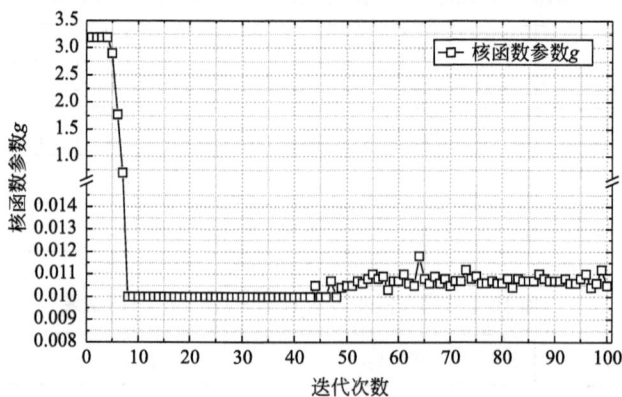

图 3-5-3 简支梁火灾中 FA-SVR 核函数参数 g 1-100 次迭代寻优结果

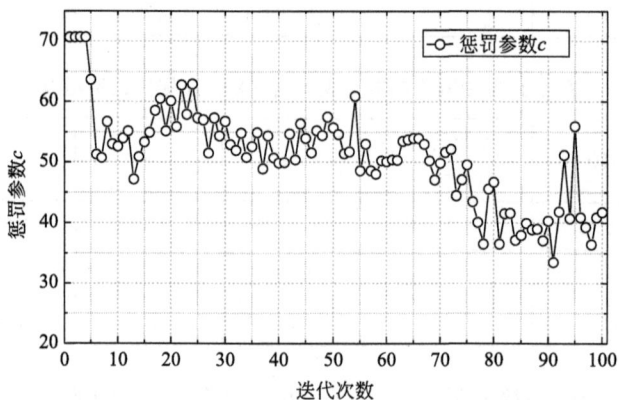

图 3-5-4 简支梁火灾后 FA-SVR 惩罚参数 c 1-100 次迭代寻优结果

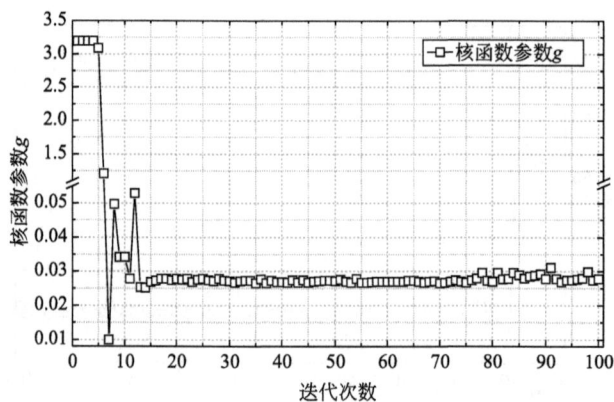

图 3-5-5 简支梁火灾后 FA-SVR 核函数参数 g 1-100 次迭代寻优结果

在获得受火时间后，参考第二章给出的计算方法计算与受火时间对应的刚度、承载力值。此处仅给出 FA-SVR 的损伤识别结果对应的刚度、承载力值，见图 3-5-6。

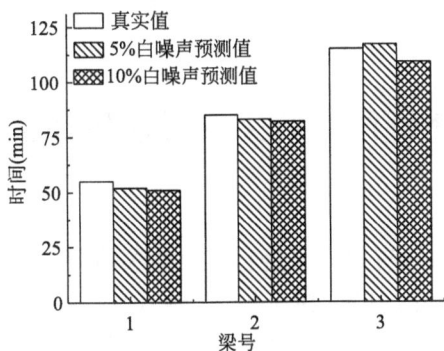

(a) 简支梁火灾下FA-SVR损伤识别结果

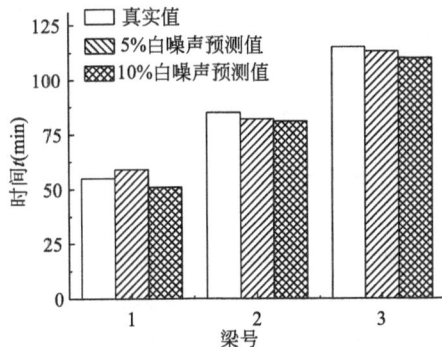

(b) 简支梁火灾后FA-SVR损伤识别结果

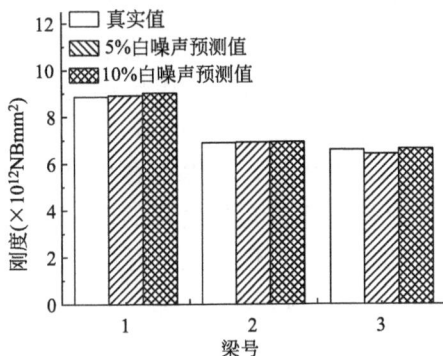

(c) 简支梁火灾下FA-SVR刚度预测结果

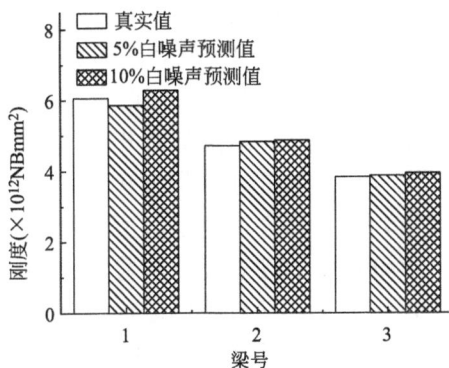

(d) 简支梁火灾后FA-SVR刚度预测结果

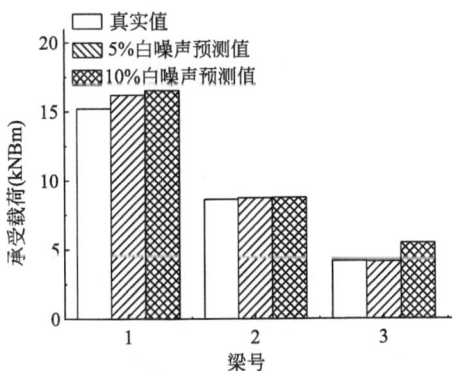

(e) 简支梁火灾下FA-SVR承载力预测结果

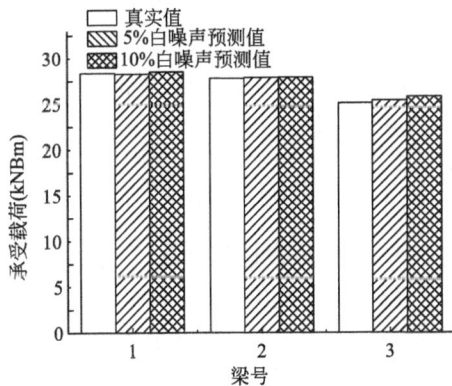

(f) 简支梁火灾后FA-SVR承载力预测结果

图 3-5-6　简支梁火灾损伤 FA-SVR 预测结果

通过施加 5% 和 10% 白噪声进行验证，可得出如下结论：

（1）萤火虫算法改进的 SVR 算法识别效果明显好于传统的 SVR 算法，FA-SVR 算法能够较为准确地预测出受火时间，其精度满足工程要求。

（2）施加 10% 白噪声的损伤识别效果较 5% 白噪声精度略有下降，但仍符合评价指标的要求。同时也验证了支持向量机具有良好的鲁棒性和容错性。

3.6　基于改进 MTOPSIS-GRA 评价体系的火灾后损伤评估方法

逼近理想解法（TOPSIS）是评价体系中对有限方案进行多目标决策分析的一种常用方法。它基于指标参数归一化的矩阵，进行相应的加权处理后，从不同评价对象中挑选出最优和最劣方案，然后通过一定的理论计算得到各个评价对象与最优、最劣方案之间的距离，得到各个评价对象的优劣程度，确定评价等级。TOPSIS 存在着一个问题，就是所得方案距离正理想解更近的同时，也可能距离负理想解的欧式距离更近，因此，在进行距离排序时很可能会产生矛盾，则所得结果就无法证明评价对象的优劣。基于此，本节采用华小义提出的正交投影法，对逼近理想解进行改进。灰色关联度分析（GRA）是一种近代比较成熟的统计分析方法。它对原始样本的要求较低，不需要有任何分布规律，且计算方法简单，所得结果可以客观地得出评价对象之间的联系，对于评价对象的动态变化趋势越接近，则关联度越大，灰色关联度是描述趋势变化的理论，又被称作趋势关联度。用 GRA 对 MTOPSIS 进行修正，可以解决 MTOPSIS 不能反映指标变化趋势相近性的问题，结合二者的优点，使结果可靠度更高。在 1982 年，我国学者邓聚龙提出了灰色系统理论，使模糊问题由"灰"变"白"。灰色关联度分析是灰理论基础最经典的方法，从而基于关联度分析确定的灰色综合评价法成为确定模糊问题的常用方法，本文运用 GRA 对 MTOPSIS 进行修正，保证指标变化趋势的相近性，将 GRA 融入 MTOPSIS 中。

3.6.1　改进的逼近理想解

1. 最优组合权重确定

根据所建立的评价体系，本节用所研究试验梁的理论计算值确定评级综合量化界限值，根据受火时间进行指标界限值的划分，选取各个指标的三个分界点为一种工况，分别命名为界限一、界限二和界限三，带入评价体系进行损伤评价结果的划分，确定总体的评价贴近度及评定等级。具体计算过程如下：

邀请 5 位相关专家对所设定的评价指标进行打分，打分方式采用改进层次分析法的三标度理论，对打分结果进行综合处理分析，根据处理结果构造初始比较矩阵，见表 3-6-1。

初始比较矩阵　　　　　　　　　　　　表 3-6-1

项目	表观现象 X_1	最高温度 X_2	承载力折减 X_3	基频折减 X_4	刚度折减 X_5	受火时间 X_6
表观现象	1	1	0	0	0	2
最高温度	1	1	1	1	1	1
承载力折减	2	1	1	2	2	2
基频折减	2	1	0	1	1	2
刚度折减	2	1	0	1	1	1
受火时间	0	1	0	0	1	1

将比较矩阵转化为判断矩阵：

$$f(r_i, r_j) = c_{ij} = c_b^{(r_i - r_j)/R} \tag{3-6-1}$$

式中，$R = r_{\max} - r_{\min}$，称为极差，$r_{\max} = \max\{r_1, r_2, \cdots, r_n\}$，$r_{\min} = \min\{r_1, r_2, \cdots, r_n\}$；$c_b$ 为指标元素对的相对重要度，此处取为 9。得出主观权重，进行一致性检验：

$$W_i = \frac{\sqrt[n]{\prod_{j=1}^{n} a_{ij}}}{\sum_{i=1}^{n} \sqrt[n]{\prod_{j=1}^{n} a_{ij}}} \tag{3-6-2}$$

根据式（3-6-1）及式（3-6-2）可确定指标的主观权重：

$$W_1 = [0.0684, 0.1282, 0.4498, 0.1754, 0.1282, 0.0500]^T$$

对三个界限值进行确定，根据不带裂缝试验梁的理论分析，得到各个指标的理论数值，外观指标根据评定等级划分标准确定，受火时间已知，其他参数根据有限元分析及理论计算得到，如表 3-6-2 和表 3-6-3 所示。

每个指标的灾后损伤程度（不带裂缝试验梁）　　　　表 3-6-2

界限	表观现象	最高温度（℃）	承载力折减	基频折减	刚度折减	受火时间（min）
界限一	2	450	0.95	0.5	0.47	30
界限二	3	800	0.88	0.44	0.35	60
界限三	4	1000	0.85	0.42	0.27	120

判断矩阵及客观权重 表 3-6-3

界限	表观现象	最高温度(℃)	承载力折减	基频折减	刚度折减	受火时间(min)
界限一	1	1	1	1	1	1
界限二	0.5	0.36	0.3	0.25	0.4	0.67
界限三	0	0	0	0	0	0
权重 ω_i	0.1508	0.1699	0.1822	0.1952	0.1633	0.1386

归一化矩阵表示为：

$$R = (r_{ij})_{m \times n} = \begin{bmatrix} r_{11} & r_{12} & \cdots & r_{1n} \\ r_{21} & r_{22} & \cdots & r_{2n} \\ \vdots & \vdots & \ddots & \vdots \\ r_{m1} & r_{m2} & \cdots & r_{mn} \end{bmatrix}, \quad (i=1,2,\cdots,m; j=1,2,\cdots,n)$$

(3-6-3)

计算信息熵及熵权重：

第 i 个指标的信息熵计算公式为：

$$S_i = -k \sum_{j=i}^{n} P_{ij} \ln P_{ij}, \quad (i=1,2,\cdots,m; j=1,2,\cdots,n) \qquad (3-6-4)$$

式中，$P_{ij} = \dfrac{r_{ij}}{\sum\limits_{j=1}^{n} r_{ij}}$，$k = \dfrac{1}{\ln n}$，且当 $P_{ij}=0$ 时，规定 $P_{ij} \ln P_{ij}=0$。

第 i 个指标的熵权重计算公式为：

$$w_i = \frac{1-S_i}{\sum\limits_{i=1}^{m}(1-S_i)} = \frac{1-S_i}{m - \sum\limits_{i=1}^{m} S_i}, \quad (i=1,2,\cdots,m; j=1,2,\cdots,n) \qquad (3-6-5)$$

且 $0 \leqslant w_i \leqslant 1$，$\sum\limits_{i=1}^{m} w_i = 1$

采用 MATLAB 计算软件，通过式（3-6-3）~式（3-6-5）得到指标客观评价权重值，结果见表 3-6-2 所示。根据求得的主客观权重，运用离差平方和最优化相关公式确定组合权重值，可得：

主客观权重向量 $W = [W_1, W_2]$

$$= \begin{bmatrix} 0.0684, 0.1282, 0.4498, 0.1754, 0.1282, 0.0500 \\ 0.1508, 0.1699, 0.1822, 0.1952, 0.1633, 0.1386 \end{bmatrix}^{\mathrm{T}}$$

$$非负定方阵: A_1 = \begin{bmatrix} 3 & 3 & 3 & 3 & 3 & 3 \\ 3 & 3.0784 & 3.112 & 3.14 & 3.056 & 2.9048 \\ 3 & 3.112 & 3.16 & 3.2 & 3.08 & 2.864 \\ 3 & 3.14 & 3.2 & 3.25 & 3.1 & 2.83 \\ 3 & 3.056 & 3.08 & 3.1 & 3.04 & 2.932 \\ 3 & 2.9048 & 2.864 & 2.83 & 2.932 & 3.1156 \end{bmatrix}$$

获得对称矩阵为 $W^T A_1 W$，计算结果为：

$$W^T A_1 W = \begin{bmatrix} 3.0974 & 3.0636 \\ 3.0636 & 3.0414 \end{bmatrix}$$

得到此矩阵的最大特征根为 $\lambda_{\max} = 6.1331$，

对应单位化特征向量 $\nabla^* = [-0.7039, 0.7103]^T$。

得到最优组合加权权重向量为：

$$W_c^* = W \nabla^* = 0.7039 W_1 + 0.7103 W_2$$
$$= [0.1553, 0.2088, 0.4460, 0.2621, 0.2062, 0.1336]^T$$

在进行线性组合时，特征向量取绝对值后，再进行组合求权重，因此，此处 -0.7039 取绝对值进行计算。对加权后的向量进行归一化处理，得到主客观评价的最优组合权重值：

$$W_c^* = [0.11, 0.1479, 0.3159, 0.1856, 0.146, 0.0946]^T$$

2. 界限相对贴近度求解

为获得三个界限的损伤等级划分贴近度值，提高评价结果的准确性、客观性，采用 MTOPSIS-GRA 对数据进行优化，具体求解过程如下：

（1）原始矩阵无量纲化后得到无量纲规范化矩阵：

$$V = \begin{bmatrix} 0.3714 & 0.3315 & 0.6133 & 0.6350 & 0.7284 & 0.2182 \\ 0.5571 & 0.5894 & 0.5681 & 0.5588 & 0.5424 & 0.4364 \\ 0.7428 & 0.7367 & 0.5487 & 0.5334 & 0.4185 & 0.8729 \end{bmatrix}$$

（2）对指标分别乘以多属性组合权重得到加权矩阵：

$$r_{ij} = 100 W \times V = \begin{bmatrix} 4.0854 & 4.9029 & 19.3741 & 11.7856 & 10.6346 & 2.0642 \\ 6.1281 & 8.7172 & 17.9463 & 10.3713 & 7.9190 & 4.1283 \\ 8.1708 & 10.8958 & 17.3334 & 9.9000 & 6.1101 & 8.2576 \end{bmatrix}$$

由于加权后数值太小，计数不方便，且矩阵乘以 X 后，仅使评估结果扩大 X^2 倍，并不影响结果排序，因此计算加权矩阵时乘以系数 100，得到上式所示结果（X 是用于放大加权矩阵的比例系数，数值为 100，其作用是提升矩阵数据的可读性和可操作性，不影响后续的排序和评价结果）。

（3）根据正负理想解获取标准，对矩阵进行平移，得到结果：

$$D = \begin{bmatrix} 0 & 0 & 0 & 0 & 0 & 0 \\ 2.0427 & 3.8143 & -1.4278 & -1.4143 & -2.7156 & 2.0641 \\ 4.0854 & 5.9929 & -2.0407 & -1.8856 & -4.5245 & 6.1934 \end{bmatrix}$$

（4）计算评估值如下：

$P_1 = 0$；

$P_2 = 4.0854 \times 2.0427 + 5.9929 \times 3.8143 + (-2.0407) \times (-1.4278) +$
$(-1.8856) \times (-1.4143) + (-4.5245) \times (-2.7156) + 6.1934 \times$
2.0641

≈ 61.8550；

$P_3 = 4.0854^2 + 5.9929^2 + (-2.0407)^2 + (-1.8856)^2 + (-4.5245)^2 + 6.1934^2$

≈ 119.1546。

根据改进逼近理想解得到结果为 $P_3 > P_2 > P_1$，符合越小越优标准，损伤程度界限一最小，界限三最严重。

（5）根据 GRA 的计算步骤，确定正负关联度系数矩阵为：

$$R^+ = \begin{bmatrix} 1 & 1 & 1 & 1 & 1 & 1 \\ 0.5294 & 0.4615 & 0.8358 & 0.7576 & 0.5949 & 0.4286 \\ 0.4286 & 0.4054 & 0.7808 & 0.7009 & 0.4684 & 0.3333 \end{bmatrix}$$

$$R^- = \begin{bmatrix} 0.2703 & 0.2326 & 0.7589 & 0.6604 & 0.3333 & 0.1099 \\ 0.4255 & 0.4545 & 0.9067 & 0.8725 & 0.4821 & 0.1562 \\ 1 & 1 & 1 & 1 & 1 & 1 \end{bmatrix}$$

（6）计算加权关联度可得：

$R_{11}^+ = 1 \times 0.11 + 1 \times 0.1479 + 1 \times 0.3159 + 1 \times 0.1856 + 1 \times 0.146$
$+ 1 \times 0.0946$

≈ 1

$R_{12}^+ = 0.5294 \times 0.11 + 0.4615 \times 0.1479 + 0.8358 \times 0.3159 + 0.7576$
$\times 0.1856 + 0.5949 \times 0.146 + 0.4286 \times 0.0946 \approx 0.6585$

$R_{13}^+ = 0.4286 \times 0.11 + 0.4054 \times 0.1479 + 0.7808 \times 0.3159 + 0.7009$
$\times 0.1856 + 0.4684 \times 0.146 + 0.3333 \times 0.0946 \approx 0.5838$

此处从正理想解结果可以看出，$R_{11}^+ > R_{12}^+ > R_{13}^+$，界限一为最优界限，此结果符合评价标准的划分结果，为定量划分等级标准，需通过灰色关联度的修正，同理可得负理想解所对应的加权关联度为：

$$R_{11}^- = 0.4855 ; R_{12}^- = 0.6476 ; R_{13}^- = 1$$

（7）MTOPSIS 处理方案之间的静态距离达到较好的结果，但并不能反映出方案之间在指标变化趋势的相似性，此时，结合两种方法的优点，得到 MTOPSIS-

GRA 综合标准化处理规则。根据式（3-6-3）～式（3-6-5），得到无量纲化评价值：

$$P_1=0 ; P_2=\frac{61.8550}{119.1546}=0.5191 ; P_3=1$$

$$P_1^*=0 ; P_2^*=\frac{1}{61.8550}=0.0162 ; P_3^*=0.0084$$

$$R_1^+=1 ; R_2^+=0.6585 ; R_3^+=0.5838$$

$$R_{11}^-=0.4855 ; R_{12}^-=0.6476 ; R_{13}^-=1$$

（8）得到综合关联度：

$$\begin{cases}F_1^+=0.5\times0+0.5\times1=0.5\\F_1^-=0.5\times0+0.5\times0.4855\approx0.2427\end{cases}$$

$$\begin{cases}F_2^+=0.5\times0.0162+0.5\times0.6588\approx0.3375\\F_2^-=0.5\times0.5191+0.5\times0.6476\approx0.5834\end{cases}$$

$$\begin{cases}F_3^+=0.5\times0.0084+0.5\times0.5838=0.2961\\F_3^-=0.5\times1+0.5\times1=1\end{cases}$$

对于偏好系数 β，此处取 $\beta=0.5$。

（9）综合相对贴近度为：

$$F_1^*=\frac{0.5}{0.5+0.2427}\approx0.6732 ;$$

$$F_2^*=\frac{0.3375}{0.3375+0.5834}\approx0.3665 ;$$

$$F_3^*=\frac{0.2961}{0.2961+1}\approx0.2284$$

根据贴近度越大，指标越优的准则，可得到 $F_1^*>F_2^*>F_3^*$，证明梁的损伤程度由低到高排序为：界限一<界限二<界限三。根据所得结果及评价标准，对不带裂缝梁火灾后损伤等级进行评定，损伤等级对应的贴近度结果见表 3-6-4 所示。

不带裂缝试验梁火灾后损伤等级标准 表 3-6-4

等级划分	Ⅱa	Ⅱb	Ⅲ	Ⅳ
贴近度	＞0.6732	0.3665～0.6732	0.2284～0.3665	＜0.2284

通过表 3-6-4 可以看出：贴近度是介于 0～1 的数值，很好地将损伤评估进行量化，随着贴近度的减小，损伤程度越大。

3.6.2 MTOPSIS-GRA 确定最优评价对象

为确定评价体系的合理性，通过试验对指标数据进行采集与计算，对不带裂

101

缝的试验梁火灾后的损伤结果运用本节评估体系进行评级，确定各评价指标及过程如下：

主观指标权重运用改进层次分析法，此项权重各指标的确定是根据专家打分来确定的，跟具体试验所得结果没有关系，因此主观权重仍为 5.3.1 节所得结果：

$$W_1 = [0.0684, 0.1282, 0.4498, 0.1754, 0.1282, 0.0500]^T$$

火灾后各指标损伤程度根据量测值及熵权法计算得到的客观权重见表 3-6-5 所示。

试验梁灾后各指标量测结果   表 3-6-5

编号	表观现象	最高温度(℃)	承载力折减	基频折减	刚度折减	受火时间(min)
B-T06L0	2	804.3	0.93	0.52	0.37	60
B-T06L12	2.3	804.3	0.91	0.48	0.36	60
B-T09L0	3	842.4	0.87	0.50	0.32	90
B-T09L12	3.4	842.4	0.86	0.49	0.31	90
B-T12L0	4	915.2	0.82	0.44	0.23	120
B-T12L12	4.2	915.2	0.82	0.41	0.23	120
权重 ω_i	0.1544	0.1751	0.1996	0.1036	0.1777	0.1896

根据离差平方和最优化公式，得到非负定矩阵：

$$A_1 = \begin{bmatrix} 9.7984 & 10.5368 & 9.9440 & 7.6708 & 10.3232 & 10.6200 \\ 10.5368 & 12.4096 & 10.7920 & 8.9816 & 11.8936 & 12.0000 \\ 9.9440 & 10.7920 & 10.2202 & 7.7696 & 10.5532 & 10.9200 \\ 7.6708 & 8.9816 & 7.6796 & 8.3104 & 8.7044 & 8.2200 \\ 10.3232 & 11.8936 & 10.5532 & 8.7044 & 11.4736 & 11.5800 \\ 10.6200 & 12.0000 & 10.9200 & 8.2200 & 11.5800 & 12.0000 \end{bmatrix}$$

由主客观权重组合，构造分块矩阵：

$$W = (W_1, W_2) = \begin{bmatrix} 0.0684, 0.1282, 0.4498, 0.1754, 0.1282, 0.0500 \\ 0.1544, 0.1751, 0.1996, 0.1036, 0.1777, 0.1896 \end{bmatrix}^T$$

由 W 和 B_1 计算对称矩阵 $W^T B_1 W = \begin{bmatrix} 9.9125 & 10.1610 \\ 10.1610 & 10.4765 \end{bmatrix}$

从而得到最大特征根 $\lambda_{max} = 20.3594$，

对应单位化特征向量为：$\nabla^* = [-0.6972, \ -0.7168]^T$

对主客观权重进行线性组合得到最优化组合权重：

$W_c^* = 0.6972W_1 + 0.7168W_2 = [0.1584, 0.2149, 0.4567, 0.1965, 0.2168,$
$0.1708]^T$ 归一化处理后得到各指标的组合权重为：

$$W_c^* = [0.1120, 0.1520, 0.3230, 0.1390, 0.1533, 0.1207]^T$$

确定指标的多属性综合评价值后，根据 MTOPSIS-GRA 求解每个评价对象的损伤等级，限于篇幅，本节直接给出最终修正后的贴近度值：

$$F_1^* = 0.6655, F_2^* = 0.5694, F_3^* = 0.4071,$$
$$F_4^* = 0.3727, F_5^* = 0.2324, F_6^* = 0.2169$$

可知损伤程度从小到大排序为：$F_1^* < F_2^* < F_3^* < F_4^* < F_5^* < F_6^*$。

根据所得结果，确定火灾后试验梁损伤等级及评分见表 3-6-6 所示。

试验梁灾后损伤结果

表 3-6-6

试验梁	贴近度	等级
B-T06L0	0.6655	II$_b$
B-T06L12	0.5694	II$_b$
B-T09L0	0.4071	II$_b$
B-T09L12	0.3727	II$_b$
B-T12L0	0.2324	III
B-T12L12	0.2169	IV

由此可见，运用综合评价体系求解，得到的损伤等级与初步评级的损伤等级基本一致，说明了本节所使用的评价体系的合理性与适应性，B-T09L12 试验梁评级有所不同，但通过评分可以看出，贴近度值在等级的界限处，因此导致结果有所差异。从损伤等级可以看出，在受火前没有裂缝的情况下，受火时间越长损伤程度越严重，综合考虑多指标对评价结果的可信度高，考虑的客观指标颇多，对最终结果所占比重大，使结果更准确，对于施加的 B-L0 荷载对试验梁的损伤程度影响不明显。

根据所得损伤结果评分情况，为得到更多不同时刻及荷载作用下的受火损伤程度，将试验所得贴近度进行简单数据拟合，结果如图 3-6-1 所示。

由于试验数据较少，结果可能不精确，由图 3-6-1 可以看出，火灾损伤后损伤程度变化趋势基本呈线性衰减，有无 B-L12 荷载对火灾中的试验梁的损伤程度影响不大，在施加荷载未达到开裂时，混凝土梁受火 120min 左右就达到 IV 级破坏，说明受火时间对混凝土梁的安全性影响较大。

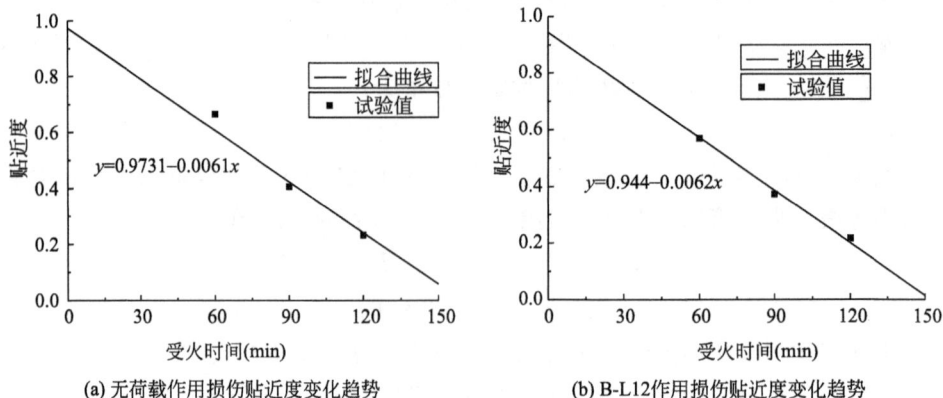

(a) 无荷载作用损伤贴近度变化趋势　　　　　(b) B-L12作用损伤贴近度变化趋势

图 3-6-1　损伤贴近度试验值拟合曲线

3.7　本章小结

　　本章详细介绍了 T 形梁在火灾前、火灾中、火灾后产生的动力特性及结构灾后的损伤。通过对 T 形梁进行振动测试及有限元模型模拟分析，探究 T 形梁火灾前、火灾中、火灾后的动力性能；对于 T 形梁的静力性能，对构件进行静载试验，记录挠度、应力应变、承载能力的变化。通过动静力测试获取动静力信息，基于动力及静力信息对 T 形梁进行模型修正。首先选取待修正参数，根据经验和文献参考选取待修正参数合理范围，其次采用动力试验数据对模型进行修正，修正后的有限元模型采集静力响应信息，并利用试验数据进行二次修正；针对 T 形梁灾后的损伤安全检测，采用萤火虫算法修正惩罚参数和核函数，采用支持向量机算法进行损伤识别，最终也能达到预测承载力和刚度的效果，同时也采用 MTOPSIS-GRA 进行损伤评估，确定最优评价对象及损伤等级，最终实现对 T 形梁的灾后损伤。

参考文献

[1] 梁鹏，李斌，王秀兰，等．基于桥梁健康监测的有限元模型修正研究现状与发展趋势 [J]．长安大学学报（自然科学版），2014，34（4）：52-61.

[2] 刘宇飞．基于模型修正与图像处理的多尺度结构损伤识别 [D]．北京：清华大学，2015.

[3] Xia Y, Weng S, Xu Y L. A substructuring method for model updating and damage identiica-tion [J]. Procedia Engineering, 2011, 14：3095-3103.

[4] 赵崇基，张巍，刘志华，等．基于动力测试的混凝土连续梁桥有限元模型修正 [J]．广西

大学学报，2016，41（4）：1264-1270.

[5] 向天宇，赵人达，蒲黔辉，等. 基于静力测试数据的装配式混凝土简支梁有限元模型修正 [J]. 公路交通科技，2006，23（10）：79-82.

[6] 邓苗毅，任伟新，王复明. 基于静力响应面的结构有限元模型修正方法 [J]. 实验力学，2008，23（2）：103-109.

[7] 黄绪宏. 基于有限元模型修正的混凝土梁火灾下振动分析与试验研究 [D]. 青岛：青岛理工大学，2018.

[8] 夏樟华. 基于静动力的桥梁结构有限元模型修正 [D]. 福州：福州大学，2006.

[9] 赵玉新. 新兴元启发式优化方法 [M]. 北京：科学出版社，2013.

[10] 刘长平，叶春明. 一种新颖的仿生群智能优化算法：萤火虫算法 [J]. 计算机应用研究，2011，28（9）：3295-3297.

[11] 冯艳红，刘建芹，贺毅朝. 基于混沌理论的动态种群萤火虫算法 [J]. 计算机应用，2013，33（3）：796-799.

[12] 陈海东，庄平，夏建矿，等. 基于改进萤火虫算法的分布式电源优化配置 [J]. 电力系统保护与控制，2016，44（1）：149-154.

[13] J. Senthilnath, S. N. Omkar, V. Mani. Clustering using firefly algorithm：Performance study [J]. Swarm and Evolutionary Computation，2011，1（3）：164-171.

[14] Yang X S. Multiobjective firefly algorithm for continuous optimization [J]. Engineering with Computers，2013，29（2）：175-184.

[15] Tilahun S L, Ngnotchouye J M T. Firefly algorithm for discrete optimization problems：A survey [J]. Ksce Journal of Civil Engineering，2017，21（2）：535-545.

[16] Gandomi A H, Kashani A R, Roke D A, et al. Optimization of retaining wall design using recent swarm intelligence techniques [J]. Engineering Structures，2015，103（2015）：72-84.

[17] 赵玉新. 新兴元启发式优化方法 [M]. 科学出版社，2013.

[18] H. H. Alshammari, A. Alzahrani. Employing a hybrid lion-firefly algorithm for recognition and classification of olive leaf disease in Saudi Arabia [J]. Alexandria Engineering Journal，2023. 84：215-226.

[19] S. Samantaray, A. Sahoo, F. Baliarsingh. Groundwater level prediction using an improved SVR model integrated with hybrid particle swarm optimization and firefly algorithm [J]. Cleaner Water，2024，1：100003.

[20] H. Ru, J. Huang, W. Chen, C. Xiong. Modeling and identification of rate-dependent and asymmetric hysteresis of soft bending pneumatic actuator based on evolutionary firefly algorithm [J]. Mech Mach Theory，2023，181：105169.

[21] 刘尚伟，吴玲，赵瑞锋. 基于 MTOPSIS-GRA 的智能配电网评估方法 [J]. 广东电力，2019，32（2）：113-120.

[22] 华小义，谭景信. 基于"垂面"距离的 TOPSIS 法——正交投影法 [J]. 系统工程理论与实践，2004(1)：114-119.

［23］杜栋，庞庆华．现代综合评价方法与案例精选［M］．北京：清华大学出版社，2018.

［24］邓聚民．灰理论基础［M］．武汉：华中科技大学出版社，2002.

［25］有维宝，王建波，刘芳梦，等．基于 GRA-TOPSIS 的城市轨道交通 PPP 项目风险分担［J］．土木工程与管理学报，2018，35（3）：15-21＋27.

［26］张振鹏．供水管网抗震防灾关键节点量化方法研究［D］．北京：北京工业大学，2017.

［27］杨力，刘程程，宋利，等．基于熵权法的煤矿应急救援能力评价［J］．中国软科学，2013（11）：185-192.

第四章　预制装配式叠合梁受火静动力特性及灾后损伤识别

4.1　预制装配式叠合梁受火静动力试验概况

4.1.1　试验设计及试验装置

本试验共设计 14 根 T 形截面叠合梁，长度为 3m、翼缘及腹板宽度分别为 0.45m、0.15m，梁高 0.3m，翼缘高度为 0.1m；保护层厚度为 30mm，为满足《混凝土结构设计标准》GB/T 50010—2010 要求，预制板厚度分别为 40mm 和 60mm，横向纵筋及箍筋绑扎时均采用 HRB400 级钢筋。试件尺寸设置以及热电偶布置图如图 4-1-1 所示。试件分组见表 4-1-1。

试件采用 C35 混凝土进行浇筑，水泥：水：石子：砂的配合比为 1：0.42：2.76：2.79。混凝土立方体试块 28d 实测平均强度为 36.7 MPa，火灾后试块强度采用钻芯法获得，以受火 120min 为例，实测平均抗压强度为 20.4 MPa。为了提高预制和现浇混凝土叠合面的粘结强度，对叠合面进行拉毛处理，即预制板表面做成凹凸差不小于 6mm 的粗糙面。钢筋的力学性能如表 4-1-2 所示。

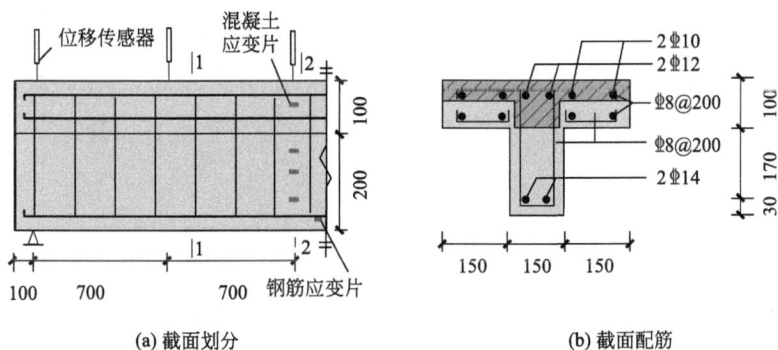

(a) 截面划分　　　　　　　　　(b) 截面配筋

图 4-1-1　试件尺寸以及热电偶布置图（一）

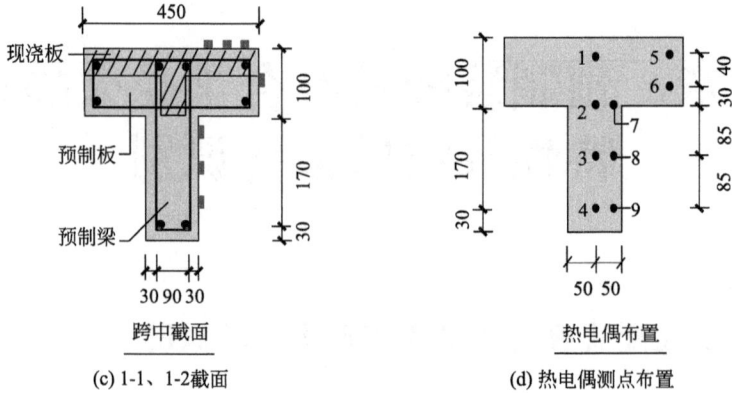

(c) 1-1、1-2 截面　　　　　(d) 热电偶测点布置

图 4-1-1　试件尺寸以及热电偶布置图（二）

试件分组　　　　　　　　　　　　　　　　表 4-1-1

梁编号	试验状态	加载形式	升温曲线	温度采集	动力测试	静载试验
P-T06L0H40	不施加荷载	升温 60min	ISO 834	√	√	√
P-T06L0H60			ISO 834	√	√	√
P-T09L0H40		升温 90min	ISO 834	√	√	√
P-T09L0H60			ISO 834	√	√	√
P-T12L0H40		升温 120min	ISO 834	√	√	√
P-T12L0H60			ISO 834	√	√	√
P-T06L44H40	正常使用状态	恒载 13.755kN/m 升温 60min	ISO 834	√	√	√
P-T06L44H60			ISO 834	√	√	√
P-T09L44H40		恒载 13.755kN/m 升温 90min	ISO 834	√	√	√
P-T06L44H60			ISO 834	√	√	√
P-T12L44H40		恒载 13.755kN/m 升温 120min	ISO 834	√	√	√
P-T12L44H60			ISO 834	√	√	√
P-NH40	对比试件	—	—	—	—	√
P-NH60	对比试件		—	—	—	√

注：以 P-T12L44H60 为例，P 代表叠合梁；T12 为受火 120min；L44 代表荷载比（常温下使用荷载设计值与极限荷载设计值之比）为 0.44；H 代表预制板厚度；N 为自然状态；正常使用状态；荷载比 0.44 表示实际施加荷载与极限荷载之比，实际施加荷载为 41.28 kN，极限荷载为 93.82 kN。

钢筋力学性能实测结果　　　　　　　　　　　表 4-1-2

直径(mm)	钢筋级别	屈服强度 （MPa）	极限强度 （MPa）	弹性模量 （MPa）	伸长率 （%）
10	HRB400	463.0	609.5	2.0×10^5	20.1
14	HRB400	552.5	654.5	2.0×10^5	20.5

4.1.2　叠合梁火灾试验

在山东建筑大学结构抗火性能试验区进行恒载升温试验，火灾炉形式采用水平试验炉，火灾炉净尺寸为（东西）4.96m×（南北）9.47m，高度为 1.5m，内侧墙壁均用防火岩棉进行有效固定，防止火苗窜出，炉壁底部南北两侧均匀分布 3 个喷火嘴，通过调节其喷射速度来对炉内温度进行控制，使其升温过程严格按照 ISO834 标准升温曲线进行。结合火灾炉、试件的尺寸以及分组要求，对火灾炉东西两侧温度系统进行改造，火灾试验布置示意图如图 4-1-2 所示，温度采集系统采用 34970A 型惠普安捷伦温度采集仪，采集时间长度为 1min，炉温监测采用 K 型刚玉热电偶，位移量测采用差分式位移传感器，在有效长度范围内进行五等分，并分别布置位移传感器，确保数据采集准确，为了确保测点处表面平整，在测点处粘贴玻璃片，并把位移计固定在脚手架上。试验装置及现场布置完成图如图 4-1-3～图 4-1-5 所示。

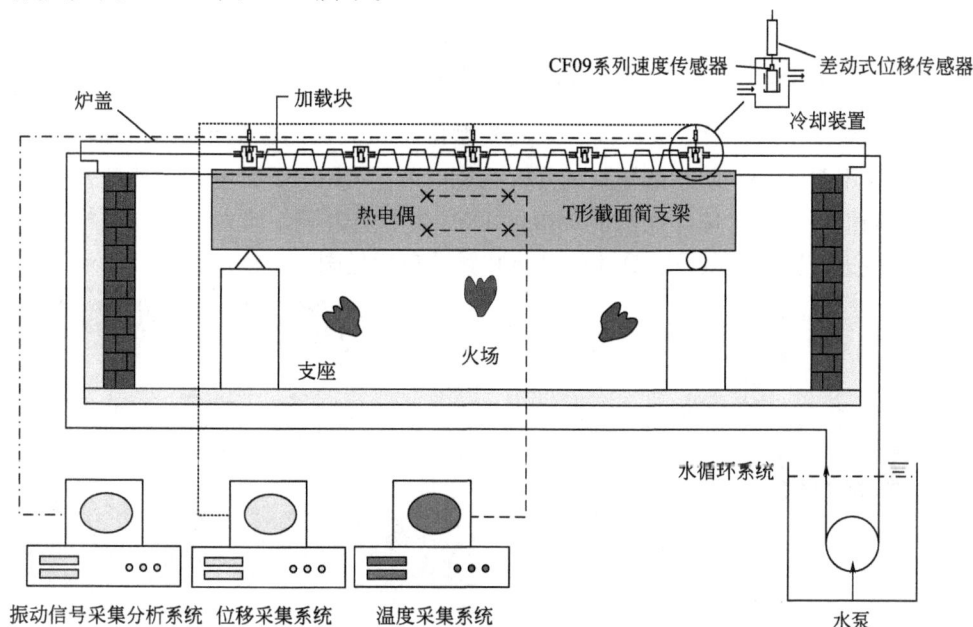

图 4-1-2　火灾试验布置示意图

图 4-1-3　火灾试验炉

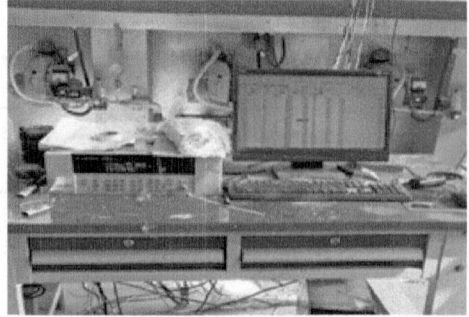

图 4-1-4　惠普安捷伦温度采集仪

图 4-1-5　现场布置完成图

4.1.3　叠合梁在火灾前后动力振动测试

振动测试是进行叠合梁火前有限元模型修正及火灾后损伤识别的必需步骤。本试验采用 DHDAS 动态信号测试分析系统，采用 CF0152 磁电式加速度传感器采集振动信号，并配备弹性聚能装置的 DFC-2 中型力锤，该力锤可以对构件的动力特性进行更好地激发。具体的试验装置及布置见图 4-1-6～图 4-1-8。

图 4-1-6　现场振动测试

图 4-1-7　传感器布置图

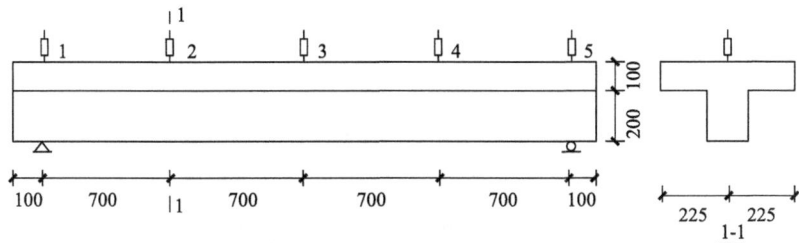

图 4-1-8　传感器布置示意图

4.1.4　高温后叠合梁静载试验

设计进行叠合梁高温后静载试验研究，采用三等分点进行集中力加载，在支座、跨中、叠合面上下两端布置位移计，加载装置如图 4-1-9 和图 4-1-10 所示。按照理论公式计算的开裂荷载以及极限荷载逐级施加载荷。两根对比试件首先按照开裂荷载的 20% 进行逐级加载，待达到开裂荷载后，按照 5% 的开裂荷载进行加载。由于试验梁在火灾试验过程中均已出现裂缝，故不考虑开裂荷载，直接按照极限荷载分级加载。按照力控制加载，每级加载 5kN，加载至钢筋屈服后，采用位移控制加载，按照跨中挠度每增加 2mm 为一级进行加载至破坏，各级加载完成后必须等读数稳定后方可进行数据采集、记录，每级载荷持荷 10～15min。

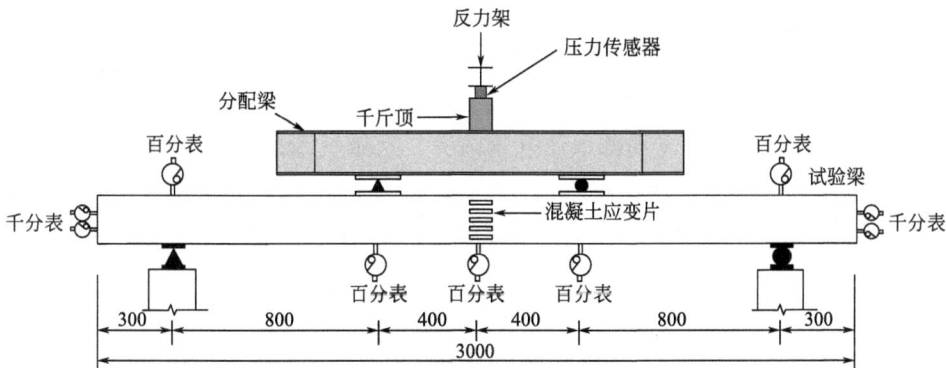

图 4-1-9　静载试验示意图

静载试验主要测量指标：叠合梁试件的开裂荷载、纵筋屈服荷载、极限荷载，试件跨中处挠度、梁端叠合面滑移位移，混凝土应力-应变，裂缝发展情况等。根据《混凝土结构试验方法标准》GB/T 50152—2012 中的有关规定，静载试验过程中，满足以下试验现象即认定为试件破坏：

（1）试件跨中挠度达到净跨度的 1/50，本次试验为 56mm；

图 4-1-10　静载试验现场

（2）试件裂缝宽度达到 1.5mm 或者钢筋拉应变达到 0.01；

（3）受拉区域中的混凝土被压碎或受拉区域中的钢筋断裂。

4.2　叠合梁试验结果分析

4.2.1　火灾试验结果分析

（1）受火加热试验现象

12 根试验梁与前 15min 试验现象基本一致，点火大约 6min 时，梁顶部开始出现水蒸气，15min 左右，由于温度较高，火灾炉内部传出爆裂声。由于试件的受荷状态以及叠合参数不同，荷载比为 0 的试验梁在 20min 时顶部跨中区域处出现小面积水渍，且局部汇集成片。35min 时局部水渍出现沸腾，且有部分水蒸气出现，48min 时局部水渍基本消失，水蒸气渐渐变少。荷载比为 0.44 的试验梁在 35min 时梁顶出现水渍，45min 时局部水渍开始沸腾，57min 时水渍消失。停火后，打开炉盖使试件自然冷却至室温，观察火灾后试验梁表观现象。

随温度升高，混凝土内部水分开始蒸发，水蒸气沿内部孔隙不断外溢，在梁顶部聚集成部分水渍，而较大的孔隙压力与较高的热应力梯度使得翼缘处混凝土产生爆裂现象。当混凝土达到火灾下极限抗拉强度时，梁表面出现大量龟裂裂缝，梁底受火裂缝在荷载与高温共同作用下逐渐开展，部分试件高温后的破坏形态如图 4-2-1 所示。

（2）炉温升温曲线

停火后采用自然降温，当炉内温度降至 100℃时，温度数据停止采集。炉膛升温曲线如图 4-2-2 所示，由图中可知，三次火灾试验的升温趋势与 ISO 834 标准升温曲线基本一致。

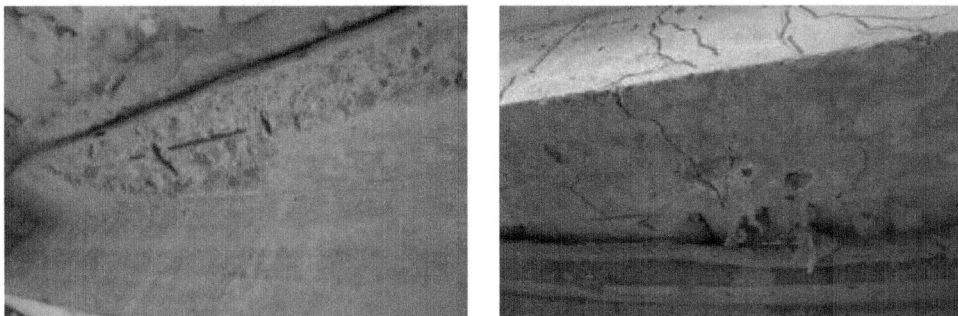

(a) 翼缘混凝土爆裂　　　　　　　　　(b) 底部混凝土裂缝

图 4-2-1　部分试件高温后的破坏形态

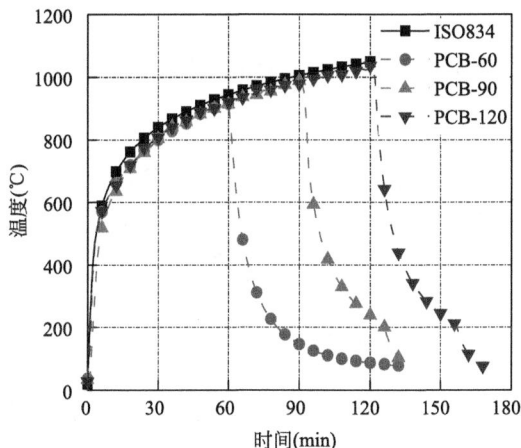

图 4-2-2　炉膛升温曲线

（3）同一试件不同测点温度对比

考虑三批次火灾试验除受火时间不同之外，其余条件均相同，故以受火120min 为例，给出试件跨中测点升温曲线，如图 4-2-3 和图 4-2-4 所示，并得如下结论：

1）随受火时间的增加，各测点温度变化趋势大致相同，停止升温后，测点温度继续增加，由于混凝土的热惰性，截面最高温度均出现在停火之后的降温段。

2）各试验梁测点温度均在升温至 100～150℃时，出现温度屈服台阶，主要原因是试件内部水分蒸发吸热所致。

3）受火时间、荷载比相同时，叠合参数越大，截面温度越低，以 P-T12L0H40 及 P-T12L0H60 为例，同一截面测点，后者最高温度较前者低 45℃。

原因可能是试件加工过程中，预制板提前浇筑，养护时间较长，内部骨料密实度较大，整体强度偏高，从而影响了混凝土内部温度传递，导致温度偏低。

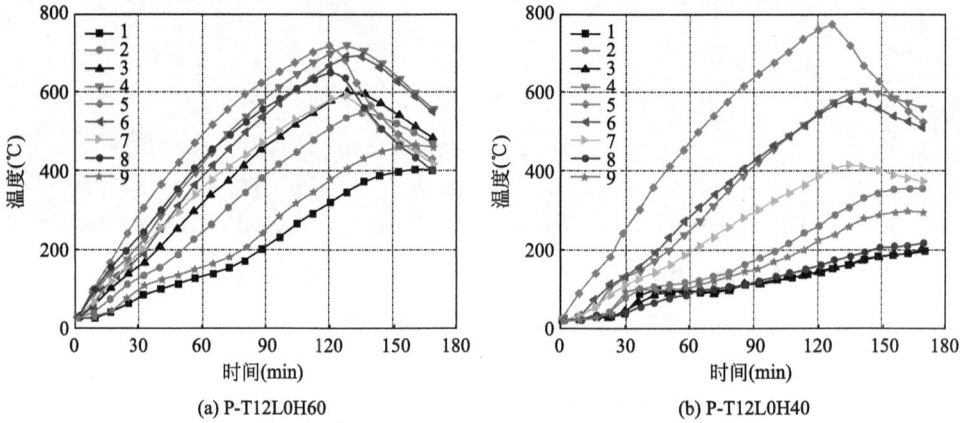

(a) P-T12L0H60

(b) P-T12L0H40

图 4-2-3　P-T12L0H60、H40 跨中截面测点升温曲线

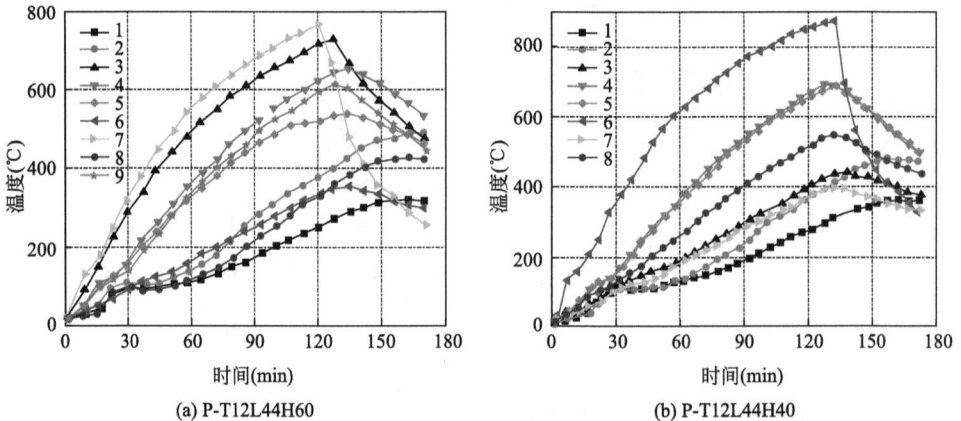

(a) P-T12L44H60

(b) P-T12L44H40

图 4-2-4　P-T12L44H60、H40 跨中截面测点升温曲线

（4）不同试件同一测点温度对比

为对比不同叠合参数及不同荷载比试件内部升温情况，现把试件不同截面同一测点温度进行对比，以受火 120min 不同截面测点 5 和测点 6 为例，绘制时间-温度曲线，如图 4-2-5 所示，并得出如下结论：

1）同一测点下，叠合参数相同时，荷载比越大，截面温度越高，以 1-6 测点为例，P-T12L44H40 比 P-T12L0H40 温度高约 200℃，这是因为荷载作用下的裂缝开展加剧了温度的传输。

2）同一测点下，荷载比相同时，叠合参数越大，测点温度越低。以 2-6 测点为例，P-T12L44H60 比 P-T12L44H40 最高温度低约 100℃，分析其原因可能是预制板厚度的增大阻碍了温度的传递，使得测点处温度偏低。

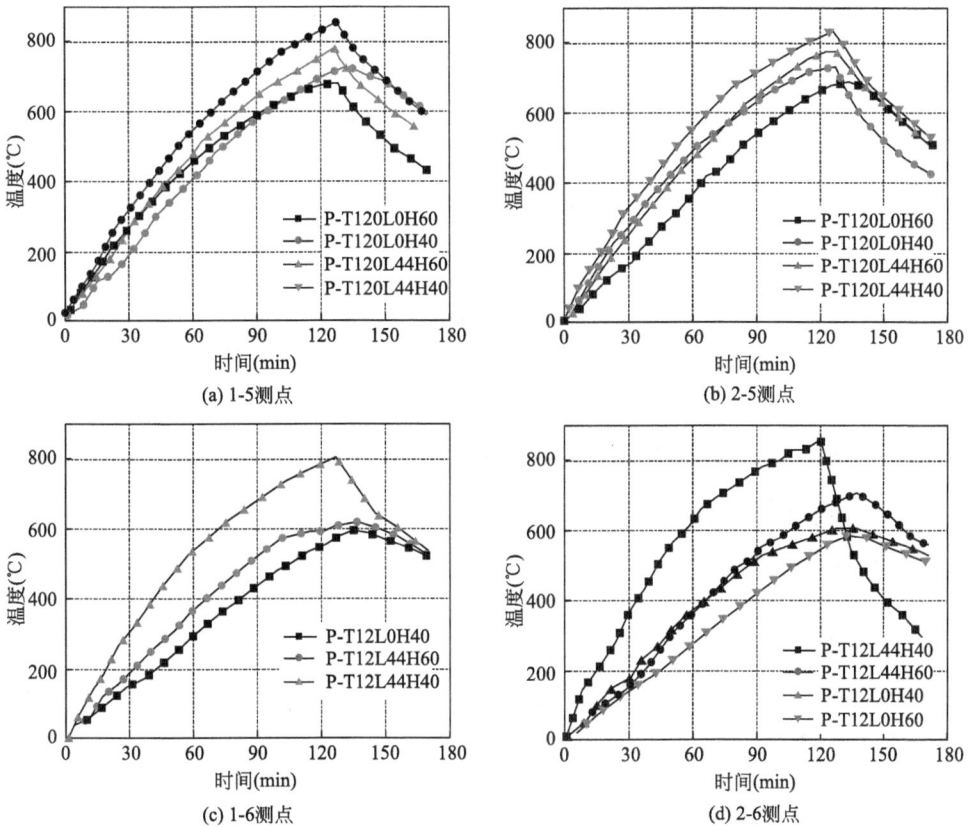

图 4-2-5　同一测点不同截面温度分布

（5）高温下挠度-时间曲线

试验梁在火灾试验中的跨中挠度变化基本一致，具体表现为随受火时间的增加，挠度不断加大，无荷载比的梁在高温下的挠度增长的影响因素主要是热膨胀变形，正常使用状态下的梁在高温下的挠度增长同时受到热膨胀变形和恒载的共同作用。本文以受火 120min 的试验梁为例，时间-挠度曲线如图 4-2-6 所示。从图 4-2-6 可得出如下结论：

1）荷载比相同时，叠合参数越大，挠度变化越小。主要原因是随着叠合参数的增大，预制混凝土受压区高度相对增加，从而抵抗变形的能力越强。

2）叠合参数相同时，荷载比越大，挠度越大。原因是随着荷载比的增大，试件内部损伤严重，温度传递较快，导致挠度值变化较大，P-T12L44H60 比 P-T12L0H60 挠度高 23.59mm，增大约 11.4％。

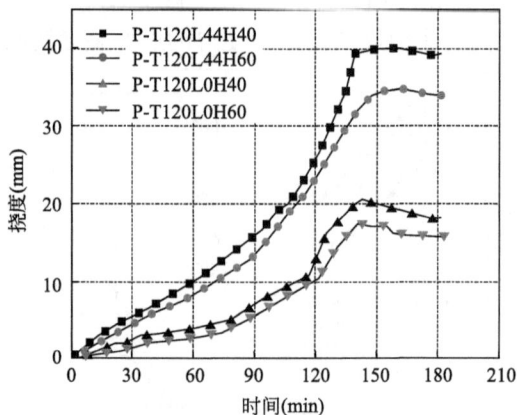

图 4-2-6 受火 120min 挠度-时间曲线

4.2.2 火灾前后叠合梁动力测试振动特性结果及分析

火灾前后分别对叠合梁进行振动测试，结果如图 4-2-7～图 4-2-14 所示。

根据实测频率振型，可得出以下结论：

1）经过火灾损伤，叠合梁各阶频率均存在不同程度的降低。

2）同等载荷状态下，受火时间越长，频率降低程度越大。在热力耦合作用下，构件存在垂直裂缝，受火时间越长，内部温度越高，材料性能下降越多，截面刚度降幅越大。

3）受火时间相同，载荷状态不同，热力耦合作用下，构件损伤程度也不同，火灾前后频率也存在明显差异。

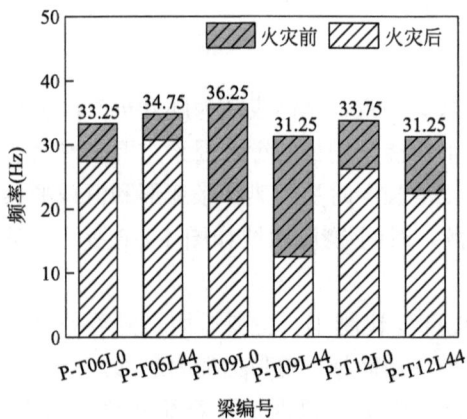

图 4-2-7 实测一阶频率（H40）

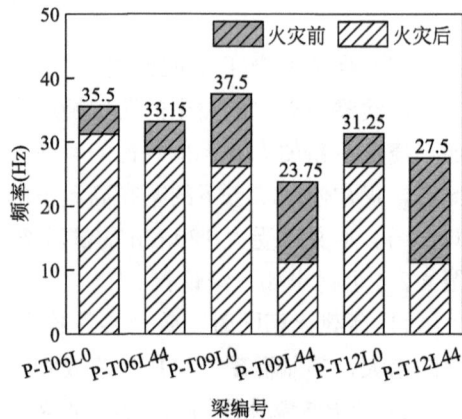

图 4-2-8 实测一阶频率（H60）

116

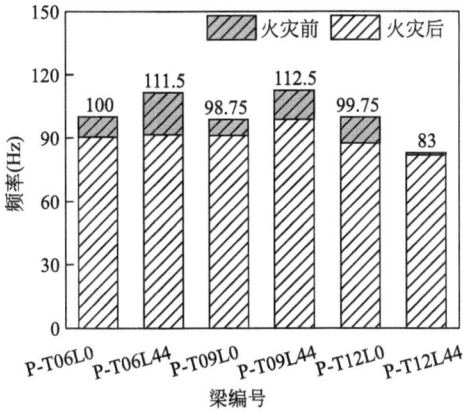

图 4-2-9　实测二阶频率（H40）

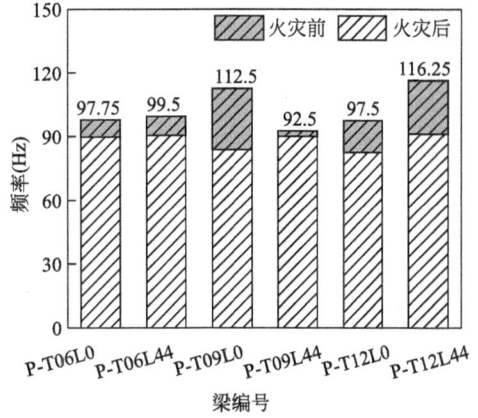

图 4-2-10　实测二阶频率（H60）

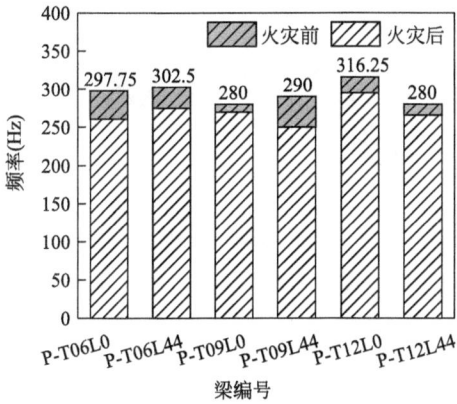

图 4-2-11　实测三阶频率（H40）

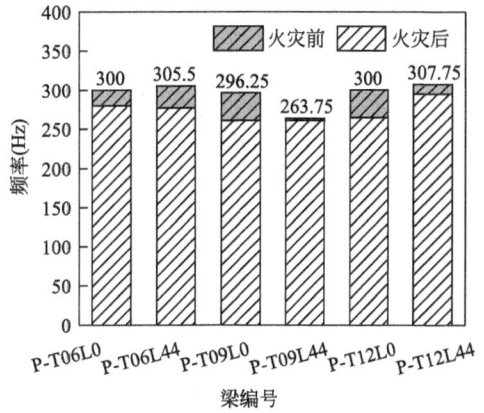

图 4-2-12　实测三阶频率（H60）

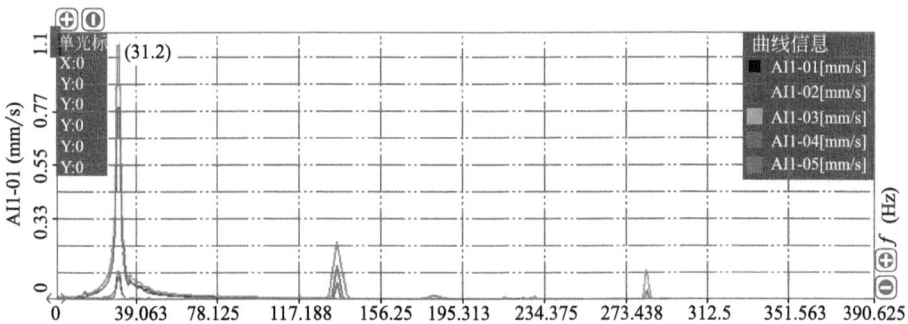

(a) 火灾前频域分析

图 4-2-13　频域分析（一）

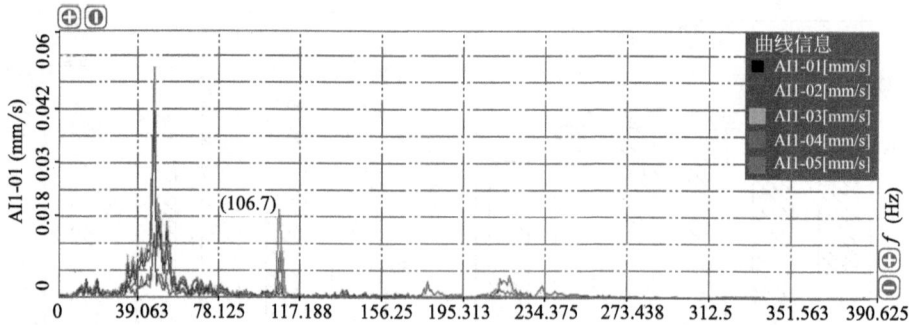

(b) 火灾后频域分析

图 4-2-13　频域分析（二）

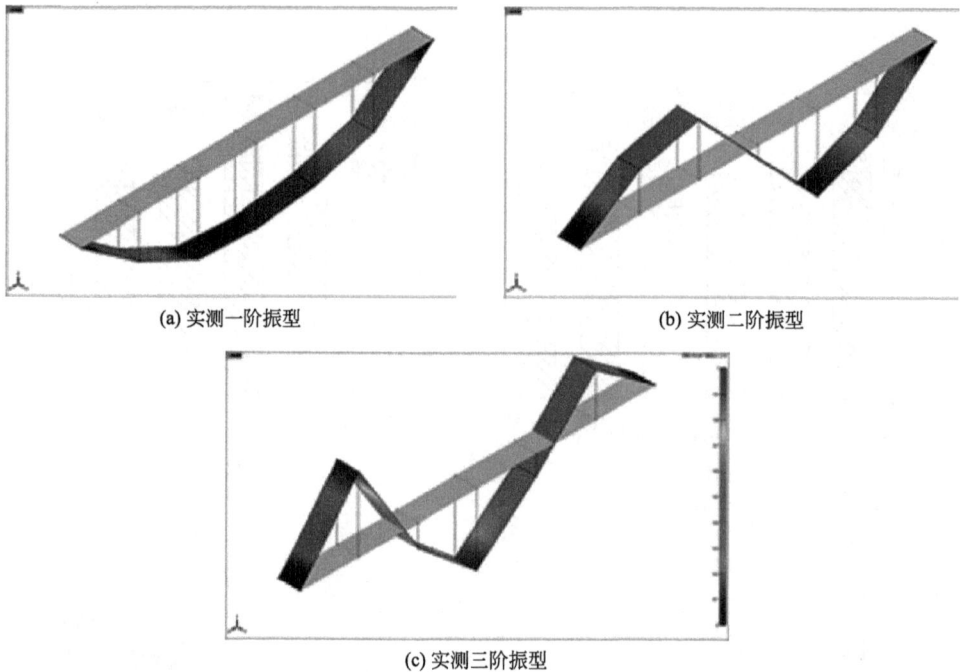

(a) 实测一阶振型

(b) 实测二阶振型

(c) 实测三阶振型

图 4-2-14　P-T12L44H40 实测火灾后振型

4.2.3　火灾后叠合梁静载试验结果分析

加载初期，挠度和裂缝变化不明显。施加荷载越大，裂缝明显增多，挠度也明显增大，在纯弯段区域内出现贯穿的垂直裂缝，最后，受压区混凝土被压碎，发生适筋梁正截面受弯破坏。试验破坏现象如图 4-2-15 所示，具体试验现象描述以叠合面高度为 40mm 的梁为例，见表 4-2-1。

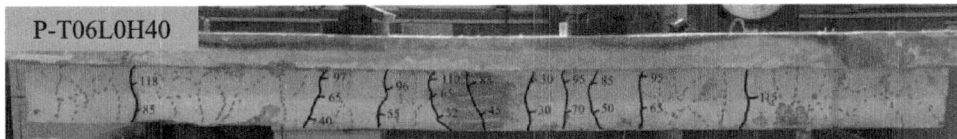

(a) P-T06L0H40破坏示意图

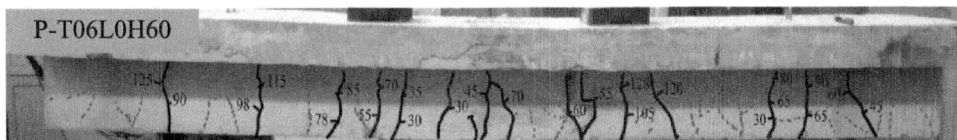

(b) P-T06L0H60破坏示意图

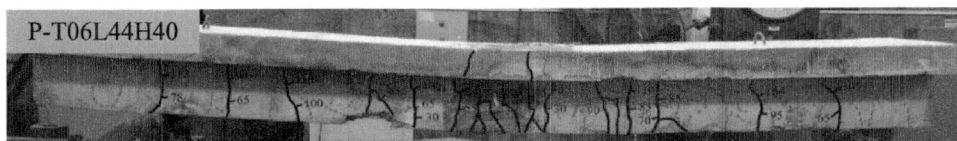

(c) P-T06L44H40破坏示意图

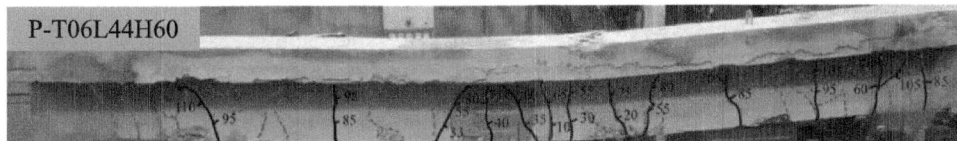

(d) P-T06L44H60破坏示意图

(e) P-T09L0H40破坏示意图

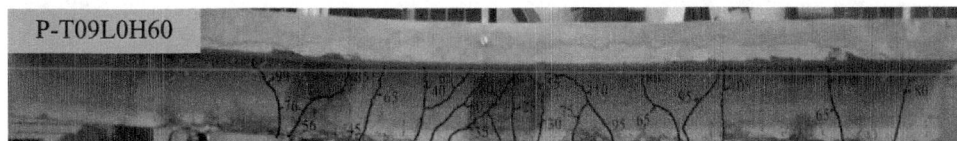

(f) P-T09L0H60破坏示意图

图 4-2-15　叠合梁破坏示意图（一）

(g) P-T09L44H40破坏示意图

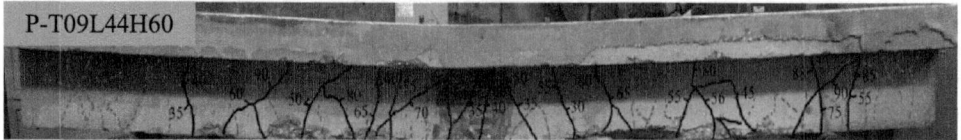

(h) P-T09L44H60破坏示意图

(i) P-T12L0H40破坏示意图

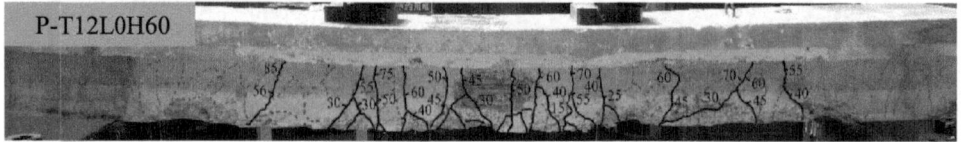

(j) P-T12L0H60破坏示意图

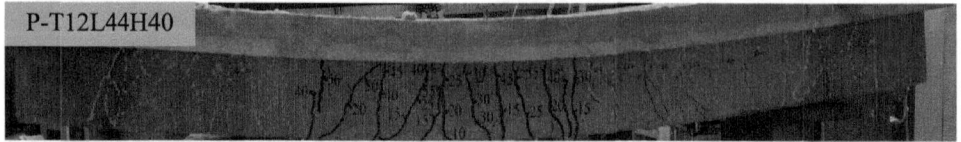

(k) P-T12L44H40破坏示意图

(l) P-T12L44H60破坏示意图

图 4-2-15　叠合梁破坏示意图（二）

叠合梁静载试验现象　　　　　　表 4-2-1

梁编号	试验现象
P-T06L0H40	施加荷载较小时，裂缝不明显；加载到 105kN 时，开始在梁跨中位置处出现明显的垂直裂缝；加载到 124kN 时，荷载恒定，梁挠度急剧增大，梁上部受压区混凝土被压碎，达到正截面受弯破坏极限状态
P-T06L44H40	由于经历过火灾损伤，加载到 80kN 时，梁跨中位置出现明显垂直裂缝，当荷载达到 113kN 时，荷载恒定，挠度急剧增大，混凝土被压碎，达到正截面受弯破坏极限状态
P-T09L0H40	由于经历过火灾损伤，加载到 78kN 时，在梁跨中位置开始出现明显的垂直裂缝；加载到 108kN 时，此时荷载恒定，梁挠度急剧增大，梁上部受压区混凝土被压碎，达到正截面受弯破坏极限状态
P-T09L44H40	由于经历过火灾损伤，加载到 70kN 时，在梁跨中位置开始出现明显的垂直裂缝；加载到 83kN 时，此时荷载恒定，梁挠度急剧增大，梁上部受压区混凝土被压碎，达到正截面受弯破坏极限状态
P-T12L0H40	由于经历过火灾损伤，加载到 65kN 时，在梁跨中位置开始出现明显的垂直裂缝；加载到 82.7kN 时，此时荷载恒定，梁挠度急剧增大，梁上部受压区混凝土被压碎，达到正截面受弯破坏极限状态
P-T12L44H40	由于经历过火灾损伤，加载到 45kN 时，在梁跨中位置开始出现明显的垂直裂缝；加载到 58kN 时，此时荷载恒定，梁挠度急剧增大，梁上部受压区混凝土被压碎，达到正截面受弯破坏极限状态
P-NH40	由于经历过火灾损伤，加载到 78kN 时，在梁跨中位置开始出现明显的垂直裂缝；加载到 124kN 时，此时荷载恒定，梁挠度急剧增大，梁上部受压区混凝土被压碎，达到正截面受弯破坏极限状态

将试验梁根据常温、受火 60min、90min、120min 工况，绘制火灾后静载试验下的荷载-挠度曲线，如图 4-2-16 所示。

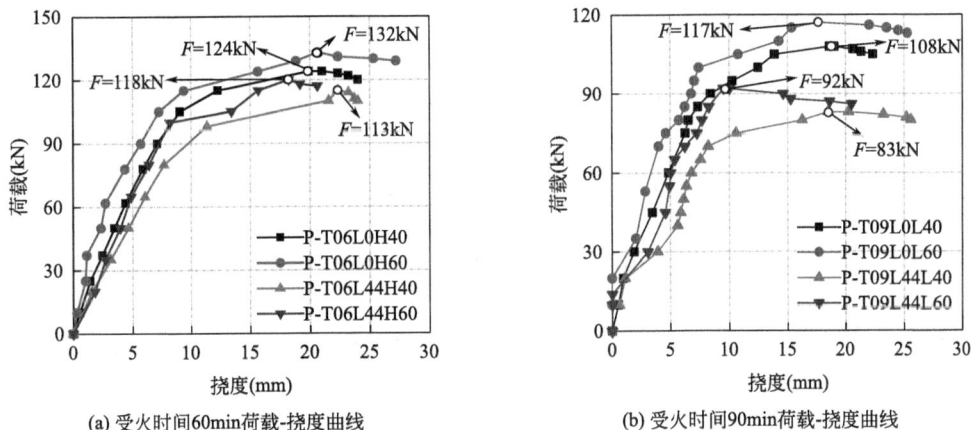

(a) 受火时间60min荷载-挠度曲线　　　(b) 受火时间90min荷载-挠度曲线

图 4-2-16　荷载-挠度曲线（一）

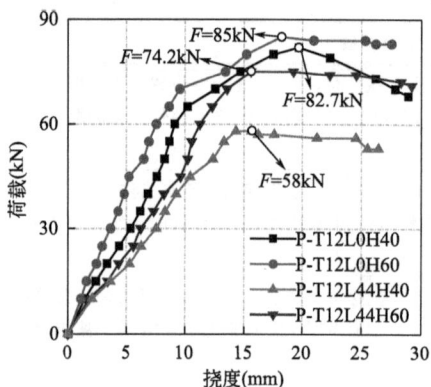

(c) 受火时间120min荷载-挠度曲线　　　　(d) 对比试件荷载-挠度曲线

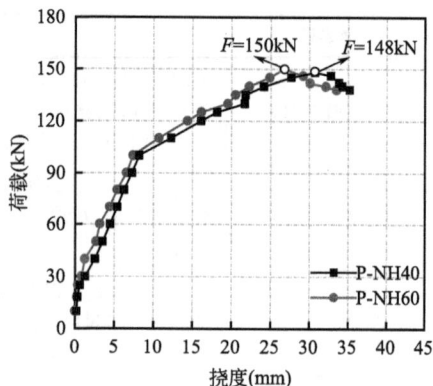

图 4-2-16　荷载-挠度曲线（二）

由以上图可以得出以下结论：

1）叠合梁经历火灾作用后挠度随受火时间的增加而增大。受火时间相同的梁，载荷越大，梁的挠度值越大、承载力的值越小。因为在热力耦合作用下，梁产生垂直裂缝，荷载越大，裂缝宽度越大，数量越多，导致梁体内部材料温度升高，材料性能下降，所以刚度和承载力会降低。

2）叠合梁经历火灾作用后抗弯承载力随受火时间的增长而降低。载荷相同的情况下，受火时间越长，叠合梁的灾后抗弯承载力越小。其主要原因是火灾作用导致材料性能劣化，火灾后混凝土的抗压强度、钢筋的抗拉强度等都存在一定程度的降低，导致叠合梁抗弯承载力降低。

4.3　叠合梁温度场模拟分析

本章利用 ANSYS 建立热力耦合模型，忽略钢筋与混凝土之间的粘结滑移作用。混凝土采用 Solid65 单元模拟，纵筋与箍筋均采用 Link8 单元模拟，为防止有限元模型两端支座处产生应力集中导致试件开裂，在梁模型边界条件处设置钢垫块，钢垫块采用 Solid45 单元进行模拟，考虑支座刚度对模型的影响，采用线性弹簧单元 Combin14 单元模拟垂直支座刚度。模拟过程中，为充分考虑叠合梁预制部分与现浇部分之间叠合面的相对滑移，对结构静力及动力响应的影响，采用 Combin14 单元组成三维联结单元进行模拟。叠合面三联结弹簧如图 4-3-1 所示，三个方向分别代表沿叠合面垂直、水平和切向的相互作用，使上下两层混凝土单元通过弹簧单元传递内力。

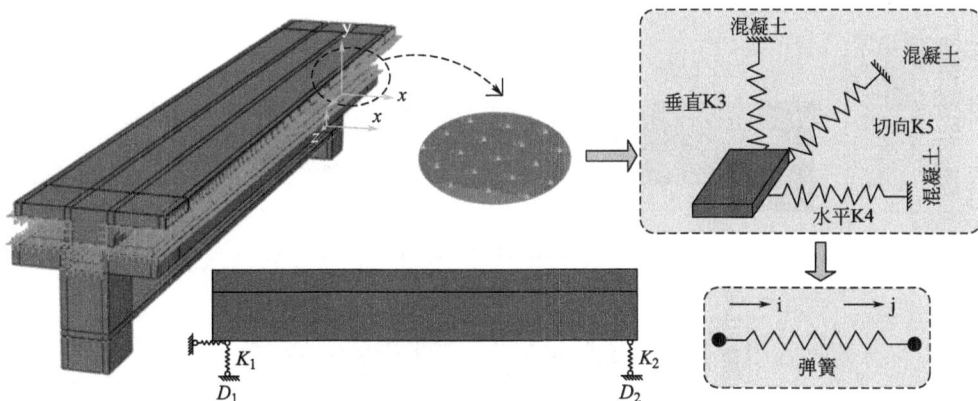

图 4-3-1 叠合面三维联结弹簧示意图

4.3.1 T 形叠合梁温度场有限元模型建立

在进行温度场分析时，叠合梁五面受火，受火面为腹板和翼缘底面，设置初始环境温度为 20℃，混凝土采用 Soild 单元，箍筋和纵筋采用 Truss 单元。升温方式按照实测升温曲线，分析中没有考虑钢筋与混凝土之间的粘结滑移。钢筋单元和混凝土单元采用嵌入式连接。网格划分后，混凝土网格单元的类型设置为 3 个自由度 8 节点的线性传热实体单元 DC3C8。钢筋网格单元的类型设置为 1 自由度 2 节点的线性传热实体单元 DC1D2，然后提交作业进行分析。图 4-3-2 为叠合梁温度场整体模型。

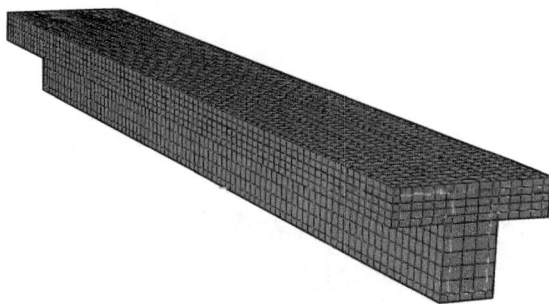

图 4-3-2 叠合梁温度场整体模型

120min 叠合梁试件整体温度分布见图 4-3-3。

部分受火时间混凝土截面温度分布见图 4-3-4。

受火时间相同，预制板厚度不同的叠合梁混凝土截面温度如图 4-3-5～图 4-3-7 所示，以 P-T120L0H60、P-T120L0H40 为例。

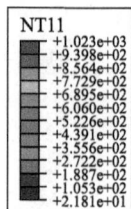

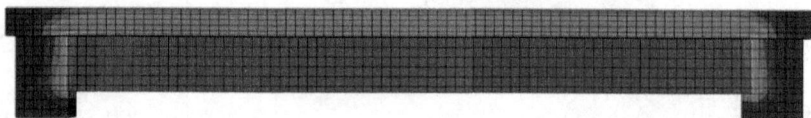

图 4-3-3 120min 叠合梁试件整体温度分布

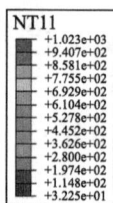

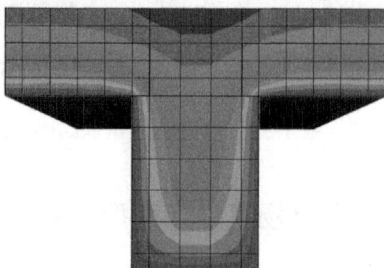

图 4-3-4 120min 跨中混凝土截面温度

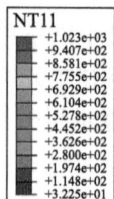

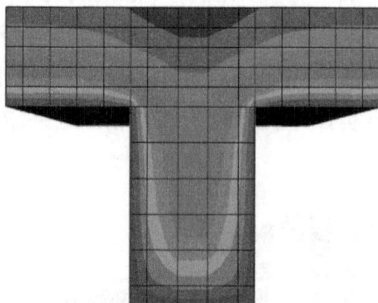

图 4-3-5 $H=60$mm 跨中混凝土截面温度

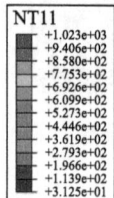

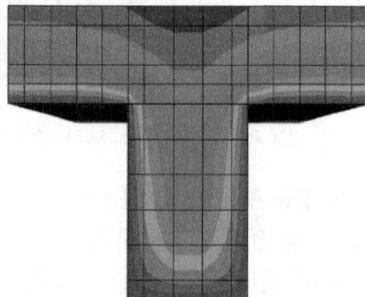

图 4-3-6 $H=40$mm 混凝土截面温度

T形叠合梁，受火时间为120min钢筋整体温度分布见图4-3-7。

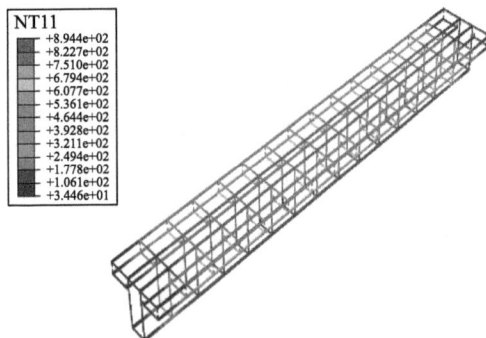

图 4-3-7 120min 钢筋温度分布

120min受火时间下的钢筋截面温度分布见图4-3-8。

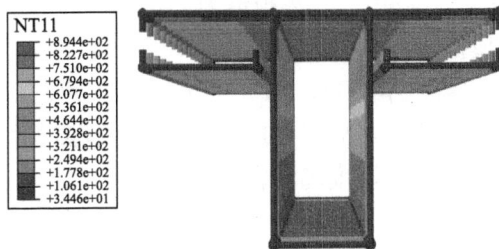

图 4-3-8 120min 钢筋截面温度

由图 4-3-4 可知，当受火时间为 120min 时，试件最高温度达到 1023℃，同标准升温曲线相比，误差在 2%，说明了试验过程中对温度控制较好。

由图 4-3-5～图 4-3-6 可知，叠合梁预制板厚度不同，对截面温度影响不大，截面温度沿梁长方向分布相同，但是预制板厚度对力学性能影响较大。由图 4-3-7～图 4-3-8 可以看出，钢筋截面温度分布规律和混凝土基本一致，但混凝土温度分布和钢筋温度分布存在较大不同，原因是混凝土的热惰性，温度从混凝土传到钢筋，时间较慢。

4.3.2 温度场结果验证与分析

为了验证模拟结果的准确性，现将试验值和模拟值进行对比，以 120min P-T120L0H60 为例，根据第三章的测点布置，分别提取跨中截面测点 3（混凝土位置处）和测点 5（钢筋位置处）的时间-温度曲线，绘制在同一坐标系中，测点结果对比如图 4-3-9 所示。

由图 4-3-9 可知，截面测点温度的实测升温曲线和模拟升温曲线走势基本一

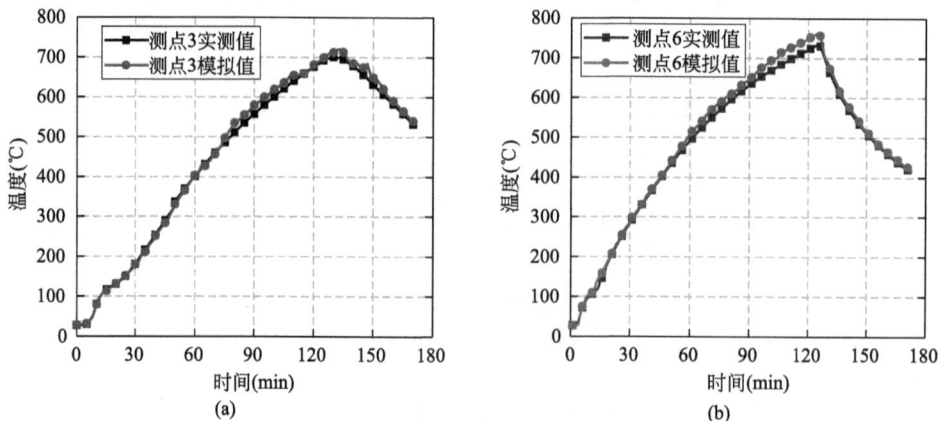

图 4-3-9　叠合梁温度实测值与模拟值对比

致，测点 3 实测最高温度为 697℃，模拟值为 713℃，误差在 2.3％，测点 6 实测最高温度为 735℃，模拟值为 758℃，误差在 3.1％，总体吻合较好。从图中可以看出，前 60min 二者走势基本一致，90～120min 模拟值高于实测值，原因可能是试验过程中未做好密封措施，局部出现爆裂，导致升温过程中热量散失，而在模拟时未充分考虑高温爆裂对温度场的影响。

4.4　基于改进响应面法有限元模型修正与数值模拟

4.4.1　基于改进响应面法的分步有限元修正方法

采用有限元模型对工程结构分析已成为现在工程设计必不可少的环节。模型建立过程中多种因素的简化、截面尺寸误差、材料性能参数、连续介质离散化的精度及施工过程中某些不确定因素的影响等都会使初始有限元模型计算结果与实测结果存在偏差。因此，考虑对初始有限元模型修正，使其与叠合梁实际受力性能一致。国内外已对有限元模型修正进行了一系列的研究，提出了几种模型修正方法，主要有矩阵修正法、灵敏度法和响应面法等。矩阵修正法将质量矩阵、刚度矩阵作为修正对象对有限元模型进行修正，但复杂结构的矩阵不容易得出，且修正后的矩阵往往不具有稀疏、对称的性质，丧失了其物理意义。灵敏度法对于修正参数选取有较大随机性和单一性，每次迭代必须调用程序计算，计算量较大，修正效率低。响应面法由于其精确性和高效性在优化设计、可靠度分析和有限元模型修正中得到广泛应用。

本章为了得到精细化有限元模型来进一步进行有限元分析，基于响应面法的有限元修正方法被考虑用于模型修正。然而，当模型参数较多时，传统响应面法存在模型精度不足、计算效率降低等问题。为此本节基于 RBF 对响应面法进行改进，并进一步考虑到不同参数对不同结构响应的敏感性不同，提出一种基于改进响应面法的分步有限元模型修正算法。IRSM 及对应分步修正算法如下：

（1）改进响应面

响应面法是快速获得精确 FEM 的经典算法。然而响应面模型不适用于模型参数较多的情况。因此，当更新参数的数量 $n>2$ 时，引入径向基函数对响应面模型进行改进。改进后响应面模型函数 Z 如式（4-4-1）所示。

$$Z = Z_1 + Z_2 \tag{4-4-1}$$

式中，Z_1 为传统响应面函数；Z_2 为高斯径向基函数。建立改进响应面模型的流程图如图 4-4-1 所示，详细流程介绍如下：

1）样本库构造。参考参数取值区间，选用合理的试验设计方案构造样本库。本节选取中心复合试验设计方法（CCD）构造样本库。

2）选取合适的基准响应面模型 Z_1。考虑到输入参数与结构响应之间的关系

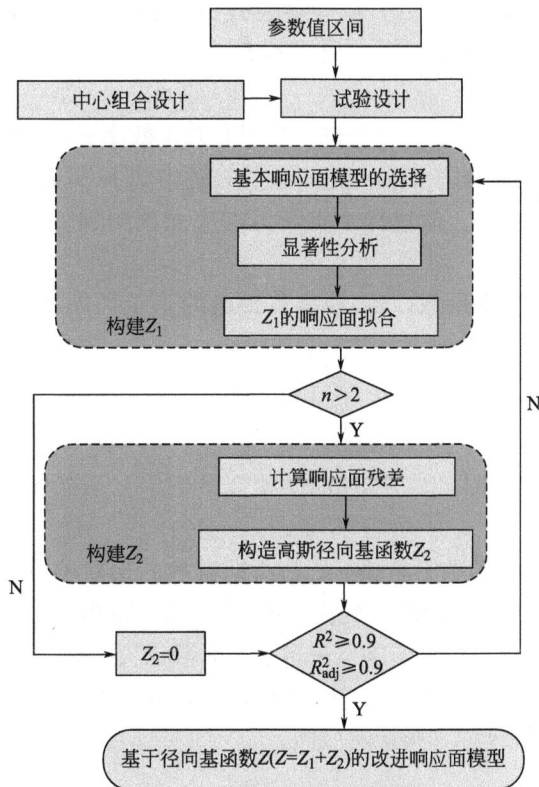

图 4-4-1　建立改进响应面模型的流程图

及训练的高效性，选取二次多项式形式作为响应面模型基本构型，其函数表达形式如式（4-4-2）所示。

$$Z_1 = a_0 + \sum_{i=1}^{n} a_i x_i + \sum_{i=1}^{n} \sum_{j=1}^{n} a_{ij} x_i x_j \qquad (4\text{-}4\text{-}2)$$

式中，a_0，a_i，a_{ij} 为 RSM 多项式系数，x_i 为第 i 个设计变量，w 为设计变量的数量。

3）进行参数响应分析，剔除对响应值不敏感的项，简化初始响应面模型。通过基于统计方差（标准差平方）分析的参数响应分析（假设检验），评估所选的待修正参数。方差分析计算样本数据的所有个体偏差的平方，并将采样特征的总方差平方分为两部分：S_A——设计参数 A 引起的偏差平方（系统偏差）和 S_e——试验引起的偏差平方。采用 F 检验法进行假设检验，检验参数 A 的显著性：

$$F_A = \frac{S_A / f_A}{S_e / f_e} \approx F(f_A, f_e) \qquad (4\text{-}4\text{-}3)$$

式中，f_A，f_e 分别为 S_A 和 S_e 的自由度。本节设定显著性水平阈值 $p = 0.05$，如果 $F_A < F_p$，(f_a, f_e) 认为参数 A 的影响不显著，剔除不显著项。

4）响应面拟合。通过对样本值进行最小二乘拟合，回归二次多项式响应曲面。

当模型修正参数大于 2 时，为进一步提高修正效率和模型精度，本节引入径向基函数进行改进，对响应面模型进行改进，还需如下步骤：

① 计算响应面残差。通过样本点计算响应面预测响应值与实际响应值之间的差值。

② 确定高斯径向基函数。Z_2 为本节提出的基于径向基函数所作出的改进，其函数形式如式（4-4-4）所示：

$$Z_2 = \beta \phi(x) \qquad (4\text{-}4\text{-}4)$$

其中：

$$\phi(x) = e^{(-r^2/c^2)}$$
$$r = \| x - x_i \|$$

式中，β 为径向基函数系数值，c 为高斯参数的形状参数，根据工程经验取 $c = 2/3$，$\| x - x_i \|$ 为预测值 x 到测试值 x_i 的欧氏距离。

5）检验响应面模型精度。本节采取决定系数 R^2、调整决定系数 R_{adj}^2 来评估模型精度，如式（4-4-5）、式（4-4-6）所示，两者均 ≥ 0.9 时，认为符合，退出，当不符合时，重新设计样本构造响应面。

$$R^2 = \frac{\sum_{i=1}^{a} (\hat{y}_i - \bar{y}_i)^2}{\sum_{i=1}^{a} (y_i - \bar{y}_i)(a - q - 1)} \qquad (4\text{-}4\text{-}5)$$

$$R_{adj}^2 = \frac{\sum_{i=1}^{a}(\hat{y}_i - \bar{y}_i)^2(a-1)}{\sum_{i=1}^{a}(y_i - \bar{y}_i)(a-q-1)} \tag{4-4-6}$$

式中，a 为试验样本点总数目，q 为模型的自由度，y_i 为原模型的响应值即总自由度。$\hat{y}_i$ 为响应面预测模型的响应计算值，$\bar{y}_i$ 为原模型响应值的平均值。

（2）基于改进响应面法的分步修正算法

对较为复杂的多参数结构，对所有参数同时修正会产生大量训练样本，降低模型修正效率和精度。考虑到各修正参数对结构响应的敏感性不同，本节提出一种分步有限元修正方法。首先基于灵敏度分析将待修正物理参数分为全局物理参数及局部物理参数，然后在此基础上分别基于全局目标函数及局部目标函数对物理参数进行分步修正，具体修改流程如下：

1）确定目标函数

为更好地模拟火灾过程中混凝土结构静力及动力响应信息，选取结构位移和模态信息作为损伤特征参数构造对应目标函数。相关研究结果表明，频率 f 对结构整体性质的变化敏感，位移 d 和振型 φ 对结构局部损伤敏感，因此将频率 f 作为能够反映结构全局损伤的物理量，将竖向位移 d 和振型 φ 作为反映结构局部损伤的物理量，对应目标函数如下：

基于实测频率和响应面模拟频率构建全局目标函数 ΔF_G

$$\begin{cases} \min\Delta F_G = \sum_{i=1}^{t}\left(\dfrac{f_{ai} - f_{ti}}{f_{ti}}\right)^2 \\ \text{s. t. } \left|\dfrac{f_{ai} - f_{ti}}{f_{ti}}\right| \leqslant 5\% \end{cases} \tag{4-4-7}$$

式中，t 为参与组合的频率阶数，f_{ai}，f_{ti} 分别为第 i 阶基于改进响应面模型得到的频率模拟值和实测值。

根据实测模态、位移与响应面模拟模态、位移构建局部目标函数 ΔF_L，如式（4-4-9）所示：

$$\begin{cases} \min\Delta F_L = \alpha\Delta F_M + \beta\Delta F_U \\ \text{s. t. } MAC_i \geqslant 0.9 \\ |U_{aj} - U_{tj}| \leqslant 0.5\text{mm} \end{cases} \tag{4-4-8}$$

其中：

$$\begin{cases} \Delta F_M = \sum_{i=1}^{m}\left(\dfrac{1-\sqrt{MAC_i}}{MAC_i}\right)^2 \\ \Delta F_U = \sum_{j=1}^{u}\left(\dfrac{U_{aj} - U_{tj}}{U_{tj}}\right)^2 \end{cases} \tag{4-4-9}$$

$$\begin{cases} \alpha = \dfrac{1}{\Delta F_{\mathrm{M}}^{0}} \\[3mm] \beta = \dfrac{1}{\Delta F_{\mathrm{U}}^{0}} \end{cases} \tag{4-4-10}$$

$$MAC_i = \frac{([\varphi]_i^{\mathrm{T}}[\boldsymbol{\Psi}]_j)^2}{([\varphi]_i^{\mathrm{T}}[\boldsymbol{\Psi}]_i)([\varphi]_j^{\mathrm{T}}[\boldsymbol{\Psi}]_j)} \tag{4-4-11}$$

式中，m、u 分别为参与组合的振型阶数、位移点数，ΔF_{M} 对应振型，ΔF_{U} 对应位移，MAC_i 是第 i 阶模态置信准则，U_{aj}、U_{tj} 分别为测点 j 处竖向位移的计算值和实测值，为了消除目标函数残差较大对修正的影响，引入权重系数 α、β，$\Delta F_{\mathrm{M}}^{0}$、$\Delta F_{\mathrm{U}}^{0}$ 分别对应第一次修正后的 ΔF_{M}、ΔF_{U} 值。根据经验，设置 MAC 下限为 0.9，$|U_{aj}-U_{tj}|$ 上限为 $0.5\mathrm{mm}$。

2）基于灵敏度分析确定全局、局部目标函数

根据工程经验，初步选定需要修正的参数。所选参数被进行灵敏度分析与利用 ANSYS 概率设计模块。考虑到实用性和修正效率，在修正过程中剔除对目标函数不敏感的修正参数（相关性较低的物理参数）。基于灵敏度分析将其余参数分为对 f 敏感的全局物理参数和对 d、φ 敏感的局部物理参数。

3）分步修正

有限元模型分步修正流程图如图 4-4-2 所示。

① 设置参数取值范围，确定待修正物理参数。依据工程经验和理论研究，初步确定修正参数的取值范围，并基于概率分析确定待修正参数，确定全局参数及局部物理参数。

② 更新全局参数。局部参数设置为初始设计值，基于改进响应面法建立全局响应面模型，得到频率关于全局参数的响应面函数表达式。根据实测频率与响应面模拟频率构建全局目标函数 ΔF_{G}。采用序列二次规划算法对全局目标函数迭代求解，得到修正后的全局参数。检验 ΔF_{G} 是否 $\leqslant 1\%$，若满足，则更新全局参数带入初始有限元模型。否则，重新创建全局响应面模型。

③ 更新局部参数。基于改进响应面法建立局部响应面模型，分别得到振型、位移关于局部参数的响应面函数表达式。随后根据实测振型、位移与响应面模拟振型、位移构建局部目标函数 ΔF_{L}。采用序列二次规划算法对局部目标函数进行求解，得到修正后的局部参数。检验 ΔF_{L} 是否 $\leqslant 4\%$，若满足，更新局部参数；否则，重新构建局部响应面模型。

④ 评估模型的终止。局部修正过程中，参数的变化会影响结构频率与模型精度，为了解决这类问题，引入了环路收敛准则 $|\Delta F_{\mathrm{G}}{}' - \Delta F_{\mathrm{G}}| \leqslant \tau$，其中 $\Delta F_{\mathrm{G}}{}'$ 是根据更新后的参数和式（4-4-7）得到的新的全局目标函数。根据工程经验，设置 $\tau = 1\%$，满足条件时，终止逐级 FEM 更新；否则，持续迭代进行逐步

```
                        ┌─────────────────┐
                        │   初始有限元法    │
                        └────────┬────────┘
                        ┌────────┴────────────────┐
                        │ 根据灵敏度确定全体和局部参数 │
                        └────────┬────────────────┘
      ┌─────────────────────────┼──────────────────────────┐
      ┊              ┌──────────┴──────────┐               ┊
      ┊              │ 根据初始设计值设置局部参数 │               ┊
      ┊              └──────────┬──────────┘               ┊
      ┊         ┌───────────────┴────────────────┐          ┊
      ┊         │        创建全局改进响应面模型       │◄──────┐  ┊
      ┊         └───────────────┬────────────────┘       │  ┊
      ┊              ┌──────────┴──────────┐              │  ┊
      ┊              │  构建整体目标函数ΔF_G  │              │  ┊
      ┊              └──────────┬──────────┘              │  ┊
      ┊  ┌────────┐  ┌──────────┴──────────────────┐      │  ┊
      ┊  │ 测量频率 │──│ 基于序列二次规划算法的整体目标函数求解 │      │  ┊
      ┊  └────────┘  └──────────┬──────────────────┘      │  ┊
      ┊                         │                    N    │  ┊
      ┊   整体修改          ◇ ΔF_G≤1% ◇──────────────────────┘  ┊
      └─────────────────────────┼──────────────────────────┘
                              Y │
                        ┌───────┴──────────┐
                        │ 更新初始有限元和全局参数 │
                        └───────┬──────────┘
      ┌─────────────────────────┼──────────────────────────┐
      ┊              ┌──────────┴──────────┐               ┊
      ┊              │    保持整体参数不变    │               ┊
      ┊              └──────────┬──────────┘               ┊
      ┊         ┌───────────────┴────────────────┐          ┊
      ┊         │        创建局部改进的响应面模型      │◄──────┐  ┊
      ┊         └───────────────┬────────────────┘       │  ┊
      ┊              ┌──────────┴──────────┐              │  ┊
      ┊              │  构建局部目标函数ΔF_L  │              │  ┊
      ┊              └──────────┬──────────┘              │  ┊
      ┊  ┌──────────┐┌──────────┴──────────────────┐      │  ┊
      ┊  │测量模式和位移││ 基于序列二次规划算法的局部目标函数求解 │      │  ┊
      ┊  └──────────┘└──────────┬──────────────────┘      │  ┊
      ┊                         │                    N    │  ┊
      ┊   局部修改          ◇ ΔF_L≤4% ◇──────────────────────┘  ┊
      └─────────────────────────┼──────────────────────────┘
                              Y │
                        ┌───────┴──────────┐
                        │    更新局部参数     │
                        └───────┬──────────┘
                        ┌───────┴──────────┐
                        │   计算   ΔF_G′     │
                        └───────┬──────────┘
                        ┌───────┴──────────┐
                        │ |ΔF_G′−ΔF_G|≤τ    │
                        └───────┬──────────┘
                              Y │
    N ─────────────────►(   最终模型修改   )
```

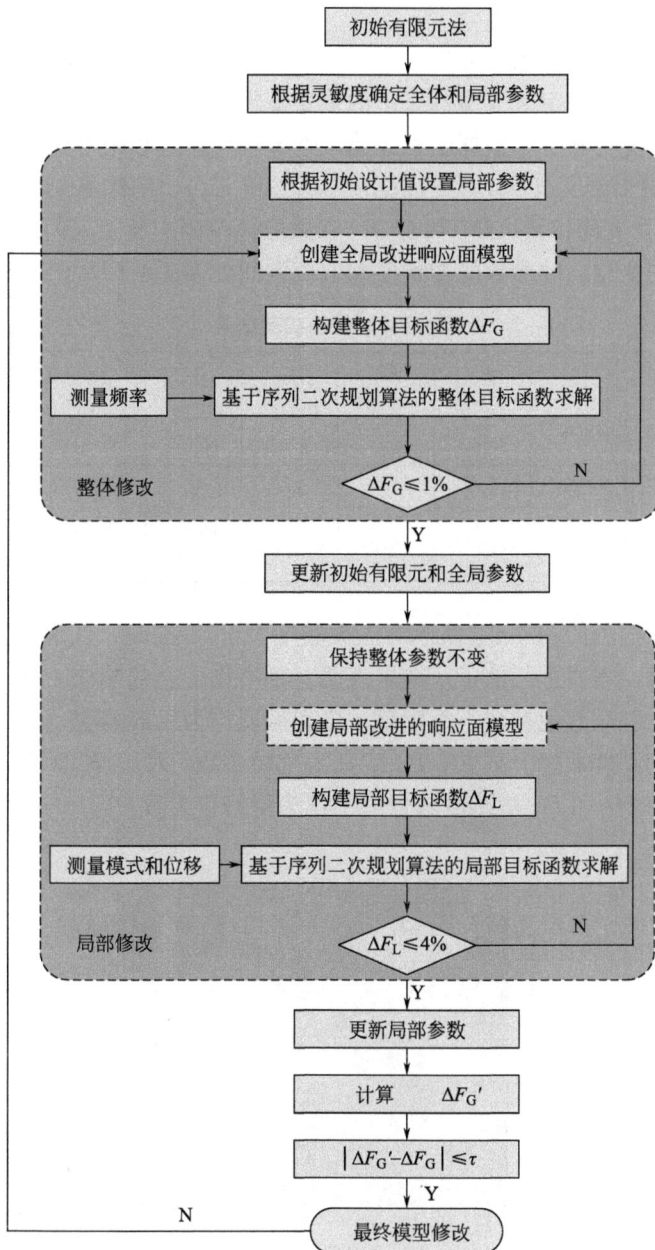

图 4-4-2　有限元模型分步修正流程图

有限元模型修正，直到满足收敛准则为止。

4.4.2 T形叠合梁有限元模型修正

（1）参数初选及灵敏度分析

待修正参数的确定是模型修正中的重要步骤，参数应能反应结构的实际物理状态并对结构变化敏感。根据工程经验，本节在修正过程中考虑了混凝土弹性模量（E）、混凝土密度（D_s）、支座刚度（K_1 和 K_2）、三维联结弹簧刚度（K_3、K_4、K_5）以及支座位移（D_1 和 D_2）。参数取值范围应反映人们期望观察到的感兴趣预测域的变化，故参数的初始值和取值区间如表 4-4-1 所示。

钢筋力学性能实测结果 表 4-4-1

参数	E ($\times 10^{10}$ N/m²)	D_s (kg/m³)	K_1 ($\times 10^7$ N/m)	K_2 ($\times 10^7$ N/m)	K_3 ($\times 10^7$ N/m)	K_4 ($\times 10^7$ N/m)	K_5 ($\times 10^7$ N/m)	D_1 (m)	D_2 (m)
初始值	3.15	2500	1.4	1.4	1.4	1	1	1.4	1.4
取值范围	(2.7, 3.55)	(2,3)	(0.8,2)	(8,2)	(0.8,2)	(0.6, 1.4)	(0.6, 1.4)	(0.06, 0.14)	(0.06, 0.14)

灵敏度分析图如图 4-4-3 所示。当灵敏度大于 0.02 时，认为该物理参数对结构响应较敏感，需要进行修正。结果表明，频率作为全局响应，受 E 和 D_s 的影响高度敏感，但对其他参数不太敏感；模态振型作为局部响应，受支座刚度和弹簧刚度的影响高度敏感。故 E、D_s 定义为全局参数，K_1、K_2、K_3、K_4 定义为局部参数；而 D_1 和 D_2 敏感度较低，不作为待修正参数。

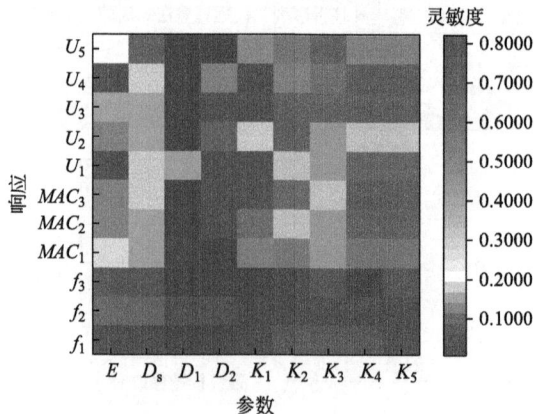

图 4-4-3 灵敏度分析图

（2）T形叠合梁数值模型修正结果

为了验证基于改进响应面法的有限元模型分步修正算法的合理性，为火灾条件下的数值模拟分析提供合理的初始有限元模型,基于实测模态信息和位移,对 T 形叠合梁有限元模型进行修正。以 P-T12L44H60 为例,火灾前有限元模型修正如下所述。

1)固定局部参数为初始设计值,进行全局参数修正。基于全局参数 E、D_s 参数取值区间,进行中心复合实验设计。基于数值仿真进行显著分析,前三阶频率关于 E、D_s 的显著性分析结果如图 4-4-4 所示,所对应的基本响应面模型如式 (4-4-12)所示。

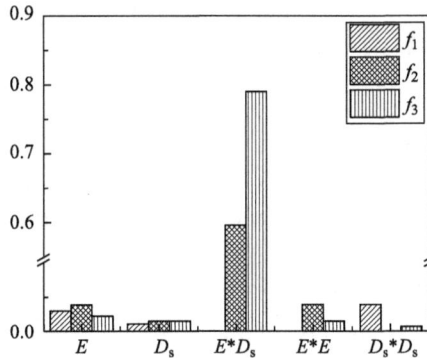

图 4-4-4　全局参数对频率的显著性分析

$$\{f_1, f_2, f_3\}^T = \beta\{E, D_s, E^2, D_s^2, 1\}^T \qquad (4\text{-}4\text{-}12)$$

其中 f_1,f_2,f_3 分别为前三阶频率,β 为对应系数矩阵,由最小二乘拟合可得:

$$\beta = \begin{bmatrix} 0.19 & -4.61 & 0.26 & 0.70 & 36.57 \\ -33.86 & -53.61 & 5.61 & 6.85 & 211.25 \\ 340.81 & 61.97 & -62.48 & -33.40 & -314.51 \end{bmatrix} \qquad (4\text{-}4\text{-}13)$$

上述响应面模型所对应的模型计算精度如表 4-4-2 所示,由表可知,R^2、R_{adj}^2 均≥0.9,所建立的全局响应面模型精度能够满足要求。

响应面模型的计算精度　　　　　　　　　　　　表 4-4-2

	f_1	f_2	f_3
R^2	0.9862	0.9521	0.9335
R_{adj}^2	0.9766	0.9378	0.9057

基于上述全局响应面模型,进一步结合全局目标函数 ΔF_G,对目标函数被迭代求解采用序列二次规划算法。修正后的 $E = 2.82 \times 10^{10} \text{N/m}^2$、$D_s = 2930 \text{kg/m}^3$。全局修正后 $\Delta F_G = 0.17\% < 1\%$,满足收敛条件,更新初始有限元模型。

2)保持修正后的全局参数不变的情况下,进行局部参数修正。依据局部参数 K_1、K_2、K_3、K_4 取值区间,进行中心复合试验设计,并基于数值仿真进行显著分析，前三阶模态、位移关于 K_1、K_2、K_3、K_4 的显著性分析结果如图 4-4-5 所示，所对应的基本响应面模型表达式如式（4-4-14）所示。

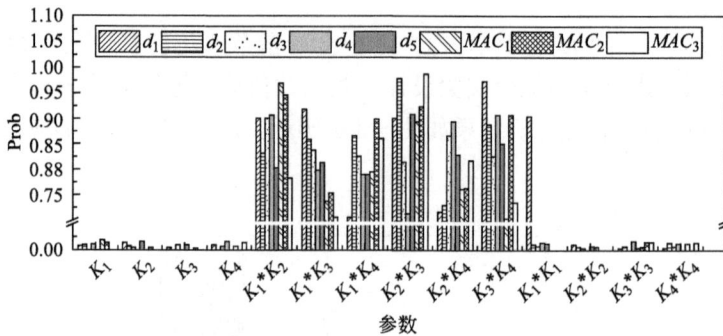

图 4-4-5　局部参数对位移、振型的显著性分析

注：* 是参数间交互作用的数学表示，用于量化多参数耦合效应对结构性能的影响。这一分析是局部修正的关键步骤，确保响应面模型能准确表征复杂非线性关系，最终满足全局和局部收敛条件（ΔF_G 和 ΔF_L 均达标）。

$$\{d_1, d_2, d_3, d_4, d_5, MAC_1, MAC_2, MAC_3\}^{\mathrm{T}} \quad (4\text{-}4\text{-}14)$$
$$= \beta\{K_1, K_2, K_3, K_4, K_5, K_1^2, K_2^2, K_3^2, K_4^2, K_5^2\}$$

其中 d_1，d_2，d_3，d_4，d_5 分别为两端支座、计算跨度四分点处的位移；MAC_1，MAC_2，MAC_3 为前三阶振型，β 为对应系数矩阵，由最小二乘拟合可得：

$$\beta = \begin{bmatrix} -0.52 & -0.52 & -0.73 & -0.27 & -0.12 & -0.12 & 0.03 & 0.15 & 1.77 \\ -1.32 & -1.32 & -0.18 & 0.40 & 0.17 & 0.17 & -0.05 & -0.51 & 3.06 \\ -1.69 & -1.69 & 0.36 & 0.58 & 0.44 & 0.45 & -0.13 & -0.51 & 3.30 \\ -1.32 & -1.32 & -0.18 & 0.40 & 0.17 & 0.17 & -0.05 & -0.51 & 3.06 \\ -0.52 & -0.52 & -0.07 & -0.27 & -0.12 & -0.12 & 0.03 & 0.15 & 1.77 \\ -0.02 & 0.01 & -0.03 & -0.01 & -0.01 & -0.01 & -0.01 & -0.02 & 0.87 \\ 0.01 & 0.01 & -0.03 & -0.01 & -0.02 & -0.02 & -0.01 & -0.02 & 0.97 \\ 0.04 & 0.02 & -0.02 & 0.06 & -0.01 & -0.01 & -0.01 & -0.01 & 0.90 \end{bmatrix}$$

$$(4\text{-}4\text{-}15)$$

限于篇幅，以跨中垂直位移 d_3 为例，根据响应的计算值和试验值的差值构造径向基函数，通过 Matlab 计算径向基函数的系数值，最终得到样本的径向基函数，如式（4-4-16）所示。

$$Z_2 = \beta\phi(x) \quad (4\text{-}4\text{-}16)$$

其中：

$$\beta =$$
$$[-0.222 \quad 0.701 \quad -0.587 \quad 0.434 \quad 0.235 \quad -0.453 \quad 0.365 \quad -0.723 \quad 0.076 \quad 0.310]$$

$$(4\text{-}4\text{-}17)$$

将 Z_1 与 Z_2 叠加，得到改进后的响应面模型 Z。响应面模型所对应的模型计算精度如表 4-4-3 所示，由表可知，R^2、$R_{adj}^2 \geqslant 0.9$，所建立的局部响应面模型精度能够满足要求。

改进响应面模型的计算精度　　　　　　　　　　　　表 4-4-3

	d_1	d_2	d_3	d_4	d_5	MAC_1	MAC_2	MAC_3
R^2	0.9621	0.9822	0.9540	0.9871	0.9728	0.9365	0.9751	0.9716
R_{adj}^2	0.9765	0.9715	09633	0.9652	0.9892	0.9528	0.9421	0.9856

在上述全局响应面模型基础上，进一步结合局部目标函数 ΔF_L，采用序列二次规划算法对目标函数迭代求解，得到局部修正后的参数值。局部修正后 $\Delta F_L = 3.37\% < 4\%$，满足收敛条件，更新局部参数。第一次更新后，全局目标函数 $\Delta F_G'$ 被重新计算，$|\Delta F_G' - \Delta F_G| = 0.27\% < \tau$，满足收敛条件。用上述方式将其余试件进行修正，修正后的参数见表 4-4-4。

有限元模型修正后参数值　　　　　　　　　　　　表 4-4-4

试验编号	E $(\times 10^{10} \mathrm{N/m^2})$	D_s $(\mathrm{kg/m^3})$	K_1 $(\times 10^7 \mathrm{N/m})$	K_2 $(\times 10^7 \mathrm{N/m})$	K_3 $(\times 10^7 \mathrm{N/m})$	K_4 $(\times 10^7 \mathrm{N/m})$
P-T60L040	2.78	2.96	1.933	1.427	1.455	0.657
P-T60L0H60	2.85	2.73	1.049	1.669	1.224	0.904
P-T60L44H40	2.76	2.22	1.961	1.255	0.96	1.384
P-T60L44H60	2.85	2.49	1.827	1.475	1.251	0.855
P-T90L0H40	2.75	2.82	1.092	1.463	1.165	1.387
P-T90L0H60	2.91	2.35	1.997	1.052	1.853	0.899
P-T90L44H40	3.24	2.13	1.226	1.875	1.785	0.853
P-T90L44H60	2.75	2.75	1.636	1.187	0.885	1.076
P-T120L0H40	2.80	2.31	1.549	1.713	1.308	1.042
P-T120L0H60	2.85	2.95	1.778	1.163	0.926	0.996
P-T120L44H40	3.05	2.76	1.694	0.992	0.944	0.754
P-T120L44H60	2.82	2.93	1.045	1.685	0.879	0.608

为了更加充分反映本节提出的基于改进响应面法的分步有限元模型修正算法的合理性和有效性，同时采用传统响应面法对受火 120min 试件进行分步有限元模型修正，修正结果对比分析如图 4-4-6 所示，由图可知：

1) 修正前频率试验值和模拟值整体差距较大，最大相对误差为 35.06%。这主要是因为在试件浇筑过程中有很多不确定性，试验过程中出现参数误差。

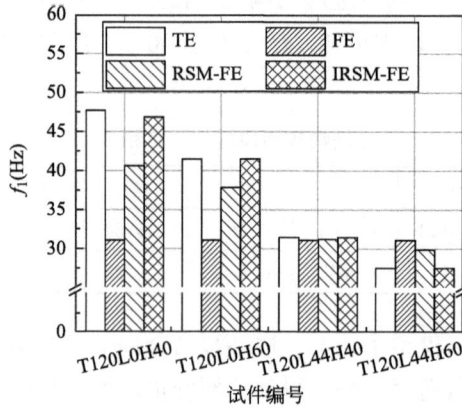

(a) 修正前后一阶频率对比图

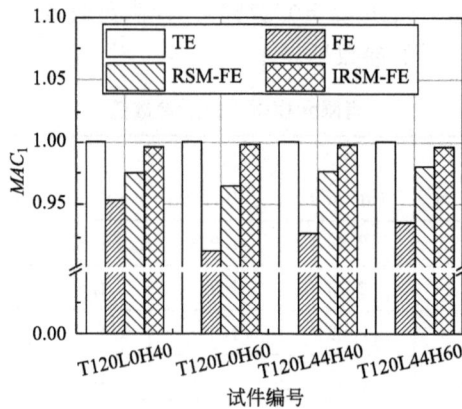

(b) 修正前后一阶振型对比图

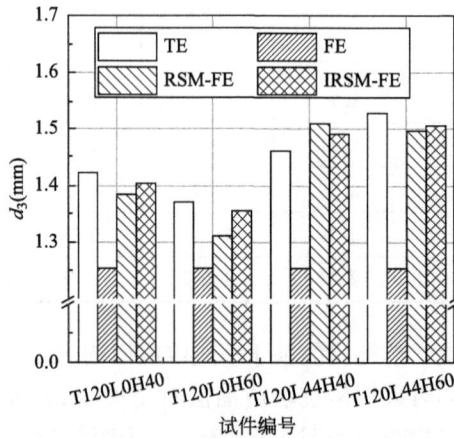

(c) 修正前后跨中挠度对比图

图 4-4-6　RSM、IRSM 修正前后模态信息、位移信息对比图

2）基于 RSM 修正的有限元模型一阶频率误差均降至 15％以下、*MAC* 均在 0.985 以上，而基于 IRSM 修正的频率误差均在 3％以内、*MAC* 均高于 0.995，这说明该算法修正后的模型振型相关性较好。

3）基于 RSM 修正的有限元模型跨中垂直位移误差均降至 15％以内，但 IRSM 修正误差均在 8％以内，这说明 IRSM 修正后的模型能够更精确反映试件的静力特性。

4）有限元模型修正后的静动力误差均有大幅降低，并且通过两种修正方法结果的对比，可知当待修正参数较多时，采用 IRSM 修正后的模型能更好反映实际结构的静动力响应，因此，具有较高的实际工程应用价值。

4.5 基于堆栈降噪自动编码器的叠合梁火灾损伤识别

4.5.1 基于堆栈降噪自动编码器的叠合梁火灾损伤识别方法

目前深度神经网络已经获得较大发展，在计算机视觉、语音识别等领域得到了广泛应用。其中，堆栈降噪自动编码器（Stacked Denoising Autoencoders，SDAE）的网络结构和训练优化相对简单且具有较强的模式识别能力，已在手写数字识别等领域取得了良好的应用效果。

SDAE 是一种深度学习模型，属于自编码器（Autoencoder）的一种变体。自编码器是一种无监督学习算法，用于学习数据的有效编码。SDAE 通过引入噪声到输入数据，并训练网络以重构原始的无噪声输入，从而提高了模型对输入数据的鲁棒性和泛化能力。根据 SDAE 构建的叠合梁火灾损伤识别方法与之前常用的火灾损伤识别方法大有不同，具体过程如下：

1）选取合适的损伤指标，选取的损伤指标应对结构损伤较为敏感，结构损伤的从无到有会导致损伤指标发生明显变化；

2）根据实际情况进行建模；

3）从实际的损伤结构中使用有效方法获得损伤指标，同时通过有限元模拟从模型中提取损伤指标；

4）对第 3 步获取的损伤指标进行数据预处理，例如筛除无效数据、数据归一化、将数据集分为训练集和测试集；

5）将训练集输入 SDAE 网络中进行训练；

6）根据识别情况选择合适的分类器；

7）训练分类器，微调整个网络；

8）将测试集输入到训练好的 SDAE 网络模型中，对测试集进行预测；

9）获得损伤识别结果。

基于 SDAE 的叠合梁火灾损伤识别方法的流程图如图 4-5-1 所示。

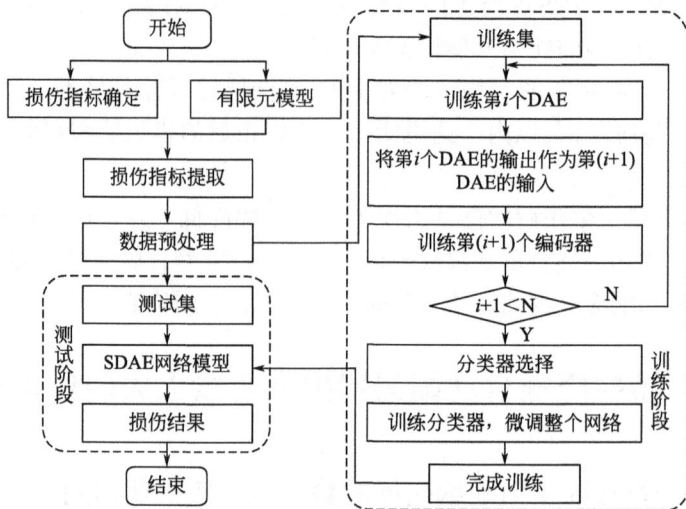

图 4-5-1　基于 SDAE 的叠合梁火灾损伤识别方法流程图

任何智能算法都不是万能的，SDAE 可以从输入指标中提取有效特征，但是不能随意地输入任何指标都能得到理想的输出，因此为了更好地提升损伤识别方法的性能，必须为 SDAE 网络选择合适的参数。

根据损伤识别是损伤评估的基础及损伤指标的选取原则，叠合梁的受火时间、残余承载力、残余承载力折减系数、残余刚度、残余刚度折减系数等都可作为损伤指标。而残余承载力及残余刚度的相关指标都与叠合梁的受火时间有直接关系，因此受火时间作为损伤指标之一，因为受火时间不能直接具体反映叠合梁的损伤情况，所以把受火时间作为间接损伤指标。残余承载力、残余承载力折减系数、残余刚度、残余刚度折减系数都是叠合梁的力学性能参数，可作为叠合梁损伤指标，为了更直观地反映叠合梁的损伤程度选用残余承载力折减系数、残余刚度折减系数作为直接指标。

损伤指标选取如下：

1）间接指标：受火时间；

2）直接指标：抗弯承载力折减系数、抗弯刚度折减系数。

将频率和振型的组合参数作为 SDAE 的输入向量，具体表达式如下：

$$A = \{FR_1, FR_2, \cdots, FR_m; MO_1, MO_2, \cdots, MO_m\} \qquad (4\text{-}5\text{-}1)$$

式中，m 为损伤识别所用频率、振型阶数，$1 \leqslant m \leqslant 3$；$FR_i$ 为损伤识别所用第 i 阶频率；$MO_i = (\varphi_{i1}, \varphi_{i2}, \cdots, \varphi_{i5})$ 是第 i 阶模态参数对应的 5 个测试自由度归一化振型向量，计算式为：

$$\varphi_{ij} = \frac{\varphi_{ij}}{(\varphi_{ij})_{\max}}, \quad (j = 1, 2, \cdots, 5) \tag{4-5-2}$$

式中，φ_{ij} 为第 i 阶模态对应 j 个测试自由度分量。

输出向量可以根据识别情况从损伤位置、受火时间、承载力折减系数、刚度折减系数四个指标中选择。

综上所述，本节选取前三阶频率和振型的组合向量作为输入参数，输出参数为受火时间、承载力折减系数、刚度折减系数、损伤位置，利用输入参数及输出参数构建训练样本。

4.5.2　简支梁火灾后模态及静力有限元分析

（1）模态分析

本节在 4.3 节温度场模拟及 4.4 节模型修正的基础上，进行叠合梁模态分析，得到火灾前后模态参数。在进行模态分析时，火灾前后的模态分析方法均为 Block Lanczos 法。对于考虑裂缝作用的试验梁 P-L44，在进行模态分析之前，需要先进行热-力耦合模拟，首先建立温度场模型，然后再建立力分析模型，通过预定义场，将得到的温度场结果导入到力分析模型中，完成之后再进行叠合梁的模态分析。

定义高温后叠合梁频率折减系数 γ：

$$\gamma = \omega^{\mathrm{T}} / \omega_0 \tag{4-5-3}$$

式中，ω^{T} 为高温后叠合梁频率；ω_0 为常温下叠合梁频率。

通过有限元模拟得到火灾后叠合梁的频率衰减曲线，不同工况的叠合梁火灾后频率衰减曲线规律大致相同，以 P-T12L44H40 为例，相应的频率衰减曲线如图 4-5-2 所示。

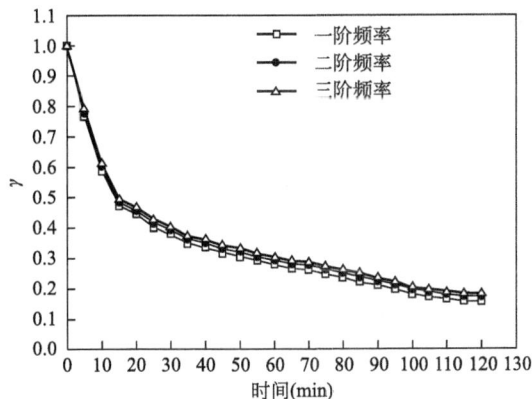

图 4-5-2　P-T12L44H40 火灾后前 3 阶频率衰减曲线

由图 4-5-2 可知叠合梁火灾后前三阶频率衰减趋势基本一致，随受火时间的增长呈下降趋势。叠合梁火灾后前三阶频率在 30min 之前衰减速度快，30min 之后趋于平缓。

（2）静力分析

高温后的静力模拟需要以构件的过火最高温度场为基础，在此基础上参考高温后材料力学性能参数，赋予力学模型以高温后对应的力学性能参数。本节通过自己编制的 Python 脚本文件，对温度场结果进行后处理，获得模型各节点编号及其对应的历经最高温度，将其结果写入文件"maxtemp. fil"，然后将处理结果导入力场模型进行分析计算，获得火灾后叠合梁的残余承载力及残余刚度，进而计算其火灾后损伤程度。按照三等分加载方式进行加载，选择静力通用分析步进行计算。模拟结果如图 4-5-3 所示。

```python
from odbAccess import *
from abaqusConstants import *

# 打开 ODB 文件
odb = openOdb(path='Job-wenduchangfenxi.odb')

# 获取实例对象
insts = odb.rootAssembly.instances
inst = insts['PART-1-1']

# 获取节点信息
nodes = inst.nodes

# 获取步进数据
steps = odb.steps
step1 = steps['step-1']

# 获取时间步框架
frames = step1.frames

# 打开输出文件以写入
with open('maxtemp.fil', 'w') as tempFile:
    # 遍历所有节点
    for nd in nodes:
        label = nd.label
        maxTemp = None  # 初始化最大温度

        # 遍历每个帧数据
        for fr in frames:
            # 获取当前帧中的 NT11 字段输出
            nt11 = fr.fieldOutputs['NT11'].getSubset(region=nd).values

            # 提取温度值
            nodeTemp = nt11[0].data

            # 更新最大温度
            if maxTemp is None or nodeTemp > maxTemp:
                maxTemp = nodeTemp

        # 将每个节点的最大温度写入文件
        tempFile.write("%d %f\n" % (label, maxTemp))
```

图 4-5-3　模拟结果

定义高温后叠合梁承载力折减系数 γ'：

$$\gamma' = M^{\mathrm{T}}/M_0 \tag{4-5-4}$$

式中，M^{T} 为高温后叠合梁抗弯承载力；M_0 为常温下叠合梁抗弯承载力。

定义高温后叠合梁承载力折减系数 γ''：

$$\gamma'' = B^{\mathrm{T}}/B_0 \tag{4-5-5}$$

式中，B^{T} 为高温后叠合梁抗弯刚度；B_0 为常温下叠合梁抗弯刚度。

结果如图 4-5-4 和图 4-5-5 所示。

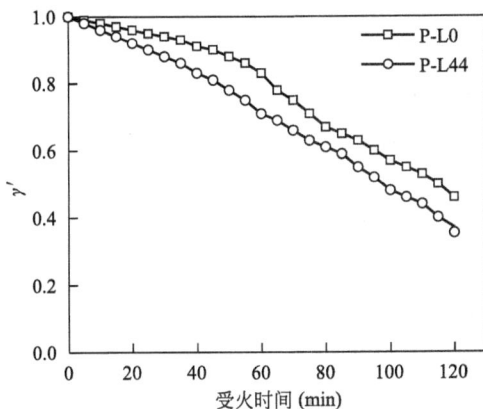

图 4-5-4　抗弯承载力折减系数

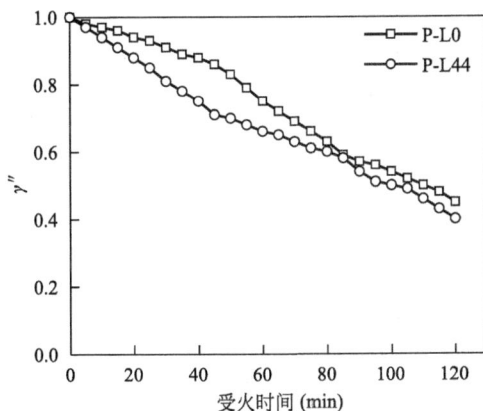

图 4-5-5　抗弯刚度折减系数

4.5.3　叠合梁火灾损伤识别

本节采用基于 SDAE 的叠合梁火灾损伤识别方法进行叠合梁的损伤程度识别。样本分组如表 4-5-1 所示。

频率识别结果　　　　　　　　　　　　　　表 4-5-1

组号	训练样本	测试样本		
1	来自模型 1	P-T06L0H40	P-T09L0H40	P-T12L0H40
2	来自模型 2	P-T06L44H40	P-T09L44H40	P-T12L44H40
3	来自模型 3	P-T06L0H60	P-T09L0H60	P-T12L0H60
4	来自模型 4	P-T06L44H60	P-T09L44H60	P-T12L44H60

注：模型 1-叠合面高度为 40mm，载荷为 0；模型 2-叠合面高度为 40mm，载荷为正常使用状态下的荷载（13.755kN/m）；模型 3-叠合面高度为 60mm，载荷为 0；模型 2-叠合面高度为 60mm，载荷为正常使用状态下的荷载（13.755kN/m）。

组号 1、2 的识别界面图，如图 4-5-6 和图 4-5-7 所示。其中直接指标 1 代表抗弯承载力折减系数，直接指标 2 代表抗弯刚度折减系数。

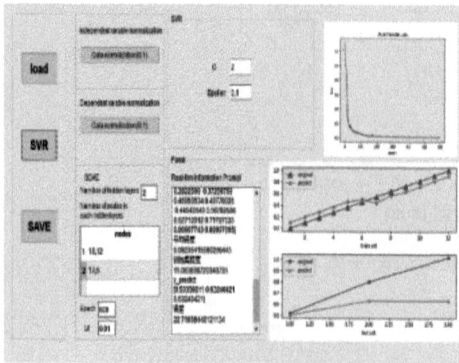

(a) P-T06L0H40、P-T09L0H40、
P-T12L0H40间接指标识别结果

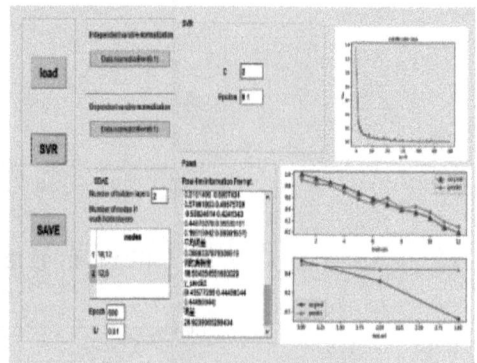

(b) P-T06L0H40、P-T09L0H40、
P-T12L0H40直接指标1识别结果

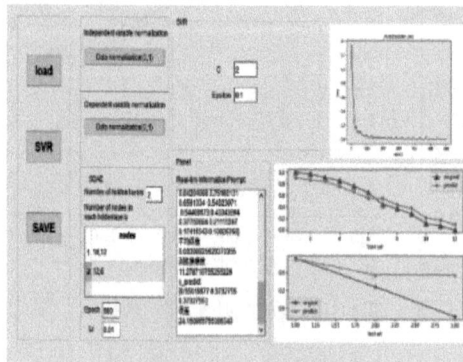

(c) P-T06L0H40、P-T09L0H40、
P-T12L0H40直接指标2识别结果

图 4-5-6　组号 1 识别结果

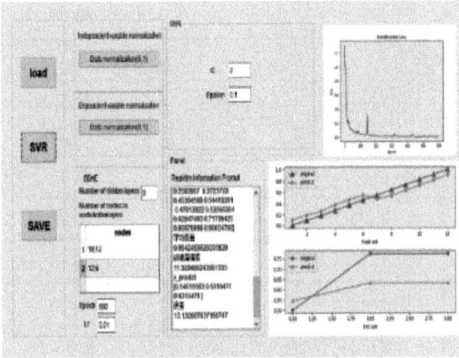

(a) P-T06L44H40、P-T09L44H40、
P-T12L44H40间接指标识别结果

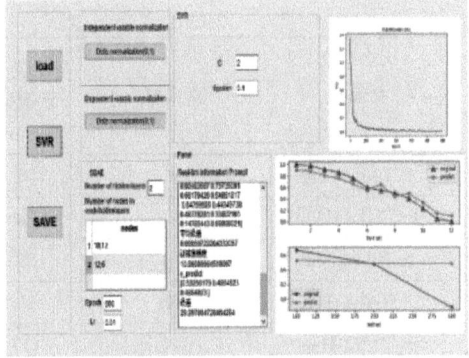

(b) P-T06L44H40、P-T09L44H40、
P-T12L44H40直接指标1识别结果

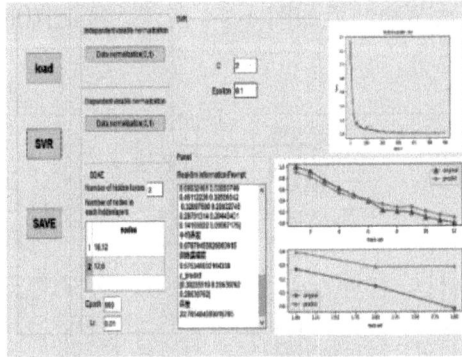

(c) P-T06L44H40、P-T09L44H40、
P-T12L44H40直接指标2识别结果

图 4-5-7　组号 2 识别结果

使用所提方法进行试验梁的损伤识别，同时也采用基于传统的 SVM 方法进行识别，两种方法的识别结果如表 4-5-2 所示。

受火时间识别结果　　　　　　　　　　　　　　　　表 4-5-2

梁编号	真实值	SDAE		SVM	
		预测值（min）	相对误差（%）	预测值（min）	相对误差（%）
P-T06L0H40	60	57	5.00	51	15.00
P-T06L44H40	60	55	8.33	53	11.67
P-T09L0H40	90	92	2.22	97	7.78
P-T09L44H40	90	87	3.33	81	10.00
P-T12L0H40	120	118	1.67	109	9.17
P-T12L44H40	120	115	4.17	106	11.67

续表

梁编号	真实值	SDAE		SVM	
		预测值 （min）	相对误差 （%）	预测值 （min）	相对误差 （%）
P-T06L0H60	60	56	6.67	50	16.66
P-T06L44H60	60	58	3.33	49	18.33
P-T09L0H60	90	89	1.11	78	13.33
P-T09L44H60	90	86	4.44	81	10.00
P-T12L0H60	120	117	2.50	110	8.33
P-T12L44H60	120	116	3.33	112	6.67

抗弯承载力折减系数预测结果如图 4-5-8 所示，抗弯刚度折减系数预测结果如图 4-5-9 所示。

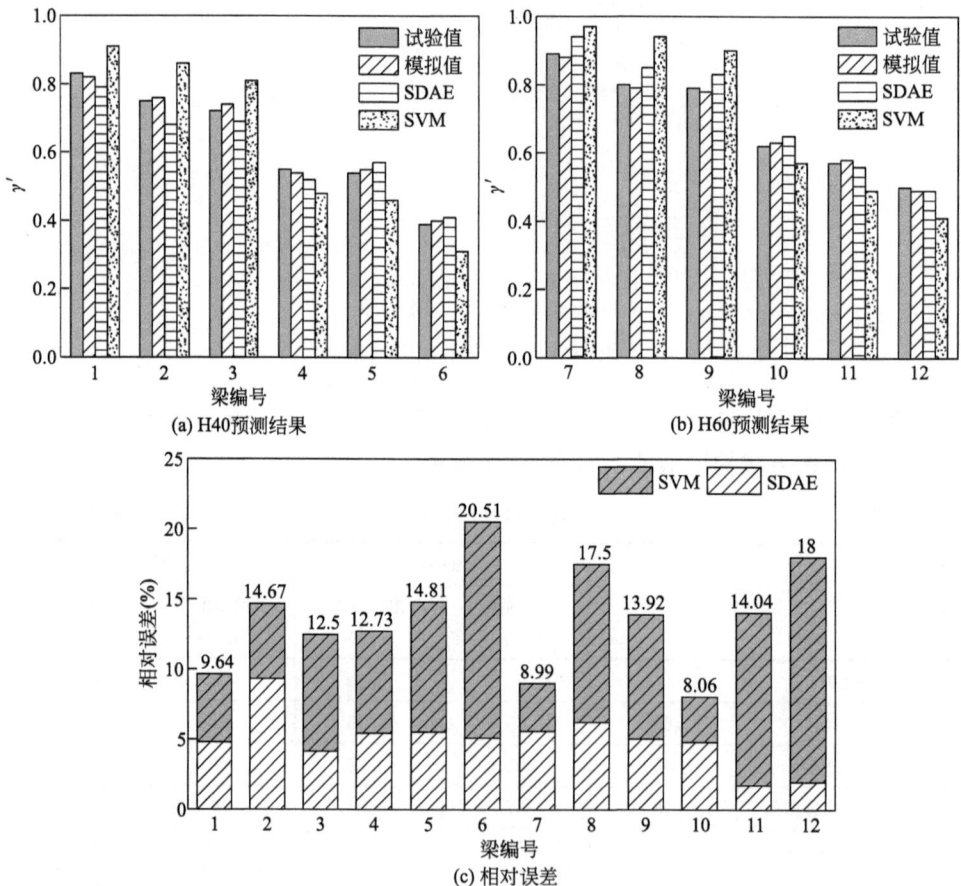

(a) H40预测结果

(b) H60预测结果

(c) 相对误差

图 4-5-8　抗弯承载力折减系数预测结果

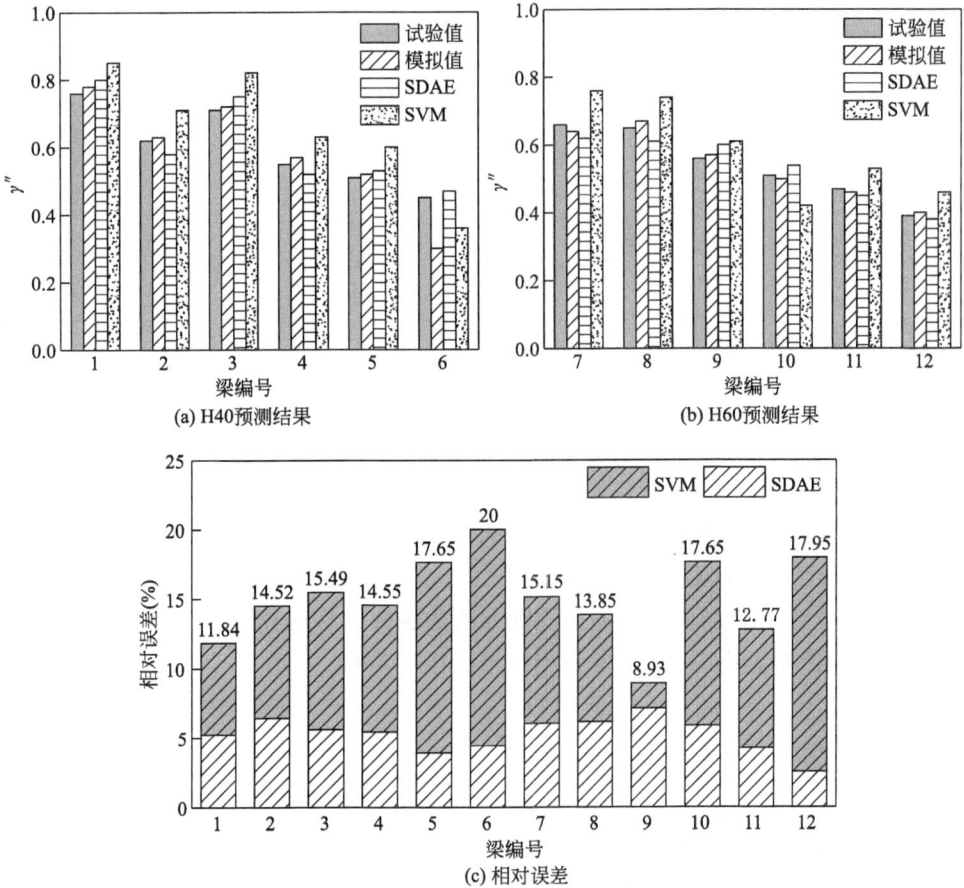

(a) H40预测结果

(b) H60预测结果

(c) 相对误差

图 4-5-9　抗弯刚度折减系数预测结果

1、2 组损失函数如图 4-5-10 和图 4-5-11 所示。

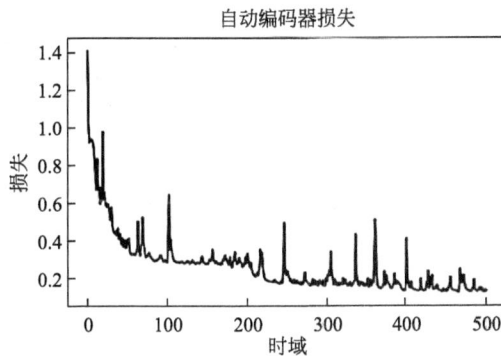

自动编码器损失

图 4-5-10　1 组损失函数图

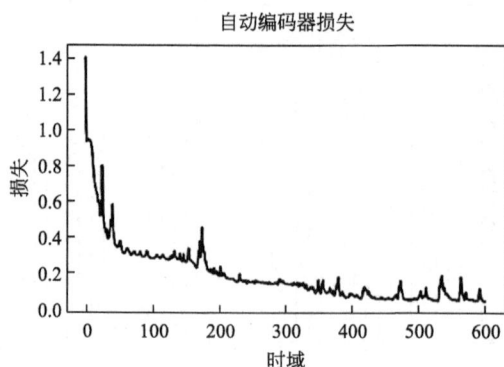

图 4-5-11　2 组损失函数图

由上述结果可知：

1）基于 SDAE 的叠合梁火灾损伤识别，结果较为理想，虽然与试验值存在一定差异，但是满足实际工程需要。

2）基于 SDAE 的叠合梁损伤识别方法的预测结果的相对误差与试验值较为接近，其误差明显小于 SVM 的预测结果的相对误差。

4.6　本章小结

本章节对 14 根 T 形截面叠合梁依次进行火灾前振动测试、火灾试验、火灾后振动测试及承载力试验，记录了 T 形叠合梁在火灾作用下的试验现象及数据，测量了挠度随荷载的变化关系、屈服荷载和极限荷载、叠合梁叠合面的相对滑移量以及火灾后的裂缝发展情况。模拟火灾下荷载挠度发展规律，进行叠合梁高温下的温度场、时间挠度曲线模拟以及高温后的荷载挠度分析，参考部分试验梁温度场数据验证了有限元模型的可行性，并采用扩展有限元建立了带裂缝的热-力耦合模型，最后探究详细说明了如何使用 SDAE 进行叠合梁火灾损伤识别。通过简支梁有限元模拟，证明 SDAE 算法用于叠合梁火灾损伤识别的可行性，同时通过添加 5％、10％白噪声的方式验证该方法的抗噪性。将试验数据作为测试样本，使用该方法进行预测，结果表明，该方法识别结果与试验值较为接近，进一步验证了该方法的可行性。

参考文献

[1] 中华人民共和国住房和城乡建设部．混凝土结构设计标准：GB/T 50010—2010［S］．北

京：中国建筑工业出版社，2010.

［2］中华人民共和国住房和城乡建设部.混凝土结构试验方法标准：GB/T 50152［S］.北京：中国建筑工业出版社，2012.

［3］李辉，丁桦.结构动力模型修正方法研究进展［J］.力学进展，2005，35（2）：170-180.

［4］梁鹏，李斌，王秀兰，等.基于桥梁健康监测的有限元模型修正研究现状与发展趋势［J］.长安大学学报：自然科学版，2014，34（4）：52-61.

［5］Berman A，Flannelly W G. Theory of Incomplete Models of Dynamic Structures［J］. AIAA Journal，1971，9（8）：1481-1487.

［6］Zhao W，Fan F，Wang W，et al. Non-linear Partial Least Squares Response Surface Method for Structural Reliability Analysis［J］. Reliability Engineering & System Safety，2017，161：69-77.

［7］Park W，Kim HK，Jongchil P. Finite Element Model Updating for a Cable-stayed Bridge Using Manual Tuning and Sensitivity-based Optimization［J］. Structural Engineering International，2012，22（1）：14-19.

［8］韩建平，骆勇鹏.基于响应面法的结构有限元模型静动力修正理论及应用［J］.地震工程与工程振动，2013，33（5）：128-137.

［9］Sanayei M，Khaloo A，Gul M，et al. Automated Finite Element Model Updating of a Scale Bridge Model Using Measured Static and Modal Test Data［J］. Engineering Structures，2015，102：66-79.

［10］Ren W，Chen H. Finite Element Model Updating in Structural Dynamics by Using the Response Surface Method［J］. Engineering Structures，2010，32（8）：2455-2465.

［11］宗周红，高铭霖，夏樟华.基于健康监测的连续刚构 桥有限元模型确认（Ⅰ）：基于响应面法的有限元模型修正［J］.土木工程学报，2011，44（2）：90-98.

［12］Fang SE，ZHANG QH，REN W X. An Interval Model Updating Strategy Using Interval Response Surface Models［J］. Mechanical Systems and Signal Processing，2015，60/61：909-927.

［13］FANG SE，PERERA RA Response Surface Methodology Based Damage Identification Technique［J］. Smart Materials and Structures，2009，18（6）：1-14.

［14］Lundstedt T，Seifert E，Abramo L，et al. Experimental design and optimization［J］. Chemometrics and intelligent laboratory systems，1998，42（1-2）：3-40.

［15］Ren WX，Chen HB. Finite element model updating in structural dynamics by using the response surface method［J］. Engineering structures，2010，32（8）：2455-2465.

［16］Xie RJ. Evaluation of Bearing Capacity of Existing Reinforced Concrete Arch Bridge Based on Static and Dynamic Finite Element Model Modification［D］. Central South University，2010（in Chinese）.

［17］Bengio Y，Courville A，Vincent P. Representation Learning：A Review and New Perspectives［J］. IEEE Transac tions on Pattern Analysis & Machine Intelligence，2013，35（8）：1798-1828.

［18］刘建伟，刘媛，罗雄麟．深度学习研究进展［J］．计算机应用 研究，2014，31（7）：1921-1930.

［19］曲建岭，杜辰飞，邸亚洲，等．深度自动编码器的研究与展望［J］．计算机与现代化，2014（8）：128-134.

第五章　预制装配式叠合梁耐火性能研究

5.1　叠合梁耐火性能试验研究

5.1.1　试验方案

1. 试验梁基本情况

本节设计并制作了8根预制装配式混凝土T形截面叠合梁，考虑火灾炉试验条件、现实情况和规范要求，试验叠合梁总高为300mm，梁长为3000mm，翼缘宽度为450mm，梁肋部宽度取150mm。翼缘部分总厚度为100mm，其中预制板厚度分别为40mm和60mm，对应的现浇板厚为60mm和40mm。根据《混凝土结构设计标准》GB/T 50010—2010对保护层厚度的要求，叠合梁的保护层厚度分别为20mm和30mm。混凝土叠合梁试验分组如表5-1-1所示。

混凝土叠合梁试件分组　　　　　　　　　　　表5-1-1

试件编号	保护层厚度(mm)	预制板厚(mm)	持荷水平	试验工况
PT1	20	40	0.4	ISO 834 恒载升温试验
PT2	30			
PT3	20	60		
PT4	30			
PT5	20	40	0.6	
PT6	30			
PT7	20	60		
PT8	30			

注：持荷水平为0.4时，荷载组合值 q=13.74kN/m。

叠合梁试件采用强度等级为C35商品混凝土制作，水灰比为0.42，具体的配合比如表5-1-2所示。叠合梁纵筋均采用HRB400钢筋，梁肋配置2Φ14底部受拉钢筋，其对应的架立筋为2Φ12的纵筋，预制板配置2Φ10架立筋，翼缘位置也配置2Φ10架立筋。箍筋配置Φ8@200，钢筋等级为HRB400钢筋。

C35 混凝土配合比　　　　　　　　　　　　　　表 5-1-2

材料	水泥	砂	石子	水
配合比(kg/m³)	330	920	910	140

为了测量火灾下叠合梁截面的温度场分布情况，主要测量钢筋和混凝土随受火时间的温度变化，本次试验在浇筑混凝土前按照耐火试验方法在每根叠合梁中布置热电偶，热电偶最大量程为 1300℃的镍铬-镍硅 K 型热电偶。每根叠合梁试件的热电偶布置在两个位置，分别是截面 2（跨中）和其中一端距离跨中 700mm处（截面 1），截面布置的热电偶是 6 个。混凝土热电偶通过使用支座和钢丝固定，钢筋热电偶通过钢丝直接绑定在相应位置。每一根叠合梁的热电偶布置数量和位置都相同，叠合梁试件的尺寸以及配筋信息如图 5-1-1 所示。布置完毕以后使用万能表检验热电偶的好坏，确保浇筑前 K 型热电偶都可以正常工作，并记录各点位置。

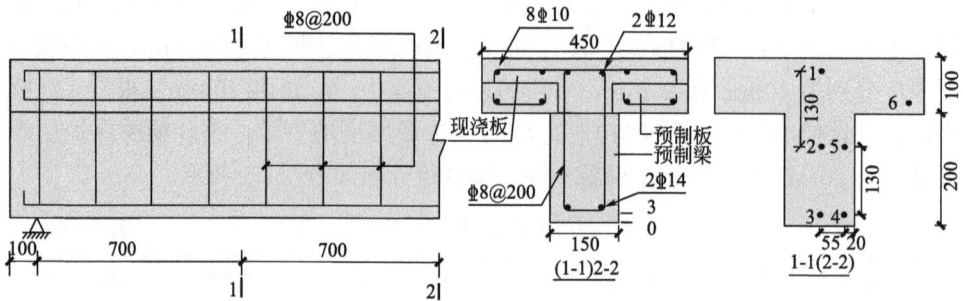

图 5-1-1　叠合梁尺寸及热电偶信息

2. 火灾试验装置

火灾升温按照 ISO 834 标准升温曲线进行。火灾炉膛的长度为 9470mm，宽度为 4960mm，高度为 1500mm，火灾炉由燃烧系统和自控系统构成，整个水平炉南北炉壁总共布置了 18 个燃烧器，本次火灾试验用到的燃烧器有 6 个。为使炉温升温根据 ISO 834 升温曲线进行升温，按照多级断火方式对炉温进行控制。根据试验分组和加载要求，为了达到更高效的试验、节约燃料的要求对火灾炉进行改造，叠合梁火灾试验现场布置示意图如图 5-1-2 所示。

3. 火灾试验制度

本次预制装配式 T 形截面叠合梁火灾试验构件为 8 根，为提高试验效率且保证试验质量，火灾试验共分为两组进行，每组 4 根叠合梁，一组的叠合梁编号是PT1、PT3、PT5、PT7，二组的叠合梁是 PT2、PT4、PT6、PT8。试验时火灾炉升温按照 ISO 834 升温曲线标准升温，实际炉温在升温初期较低，点火 20min

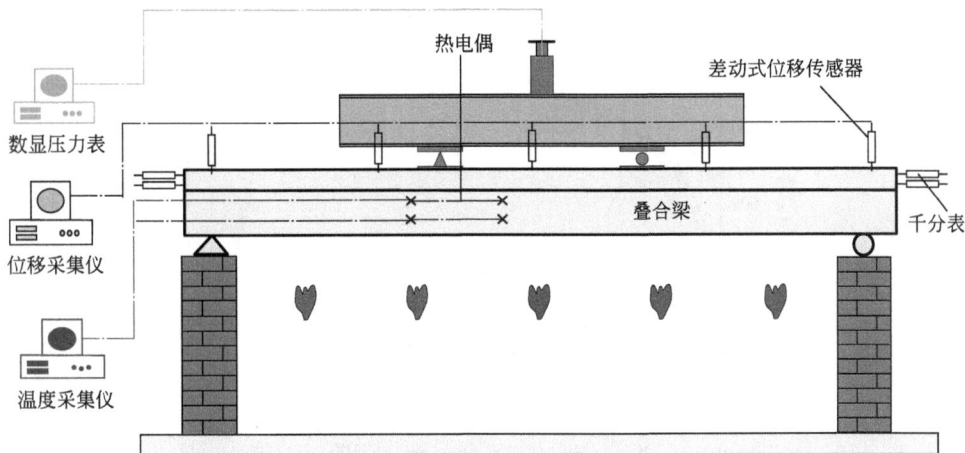

(a) 叠合梁火灾炉布置剖面图

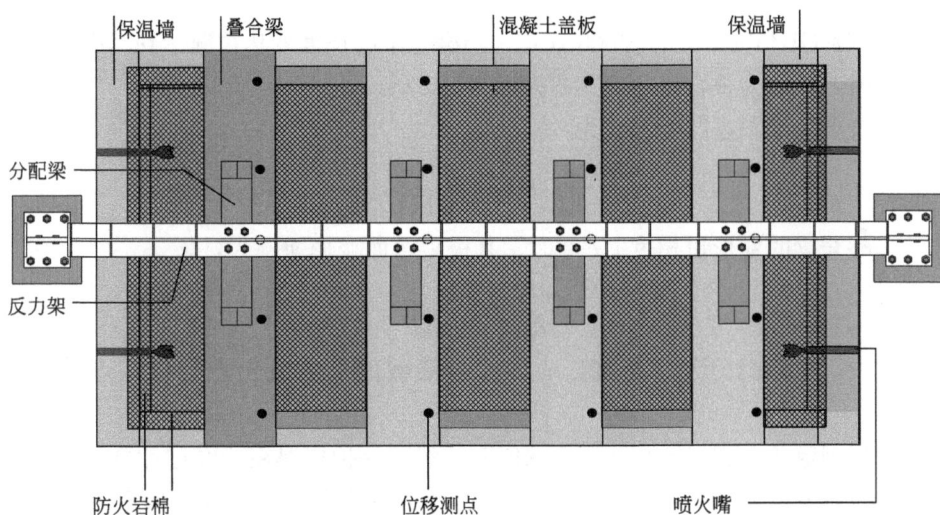

(b) 火灾炉俯视示意图

图 5-1-2　叠合梁火灾试验现场布置示意图

以后二者基本吻合，符合《建筑构件耐火试验方法　第 1 部分：通用要求》GB/T 9978.1—2008 中对火灾试验的试验要求升温曲线，如图 5-1-3 所示。

　　本次火灾试验采用恒载升温法，使用液压千斤顶对叠合梁施加荷载，液压千斤顶的底部安装在反力架上，顶部和分配梁接触，通过分配梁对叠合梁进行三等分点加载。试验的持荷水平为 0.4 和 0.6，经计算液压千斤顶的荷载恒定值应设为 38.47kN 和 57.70kN。火灾试验时，根据《建筑构件耐火试验方法　第 1 部分：

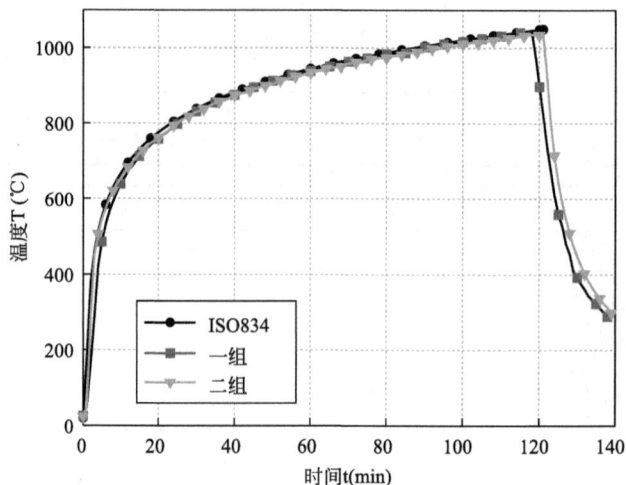

图 5-1-3　火灾炉实际升温曲线

通用要求》GB/T 9978.1—2008 规定：当叠合梁的挠度变化情况达到其中任一判断条件时，则认为叠合梁达到其耐火极限。

叠合梁的极限弯曲变形量为：

$$D = \frac{L^2}{400d} \tag{5-1-1}$$

当叠合梁的变形量超过 $L/30$ 时，其极限弯曲变形速率为：

$$\frac{\mathrm{d}D}{\mathrm{d}t} = \frac{L^2}{9000d} \tag{5-1-2}$$

式中，L 为试件的净跨度；d 为叠合梁截面上的抗压点与抗拉点之间的距离。

根据判定条件和保守估计，d 取值时，忽略保护层厚度，经过计算，叠合梁的耐火极限挠度为 65.33mm，由于变形速率的判定条件对于本试验叠合梁过于放松，本次试验不予考虑变形速率为判定标准。

5.1.2　试验结果与分析

1. 材料试验结果

本试验根据《混凝土物理力学性能试验方法标准》GB/T 50081—2019 规定，常温混凝土立方体抗压强度试验使用压力试验机进行，采用万能试验机对留存的钢筋试样进行力学性能测试，力学性能试验如图 5-1-4 所示，试件试验结果见表 5-1-3 和表 5-1-4。

(a) 试块抗压强度测试　　　　　　　　(b) 钢筋力学性能测试

图 5-1-4　力学性能试验

立方体试块抗压强度试验结果　　　　　　　表 5-1-3

组号	强度等级	立方体抗压强度（MPa）	平均抗压强度（MPa）
1		36.98	
2	C35	35.84	36.7
3		37.28	

钢筋力学性能试验结果　　　　　　　表 5-1-4

种类	屈服强度（MPa）	抗拉强度（MPa）	弹性模量（MPa）	伸长率
Φ8	396	495	2.01	23.8
Φ10	463	609.5	2.00	20.1
Φ12	468	588	2.02	19.5
Φ14	553	654	2.00	20.5

2. 温度场试验结果

由于试验梁数量较多，从火灾试验中选择部分不同参数叠合梁进行对比，即 PT1、PT2、PT4 和 PT6，给出每个试件测点的升温曲线，如图 5-1-5～图 5-1-8 所示。

从图 5-1-5～图 5-1-8 的温度-时间关系曲线可知：

1）不同叠合梁截面的温度场分布基本相同，主要表现在两个方面，一是受火时间越长，测点温度越高，二是同一受火时刻测点与受火面的距离越近温度越高，距离越远温度越低。

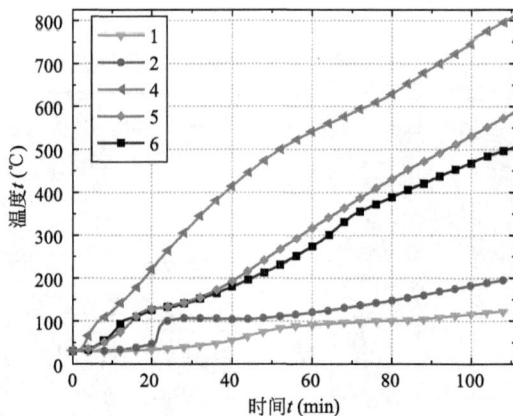

图 5-1-5 叠合梁 PT1 实际升温变化曲线

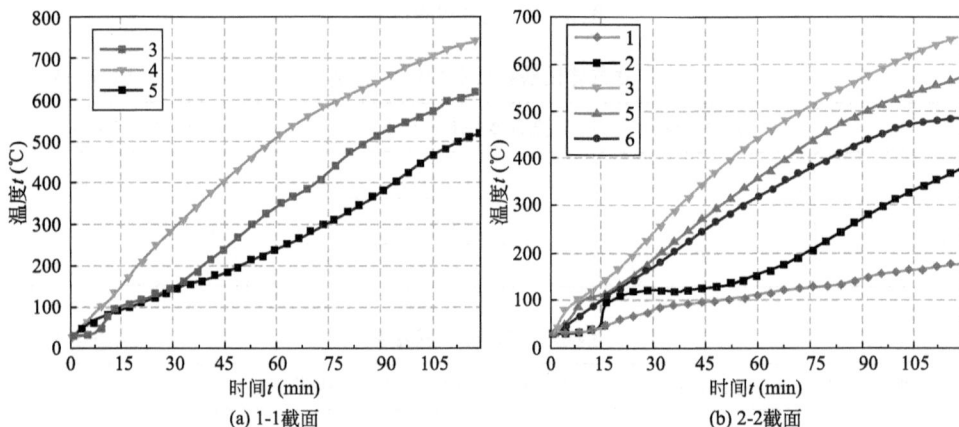

(a) 1-1截面

(b) 2-2截面

图 5-1-6 叠合梁 PT2 实际升温变化曲线

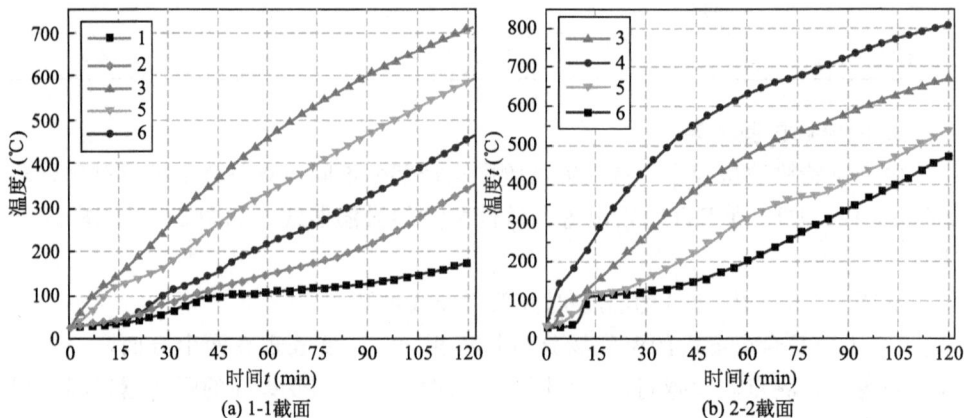

(a) 1-1截面

(b) 2-2截面

图 5-1-7 叠合梁 PT4 实际升温变化曲线

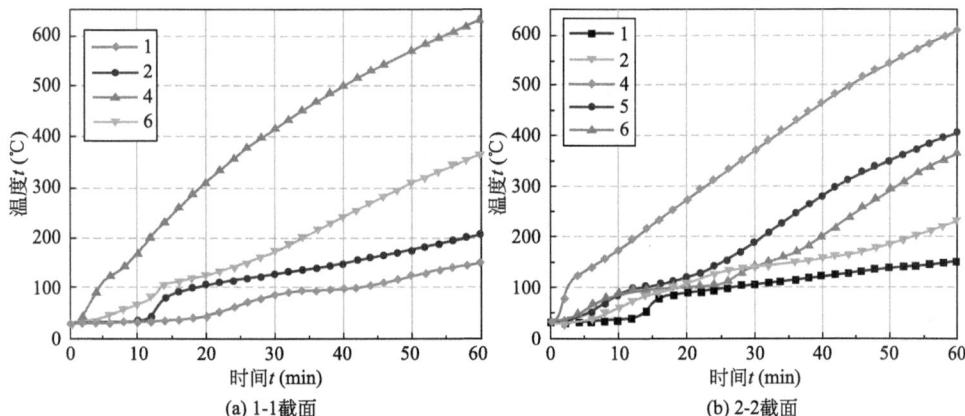

(a) 1-1 截面　　　　　　　　　　　　(b) 2-2 截面

图 5-1-8　叠合梁 PT6 实际升温变化曲线

2）除了测点 4 以外，其他测点在温度升至 120℃时会出现一个温度平台，且距离受火面越近温度平台越短。温度平台的出现主要是因为叠合梁内部的水分在 100℃开始变成水蒸气，汽化吸热，热量被水吸收导致混凝土的升温变慢。而测点 4 是受拉钢筋位置，离受火面最近且裂缝加速热量传输，温度升高最快，所以没有出现温度平台，其温度也是最高的。

3）叠合梁梁肋底部、梁肋两侧及翼缘底部为直接受火面，但测点 3 的温度高于测点 5 和 6，这是由于叠合梁梁肋底部的对流换热系数大于梁肋两侧和翼缘底部。测点 1 距离受火面最远，温度最低。

4）测点 6 与受火面距离很近，但由于该位置距离火源较远且翼缘底部的对流较弱，其温度低于测点 5，测点 6 温度与测点 2 相近。

5）BSEN 1992-1-2：2004 要求：同一试验试件的相同测点但不同截面的温度分布最大误差在 5％以内，由图可知此次叠合梁试验构件内部温度场满足要求。

3. 挠度结果与分析

叠合梁 PT1、PT2、PT4 和 PT6 的挠度-时间曲线如图 5-1-9 所示，可以看出叠合梁跨中挠度变化主要分为两部分：一是火灾试验初期，叠合梁挠度随时间变化基本呈线性发展，此时的叠合梁发生变形主要是因为荷载和构件内部温度分布不均匀导致；二是叠合梁跨中挠度突然快速增长，直至超过极限弯曲变形量，达到叠合梁的耐火极限。第二部分叠合梁的迅速变形是由于高温下混凝土力学性能发生巨大退化，叠合梁截面受弯刚度大幅度减小，产生了大量温度变形和受拉钢筋达到其屈服强度所致。

从图 5-1-9 可知：

1）持荷水平对叠合梁的耐火性能影响显著，其他条件相同时，持荷水平越高，叠合梁损伤越严重，裂缝开展数量和宽度均上升，温度传递越快，叠合梁的

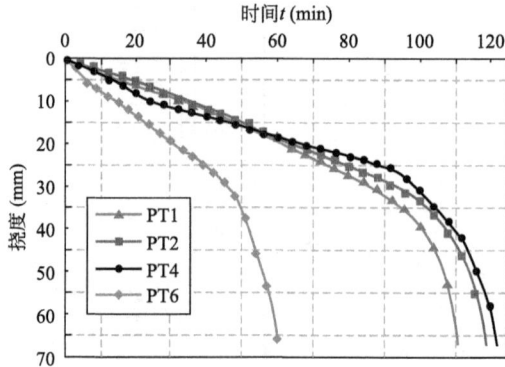

图 5-1-9　挠度-时间曲线

耐火极限越小；持荷水平越小，跨中挠度随时间变化越稳，叠合梁的耐火极限越高。

2）当持荷水平、保护层厚度相同时，叠合参数越大，叠合梁的耐火性能越好。这是由于叠合参数越大，预制板厚度越大，其与现浇混凝土的粘结面积越大，粘结强度越高，相对滑移就越小，耐火极限就越高。

3）叠合参数和持荷水平相同时，混凝土保护层厚度越大，叠合梁的耐火极限越高。这是由于混凝土保护层厚度起到对受拉钢筋的隔热作用，混凝土有热惰性，保护层厚度越大，叠合梁内部受拉钢筋升温越慢，但由于混凝土裂缝的影响，保护层厚度对于叠合梁的耐火极限影响并不显著。

4. 滑移结果与分析

叠合面的滑移-时间曲线如图 5-1-10 所示，根据滑移试验数据以及试件现象得出以下结论：

1）叠合面在火灾试验中产生了较小的滑移，但现浇板与预制板和预制梁仍然为一个整体，叠合面处未发生滑移破坏，证明叠合梁的结构形式可以在高温与荷载下依然正常工作。

2）火灾下，叠合梁在达到耐火极限前，现浇混凝土与预制混凝土之间的滑移量随受火时间不断增加，且二者之间趋于线性关系，叠合梁两端的滑移曲线非常接近。

3）叠合梁试件 PT6 的滑移量比试件 PT1、PT2、PT4 的滑移量小，而试件 PT1、PT2、PT4 的滑移量非常接近，这是由于持荷水平越高，叠合面两侧的混凝土挤压越紧实，滑移量越小，且持荷水平越高会导致叠合梁耐火极限越短，受火时间越短，滑移量也就越少。

4）叠合梁试件 PT1、PT2、PT4 的滑移量差别较小，试件 PT4 的滑移量最大，试件 PT1 的滑移量最小，耐火极限越长的试件其滑移量越大。

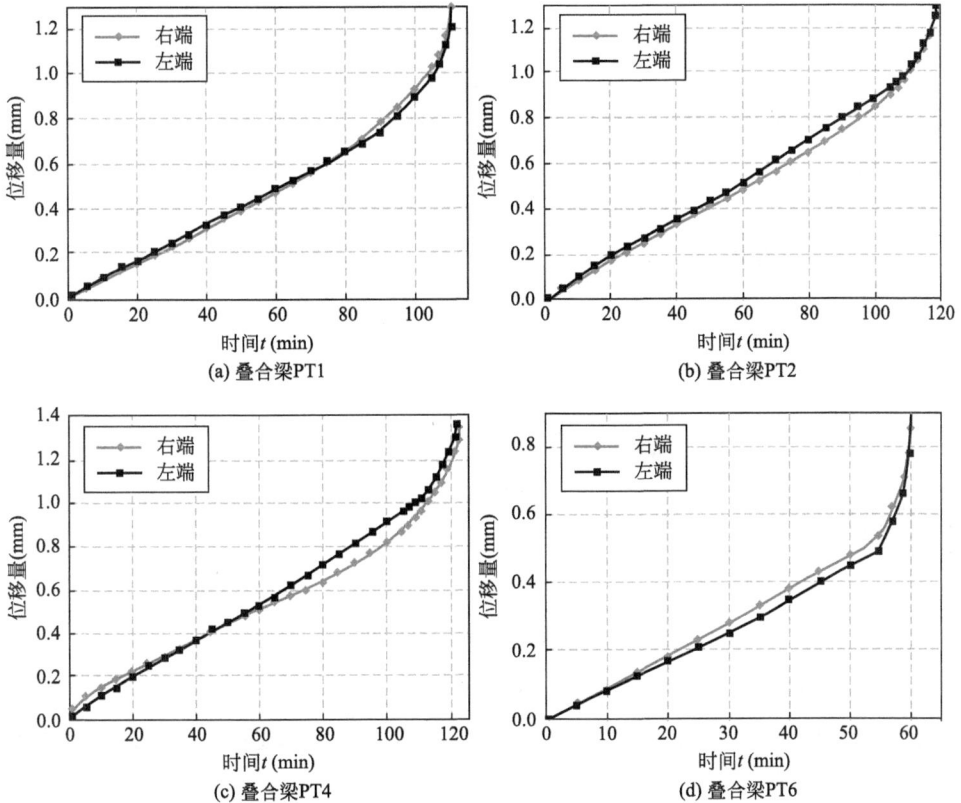

图 5-1-10　叠合梁梁端滑移-时间曲线

5.2　叠合梁耐火性能数值分析

5.2.1　温度场及热-力耦合有限元分析

1. 温度场模型

构件的温度场分布一般不受持荷水平和构件变形的影响，因此对叠合梁温度场进行独立研究。由于混凝土材料较大的离散性以及非各向同性，为满足计算精确且简便的要求，本节做出如下假定：

1）忽略截面应力、受火时叠合梁的混凝土开裂、爆裂、叠合面滑移等次要因素，假定温度场与上述因素均无关；

2）假定混凝土和钢筋温度传递无热量损失，忽略钢筋对混凝土温度场的影响；

3) 不考虑沿梁长度方向温度场的变化，仅分析二维截面温度场。

以叠合梁试件 PT2 为参考对象，受火面建模步骤如下：

1) 进行 1：1 三维有限元建模，创建预制板、预制矩形梁、现浇板、受拉钢筋、架立筋、箍筋、垫块等部件，叠合梁各部件如图 5-2-1 所示。

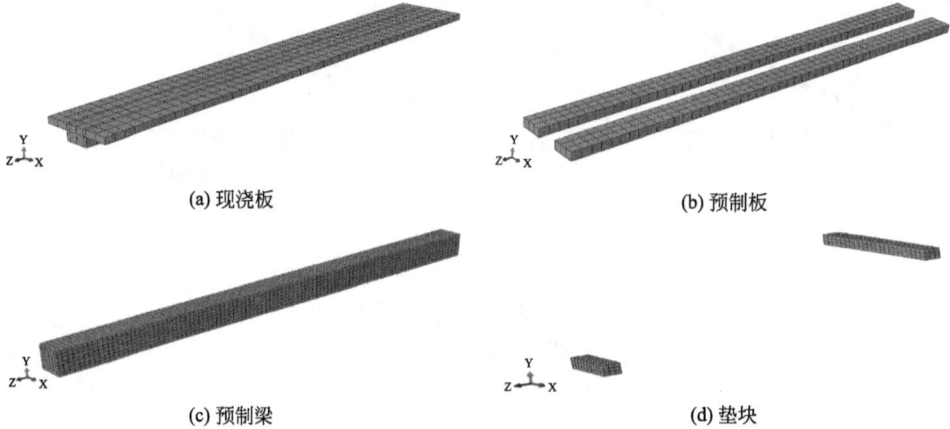

(a) 现浇板

(b) 预制板

(c) 预制梁

(d) 垫块

图 5-2-1 叠合梁各部件

2) 钢筋和混凝土的热工参数如密度、比热容、导热系数、热膨胀系数均采用第二章提供的参数，将这些参数输入到材料属性中。创建截面后通过指派截面的方式将属性赋予各部件。

3) 将受拉纵筋、架立筋、箍筋合并成新的钢筋骨架实例，将钢筋骨架和各混凝土部件装配在一起。装配完成的模型如图 5-2-2 所示。

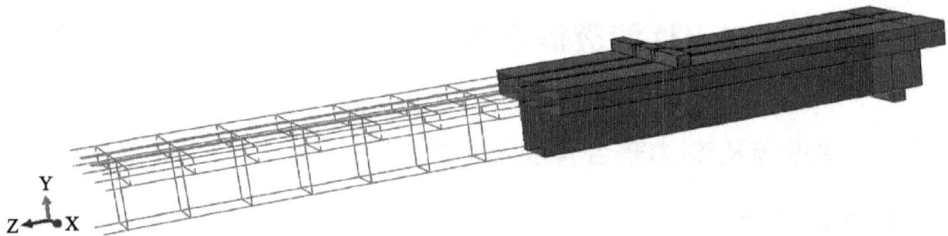

图 5-2-2 装配完成的模型

4) 在 Module-Step 中创建分析步，设置分析步类型为热传递（瞬态），参考试验梁 PT2 的耐火极限，时间长度设为 119min，最大增量步数为 10^{-4}，初始增量步大小为 1，最小增量步大小设置为 10^{-5}，最大设置为 2，每载荷步允许的最大温度改变值为 10，分析步参数设置如图 5-2-3 所示。分析步创建完成后创建 Step-1 的场输出，选择预选的默认值即可。

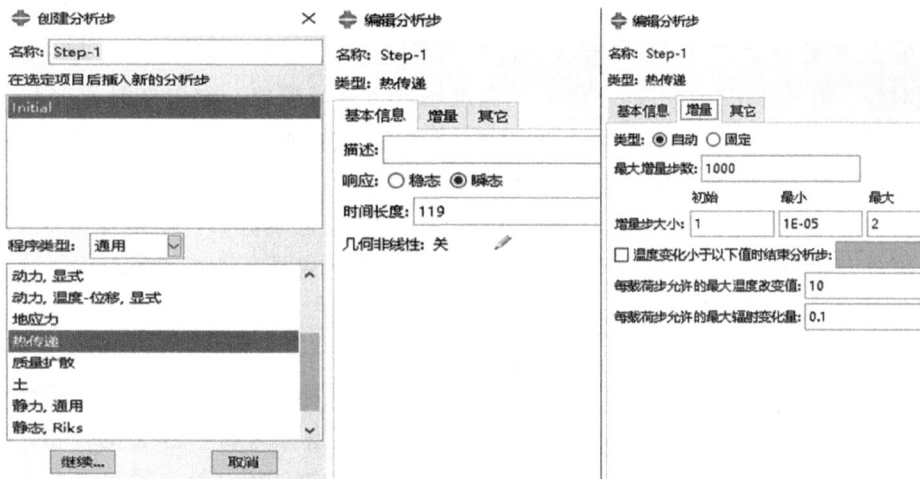

图 5-2-3　分析步参数设置

5）由试验部分知，叠合梁 PT2 为五面受火，分别为梁肋底面、两个侧面和两个翼缘底面，在 Module-Interaction 中分别进行受火面、辐射面和不受火面的定义。选择 Step-1，选中叠合梁五面受火面，设置对流交换系数为 1500，升温数据为火灾试验时炉内的实际升温数据。辐射面与受火面相同，采用 Staggs 给出的综合辐射系数（Emissivity）为 0.8。不受火面为叠合梁顶部，即现浇板的顶面，对流交换系数设为 540。在编辑模型属性中设置绝对零度为 $-273℃$，Stefan-Boltzmann 常数设置为 $3.402×10^{-6}$。然后创建约束条件，温度分析时未考虑钢筋与混凝土之间、叠合面之间的粘结滑移，所以钢筋与混凝土约束方式采用绑定约束，使钢筋和混凝土在共同节点具有同样温度。

6）Module-Mesh 中进行网格划分，钢筋和混凝土都为热传递单元，混凝土传热实体单元是 DC3C8，钢筋传热实体单元是 DC1D2。在 Module-Mesh 中创建作业，调整多个处理器至 12 后进行数据检查，调整模型至无报错以后提交。叠合梁 PT2 的温度模拟与试件 PT2 在 119min 时跨中截面（2-2）温度云图如图 5-2-4 所示。

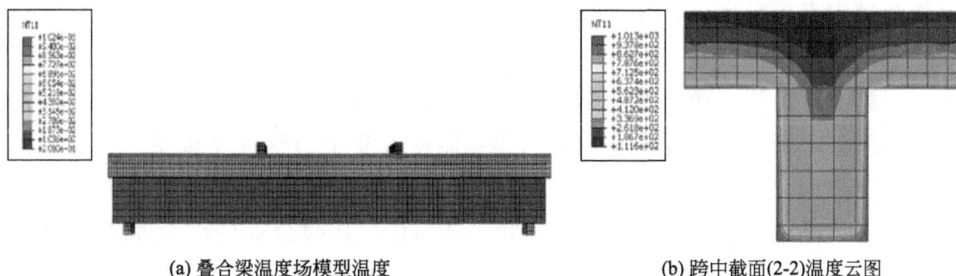

(a) 叠合梁温度场模型温度　　　　　　　(b) 跨中截面(2-2)温度云图

图 5-2-4　叠合梁 PT2 温度模拟

根据叠合梁温度模型显示，高温下的试件截面温度升高，耐火极限为119min 的叠合梁 PT2，试件受火表面最高温度达到 1.024×10^3℃。以同样的流程对叠合梁试件 PT1、PT4、PT6 的温度场分布进行模拟，耐火极限为 111min 的试件 PT1、122min 的试件 PT4 表面最高温度分别达到了 1.009×10^3℃ 和 1.037×10^3℃，而耐火极限为 60min 的试件 PT6 最高温度为 9.32×10^2℃。这表明叠合面的叠合参数、混凝土保护层厚度对截面温度影响甚微，但是叠合梁内部温度分布差距较大，这是由于混凝土的热惰性导致内部混凝土或钢筋升温需要一定的时间传递热量。

2. 热力耦合建模

采用有限元软件 ABAQUS 建模时的假定为：忽略钢筋与混凝土之间的粘结滑移，不考虑混凝土爆裂剥落的影响。热-力耦合模型分为顺序热-力耦合和完全热-力耦合两种类型，采用顺序耦合的方式进行建模和分析，叠合梁热力耦合建模流程如图 5-2-5 所示。

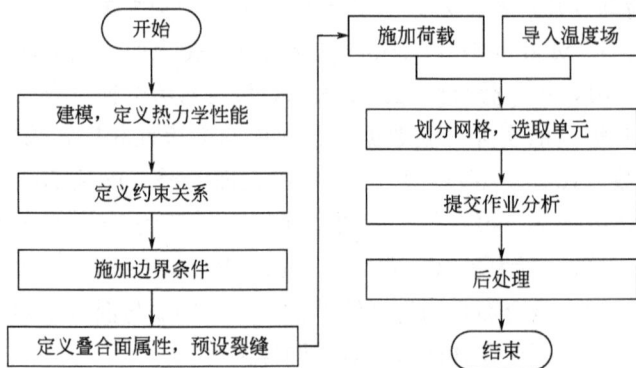

图 5-2-5　叠合梁热力耦合建模流程

与温度场模型的建模方式相似，创建部件，此处与温度场的部件保持一致，创建属性时需加入钢筋和混凝土的高温力学性能并赋予所建部件，将温度场模型作为预定义场导入，具体的操作可根据王玉镯等的书籍进行。不同的是叠合梁必须通过考虑预制混凝土和现浇混凝土叠合面的接触模拟叠合面的粘结作用，何涛对于高温下叠合面与常温下叠合面的粘结滑移趋势相同，但叠合面常温下的滑移小于高温下的滑移，原因是高温使混凝土力学性能减弱，叠合面的抗剪刚度降低。参照试验和 ABAQUS 温度模拟的温度场可知，叠合面在叠合梁的上部，温度较低，温度基本在 200～400℃，其叠合面的粘结抗剪刚度可参照谢云翱建议的高温本构模型。一般叠合面的属性设置有四种，如表 5-2-1 所示。

叠合面属性　　　　　　　　　　　　　　　　　　　　　　　表 5-2-1

模型	属性
弹簧联结模型	根据刘俊卿等、朱超建议的模拟叠合面的接触关系,在 ABAQUS 的 INP 文件中输入高温弹簧本构;缺点是不能反映界面切应力随法应力的变化且操作复杂
库仑模型	针对剪应力随法向压应力的变化,仅用于切向,忽略了叠合面本身的粘结抗剪作用
内聚力模型	应力位移曲线有下降段;忽略了叠合面切应力随法向应力的变化
库仑-内聚力模型	综合了库仑模型和内聚力模型的优点;峰值应力低于真实试验

由库仑模型的属性知,使用库仑模型时叠合面必须要有压应力才能抗剪,这与叠合梁的实际情况不符,叠合面没有压应力时混凝土同样具有抗剪强度;而内聚力模型不能反映其切向的粘结力与叠合面压应力的相互关系;采用库仑-内聚力混合模型可以在内聚力模型失效后,库仑模型开始生效,这样的模型设置既可以保证叠合面上混凝土本身的粘结强度,又可以考虑叠合面因压应力产生的抗剪强度。

采用库仑-内聚力模型时创建叠合面之间的相互作用,相互作用类型为表面对表面接触,其中叠合面的粘结滑移模型设置在接触作用属性中。首先设置库仑模型的参数,包括切向参数和法向参数。切向行为中的摩擦系数,根据文献 [1] 和周剑所建议的参数,此处取为 0.6;法向行为采取"硬"接触,即接触压力大小无限制,当压力小于等于零时接触面剥离。库仑模型参数的设置如图 5-2-6 所示。

对于内聚力模型的参数设置比较复杂,包括黏性行为和损伤两部分。内聚力粘结需要在叠合面定义一个法向和两个切向的应力-

图 5-2-6　库仑模型参数设置

相对位移的本构关系,根据刘健建议,本节采用粘结-滑移本构,包括弹性阶段和损伤下降段。三个方向的本构关系在弹性阶段满足式(5-2-1)要求。

$$\tau = K\delta \qquad (5\text{-}2\text{-}1)$$

式中,K 为刚度;τ 为切应力;δ 为相对位移。

图 5-2-7 为内聚力和相对位移本构关系,当应力为 τ_0 时,相对位移为 δ_0,此时粘结发生损伤且刚度 K 退化,δ_{ff} 为叠合面的粘结完全破坏时的相对位移。

黏性行为的参数确定,根据文献 [15] 给出的弹性阶段刚度计算方法计算得到 $K_{ss} = K_{tt} = 13.4\text{MPa}$,由文献 [14] 知粘结-滑移的法向刚度理论上可以是无

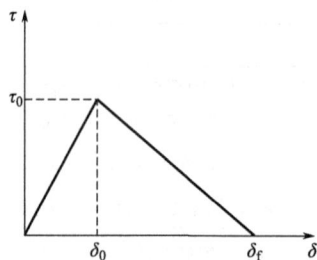

图 5-2-7 内聚力和相对位移本构关系

限大，本次模型为计算更易收敛取 $K_{nn} = 10^5$ MPa；损伤的初始以最大名义应力准则为判定标准，即当任一方向的粘结力首先达到峰值应力时启动损伤，此时叠合面的粘结刚度开始退化。计算法向峰值应力为 0.35MPa，两个切向峰值应力相同，为 7MPa。演化系数由郝旭东建议的方法，计算后取值为 3。黏性系数由经验模型为方便计算收敛取为 0.05。参考试验，叠合梁的粘结滑移达不到损伤的峰值应力，内聚力的所有参数根据温度变化的折减均参考文献 [17] 所提供的本构。叠合面属性设置完成后的模型如图 5-2-8 所示。

图 5-2-8 叠合面属性模型

热-力耦合建模时，为了充分考虑火灾下的裂缝情况，根据朱庸研究内容中对裂缝数量分别为 5、7、9、11 时的耐火极限进行对比，发现裂缝数量对耐火极限的影响率低于 5%，本节在裂缝出现最多的叠合梁热-力耦合模型受拉区布置 7 条裂缝。在装配模块采用尺寸 1×1mm 的三维内聚力单元建立预设裂缝，通过坐标定位至目标区域，在相互作用模块定议断裂本构模型，用于模拟裂缝扩展，混凝土采用混凝土损伤塑性分析，黏性系数取 0.0015，热力耦合模型裂缝布置如图 5-2-9 所示。

图 5-2-9　热力耦合模型裂缝布置

3. 结果验证与分析

将叠合梁耐火性能试验采集的温度场分布情况与温度场数值模拟的数据作对比，验证有限元数值分析的准确性，以便进行后续研究。以叠合梁试件 PT2 为例，在模型上提取与试验测点相同位置的温度，本节分别选择跨中截面混凝土位置和钢筋位置，即测点 3 和测点 4，将温度随时间的变化曲线绘制在同一坐标平面内，温度对比结果如图 5-2-10 所示。

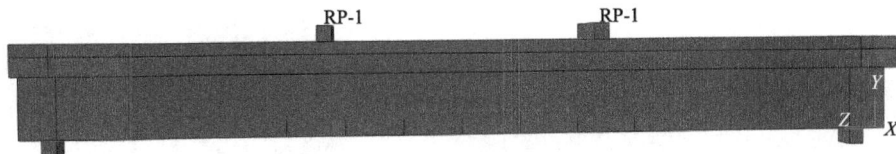

(a) 混凝土测点3对比

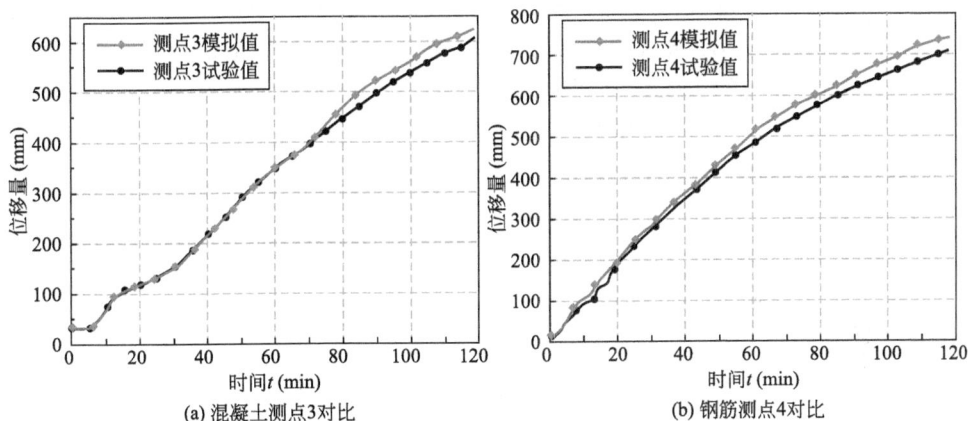

(b) 钢筋测点4对比

图 5-2-10　叠合梁测点温度对比图

图 5-2-10 温度曲线显示各测点温度的模拟值和试验值的曲线走势基本吻合，混凝土测点 3 试验最高温度为 632.8℃，模拟最高温度为 601.0℃，温度场模拟的误差为 5.3%，同样，钢筋测点 4 的模拟误差为 4.9%。根据曲线走势，60min后模拟值比试验值低出一部分，但二者差别不大，此处可能是实际火灾试验过程中叠合梁变形过大导致裂缝越大，局部混凝土爆裂等原因，使内部混凝土吸收热量更多，温度更高一些。

将叠合梁 PT2 达到耐火极限后的试件裂缝情况与热-力耦合模型的裂缝情况作对比，PT2 试件和数值模型的裂缝开展对比如图 5-2-11 所示。

从图中可以看出叠合梁热-力耦合模型的跨中裂缝发展与试验试件基本一致，区别在于模拟的裂缝开展深度比实际裂缝深度小一些。

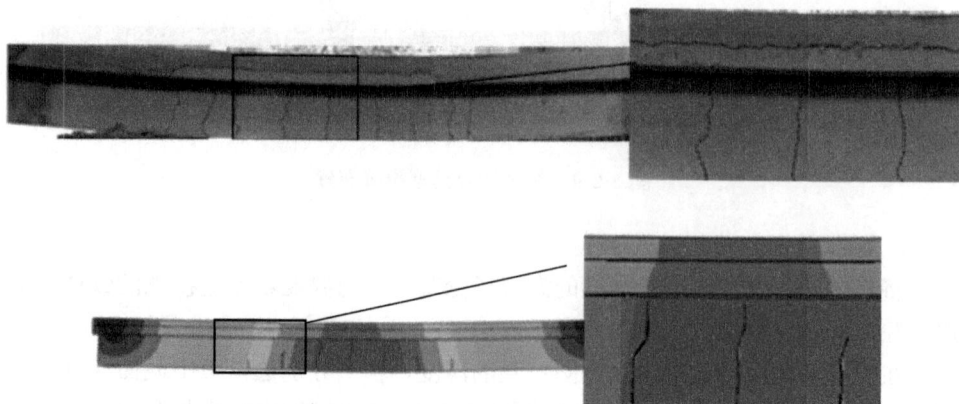

图 5-2-11 PT2 试件和数值模型的裂缝开展对比

叠合梁的热-力耦合模型在以 PT2 时间长度为 119min 的温度场下的挠度值为 51.40mm，小于耐火极限判断标准 65.33mm，经过调整温度场分析步时间长度，叠合梁 PT2 的耐火极限时间为 125min，耐火极限的误差为 5.1%。取叠合梁模型跨中底部唯一结点绘制叠合梁跨中挠度随时间变化曲线，将模型的挠度-时间曲线与叠合梁 PT2 试验时的实际挠度-时间曲线绘制于同一平面内，如图 5-2-12 所示。

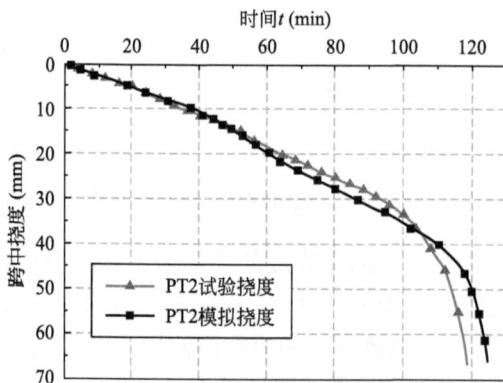

图 5-2-12 挠度-时间曲线

从图中可以看出模拟的挠度-时间曲线与实际试验的曲线走势相似，这有效验证了本模型的准确性，可以在此模型的基础上进行后续研究。受火前期，二者基本呈线性关系，挠度随受火时间增加而增长，模拟的挠度曲线斜率变化小，曲线更平稳，试验曲线在后半段变化更大，其斜率更大，这与温度分布的后半段试验大于模拟是一致的。

将其他叠合梁试件的耐火极限模拟值与试验值作对比，同一工况下的叠合梁模拟值比试验值高 3％～12％，原因在于试验的液压千斤顶油压不稳，叠合梁所受的实际荷载比设定荷载偏高，从而导致火灾试验的试件耐火极限均偏低，另外，在模拟时没有考虑局部混凝土爆裂的影响，对钢筋混凝土材料的热工特性及力学性能不能精确把握。

5.2.2　截面法理论的受力性能分析

截面法用于分析钢筋混凝土结构的受力性能，依据基本假定，可以建立三类基本方程，分别是几何方程、物理方程、截面平衡方程，从而对叠合梁进行非线性分析。

1. 基本假定

采用理论分析时，计算按如下假定：

1) 不考虑内力、变形和钢筋对温度场的影响，温度场沿梁长度方向不变；

2) 平截面假定：考虑叠合面的滑移，但叠合梁还是一个整体，平截面假定仍然适用，同一截面现浇板与预制板和预制梁具有相同的转角和曲率；

3) 不考虑钢筋与混凝土间的粘结滑移，忽略剪切变形影响，不考虑高温蠕变。

2. 高温下材料变形性能

叠合梁在常温下的变形主要是由荷载引起，高温下叠合梁的变形不仅与持荷水平有关，与温度、时间等也相关。对叠合梁进行结构分析时，必须掌握混凝土和钢筋在高温下的应变发展规律。

混凝土在高温下的总应变 ε_c 包括应力应变 $\varepsilon_{\sigma c}$、自由膨胀变形 ε_{thc}、瞬态热应变 ε_{trc}、高温蠕变 ε_{crc}，见式（5-2-2）：

$$\varepsilon_c = \varepsilon_{\sigma c} + \varepsilon_{thc} + \varepsilon_{trc} + \varepsilon_{crc} \tag{5-2-2}$$

混凝土在高温下体积会膨胀，其产生的温度变形很大，可能大于混凝土在常温下的峰值压应变，对叠合梁结构的高温力学性能影响巨大。EC2 给出了混凝土自由膨胀变形的表达式：

$$\begin{cases} \varepsilon_{thc} = 2.3 \times 10^{-11} T^3 + 9 \times 10^{-6} T - 1.8 \times 10^{-4} & 20℃ \leqslant T \leqslant 700℃ \\ \varepsilon_{thc} = 14 \times 10^{-3} & 700℃ < T \leqslant 1200℃ \end{cases}$$

$$\tag{5-2-3}$$

瞬态热应变是升温的瞬间出现的热应变，原因是高温下混凝土组成材料的变形不协调。瞬态热应变比高温蠕变、应力应变大，过镇海给出的瞬态热应变见式（5-2-4）：

$$\varepsilon_{trc} = \frac{\sigma}{f_c} \left[72 \left(\frac{T}{1000} \right)^2 - \frac{T}{1000} \right] \times 10^{-3} \tag{5-2-4}$$

高温下混凝土高温蠕变与时间、温度、持荷水平等有关，相比其他应变，混凝土高温蠕变很小，由于试验受火时间短，根据文献［22］对此处混凝土高温蠕变忽略不计，那么温度应变 $\varepsilon_c = \varepsilon_{thc} + \varepsilon_{trc}$。

钢筋在高温下的总应变 ε_s 由应力应变 $\varepsilon_{\sigma s}$、自由膨胀变形 ε_{ths}、高温蠕变 ε_{crs} 组成，关系式见式（5-2-5）。同样，由于受火时间短，忽略高温蠕变的影响，钢筋的温度应变 $\varepsilon_s = \varepsilon_{ths}$。

$$\varepsilon_s = \varepsilon_{\sigma s} + \varepsilon_{ths} + \varepsilon_{crs} \tag{5-2-5}$$

高温下钢筋的自由膨胀应变，EC2（文献［7］）给出的自由膨胀变形与温度的关系见式（5-2-6）。

$$\begin{cases} \varepsilon_{ths} = 0.4 \times 10^{-8} T^2 + 1.2 \times 10^{-5} T - 2.416 \times 10^{-4} & 20℃ \leqslant T \leqslant 750℃ \\ \varepsilon_{ths} = 11 \times 10^{-3} & 750℃ < T \leqslant 860℃ \\ \varepsilon_{ths} = 2 \times 10^{-5} T - 6.2 \times 10^{-3} & 860℃ < T \leqslant 1200℃ \end{cases}$$

$$\tag{5-2-6}$$

3. 截面法理论模型分析

在截面法传统理论的基础上对叠合梁构件进行高温下力学性能分析，首先对叠合梁沿轴向（梁长度方向）进行单元的划分，划分单元的长度可取裂缝间距的一至二倍或构件横截面的高度，在保证计算准确、简便的前提下，单元 i 的长度 $\Delta x = 100\text{mm}$，每个单元的中间截面代表整个单元。

将叠合梁截面沿高度方向划分条带，25mm 厚的条带使温度分布有足够的精度和准确性，根据叠合梁预制板和现浇板厚度，本节选择条带厚度 h_n 为 20mm，条带数 $n=15$，从叠合梁温度模型中获取某一时刻相应截面的温度云图，将截面按照条带进行划分，各条带的温度近似按照面积取加权平均值。假定第 j 层条带中心点代表该条带上所有点。应变以拉为正，以压为负。

叠合梁上预制板与现浇板之间的滑移效应，截面分析时采用应变分布边界法中滑移应变的表达式求得滑移应变 ε_{sc}，具体计算见式（5-2-7），叠合梁的截面条带分布计算简图如图 5.2-13 所示。

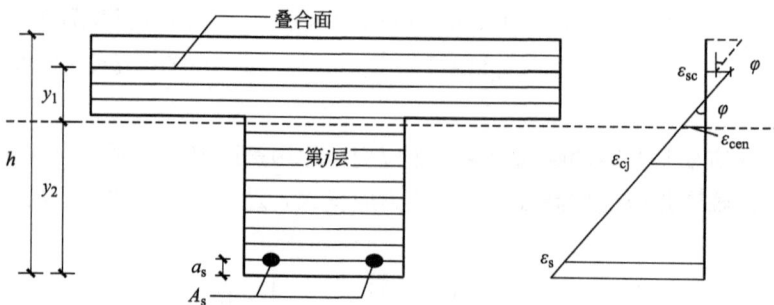

图 5-2-13　叠合梁截面法计算简图

$$\varepsilon_{sc} = (y_2 - y_1)(\varphi_f - \varphi) \tag{5-2-7}$$

式中，φ_f 为完全相互作用时的曲率；$\varphi = \varphi_f \times MF$，其中 MF 为放大系数，φ_f 与 MF_j 具体取值参考文献 [23] 中给定的放大系数。

根据平截面假定和几何条件，叠合梁截面各条带的总应变都可以由 T 形截面形心处总初应变 ε_{cen} 以及截面曲率表示，各条带的形心见式（5-2-8），则混凝土条带应变如式（5-2-9）所示：

$$y_{cj} = (j - 0.5)h_n - 0.11 \tag{5-2-8}$$

$$\begin{cases} \varepsilon_{cj} = \varepsilon_{cen} + \varphi y_{cj} - \varepsilon_{sc} & j = 1,\ 2 \\ \varepsilon_{cj} = \varepsilon_{cen} + \varphi y_{cj} & j = 3,\ 4 \cdots 15 \end{cases} \tag{5-2-9}$$

同样的，由于钢筋只有一层，受拉钢筋总应变为：

$$\varepsilon_s = \varepsilon_{cen} + \varphi \times (y_2 - a_s) \tag{5-2-10}$$

根据 t 时刻的叠合梁横截面温度分布以及高温下材料的变形性能计算各条带混凝土的温度应变 ε_{cj}^T 和受拉钢筋的温度应变 ε_s^T，从而获得各混凝土条带相应温度的应力应变 σ_{cj}^T 以及受拉钢筋相应温度的应力应变 σ_{ss}^T。

将求得的各混凝土条带应力应变 ε_c 以及受拉钢筋高温下的应力应变 ε_s 代入到高温本构物理方程中，得到相应的高温应力表达式。受压区混凝土使用非线性本构关系，本节参考 EC2 给出的关系式：

$$\sigma_{cj}^T = \begin{cases} \dfrac{\dfrac{\varepsilon_{\sigma cj}^T}{\varepsilon_0^T}}{2 + \left[\dfrac{\varepsilon^T}{\varepsilon^T}\right]^3} \times 3f_c^T & \varepsilon_{\sigma cj}^T \leqslant \varepsilon_0^T \\[4mm] \dfrac{\varepsilon_{\sigma cj}^T - \varepsilon_{cu}^T}{\varepsilon_0^T - \varepsilon_{cu}^T} \times f_c^T & \varepsilon_0^T \leqslant \varepsilon_{\sigma cj}^T \leqslant \varepsilon_{cu}^T \end{cases} \tag{5-2-11}$$

式中，σ_{cj}^T 为第 j 层混凝土温度为 T 时的应力；$\varepsilon_{\sigma cj}^T$ 为第 j 层混凝土温度为 T 时的应力应变；ε_0^T 为混凝土温度为 T 时的峰值应变；ε_{cu}^T 为混凝土温度为 T 时的极限应变。参数 ε_0^T、ε_{cu}^T 的数值详见文献 [7]。火灾下受拉钢筋的本构关系见式（5-2-12）。

$$\sigma_s^T = \begin{cases} E_{s,T} \times \varepsilon_{\sigma s}^T & |\varepsilon_{\sigma s}^T| \leqslant \varepsilon_{y,T} \\ f_{y,T} & \varepsilon_{y,T} < \varepsilon_{\sigma s}^T \\ -f_{y,T} & \varepsilon_{\sigma s}^T < -\varepsilon_{y,T} \end{cases} \tag{5-2-12}$$

式中：$\varepsilon_{y,T}^T = f_{y,T} \times E_{s,T}$，参数 $f_{y,T}$、$E_{s,T}$ 的取值详见 2.5 节；σ_s^T 为钢筋温度为 T 时的应力；$\varepsilon_{\sigma s}^T$ 为钢筋温度为 T 时的应力应变。

根据以上参数公式和力的平衡条件建立截面平衡方程：

$$\begin{cases} \sum_{j=1}^{n} \sigma_{cj}^{T} A_j - \sigma_s^{T} A_s = 0 \\ \sum_{j=1}^{n} \sigma_{cj}^{T} A_j y_{cj} + \sigma_s^{T} A_s (y_2 - a_s) = M \end{cases} \qquad (5\text{-}2\text{-}13)$$

式中，A_j 为第 j 层混凝土条带的面积；A_s 为受拉钢筋的截面面积；a_s 为受拉钢筋形心至截面边缘的距离。

挠度计算分为高温引起的挠度和外荷载引起的挠度，根据前文，将叠合梁沿纵向分为每段长 100mm 的梁段，叠合梁净长 2800mm，共分为 $m=28$ 段。叠合梁纵向分段示意图如图 5-2-14 所示。

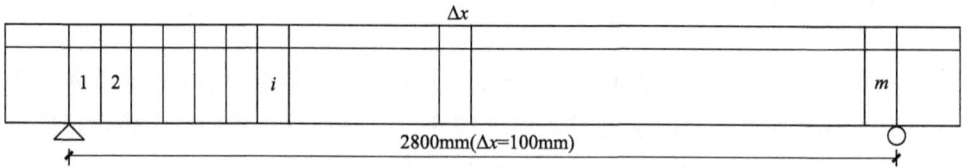

图 5-2-14　叠合梁纵向分段示意图

由于假定温度沿梁长方向不变，所以每个截面的温度变形是相同的，假定温度应变是线性的，利用几何条件求得温度曲率 φ_T：

$$\varphi_T = \frac{\varepsilon_{Tc15} - \varepsilon_{Tc1}}{h - a_s} \qquad (5\text{-}2\text{-}14)$$

根据截面温度曲率 φ_T 通过截面转角 θ_{Ti} 计算相应的挠度 f_{Ti}：

$$\theta_{Ti} = \sum_{i=1}^{m} \varphi_T \Delta x \qquad (5\text{-}2\text{-}15)$$

$$f_{Ti} = \sum_{i=1}^{m} \theta_{Ti} \Delta x \qquad (5\text{-}2\text{-}16)$$

计算外荷载产生的挠度时，给定外荷载 P，外荷载大小分布与试验时一致，通过分配梁对叠合梁试件进行两点加载，根据叠合梁的弯矩图中任一段 i 处的弯矩 M_{Pi}，由截面的 $M\text{-}\varphi$ 关系确定此时的 φ_{Pi}，截面转角 θ_{Pi} 计算相应的挠度 f_{Pi}，荷载产生挠度计算方法如图 5-2-15 所示，荷载挠度计算见式（5-2-17）和式（5-2-18）。

$$\theta_{Pi} = \frac{1}{2} \sum_{i=1}^{m} (\varphi_{Pi} + \varphi_{Pi+1}) \Delta x \qquad (5\text{-}2\text{-}17)$$

$$f_{Pi} = \frac{1}{2} \sum_{i=1}^{m} (\theta_{Pi} + \theta_{Pi+1}) \Delta x \qquad (5\text{-}2\text{-}18)$$

以叠合梁试件 PT2 为研究对象，从温度模拟中获得试件 PT2 在 119min 时的温度场云图。根据温度变化确定试件 PT2 的工况，将叠截面法理论模型计算得到的叠合梁挠度随时间的变化曲线，与试验实测值及有限元模型的模拟结果进行对比，结果见图 5-2-16。从图中可以看出，截面法理论模型的叠合梁跨中挠度在

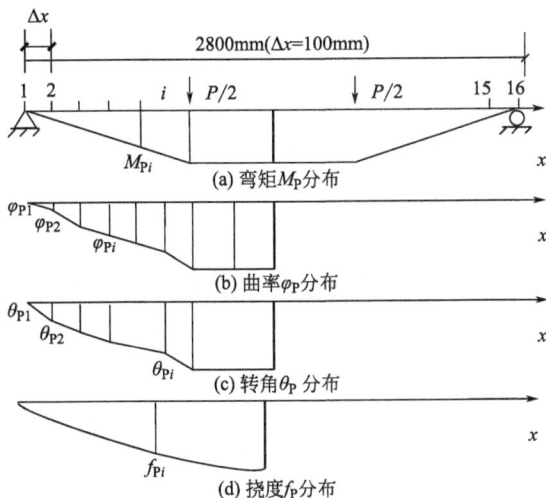

图 5-2-15　外荷载 P 产生挠度计算图

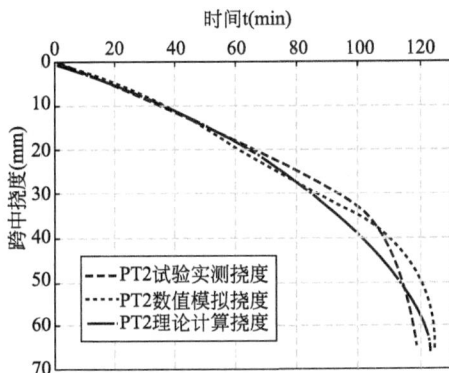

图 5-2-16　叠合梁 PT2 挠度时间曲线对比

受火前期稳步增加，与试验值和有限元模拟值趋势一致，差距较小；受火后期的挠度都是急剧增加，截面法理论模型的挠度达到耐火极限的时间与试验值的误差为 3.4%，比有限元模拟更吻合，效果优于有限元模拟。

5.3　叠合梁耐火极限计算

5.3.1　叠合梁耐火极限计算方法的确定

1. 基本假定

1）忽略钢筋和混凝土之间的粘结滑移；

2）忽略截面应力对温度场的影响；

3）不考虑混凝土爆裂剥落的影响。

2. 叠合梁参数分析

本节对预制装配式 T 形截面叠合梁的耐火极限的影响因素主要考虑混凝土保护层的厚度 C、叠合梁持荷水平 L_r、叠合参数 D_h 以及叠合面摩擦系数 F_h，其中叠合参数的值为预制板厚度与翼缘厚度的比值。叠合梁受火面与试验一致，为梁肋三面以及翼缘底面，三分点加载。保护层厚度分别取 20mm、30mm、40mm；叠合梁的持荷水平分别取 0.4、0.5、0.6；叠合参数取 0.4、0.5、0.6；摩擦系数分别取 0.4、0.6、0.8。叠合梁工况的耐火极限如表 5-3-1 所示：

叠合梁工况的耐火极限　　　　　　　　　　表 5-3-1

D_h	F_h	L_r	耐火极限（min）		
			C=20mm	C=30mm	C=40mm
0.4	0.4	0.4	111	119	124
		0.5	80	85	89
		0.6	58	63	67
	0.6	0.4	116	125	129
		0.5	84	88	91
		0.6	62	65	68
	0.8	0.4	122	130	133
		0.5	87	90	92
		0.6	65	69	71
0.5	0.4	0.4	114	123	127
		0.5	83	87	90
		0.6	62	64	68
	0.6	0.4	118	126	132
		0.5	88	91	94
		0.6	64	68	70
	0.8	0.4	123	128	135
		0.5	91	93	95
		0.6	67	70	73

D_h	F_h	L_r	耐火极限（min）		
			$C=20mm$	$C=30mm$	$C=40mm$
0.6	0.4	0.4	116	124	129
		0.5	87	91	93
		0.6	64	67	71
	0.6	0.4	119	126	134
		0.5	91	94	96
		0.6	65	68	74
	0.8	0.4	124	130	137
		0.5	93	96	98
		0.6	69	73	75

（1）持荷水平 L_r 的影响

叠合梁的内力与作用在梁上的外荷载有关，在叠合参数和混凝土保护层厚度相同的条件下，将叠合梁的耐火极限随持荷水平的变化绘制在图 5-3-1 中。从图

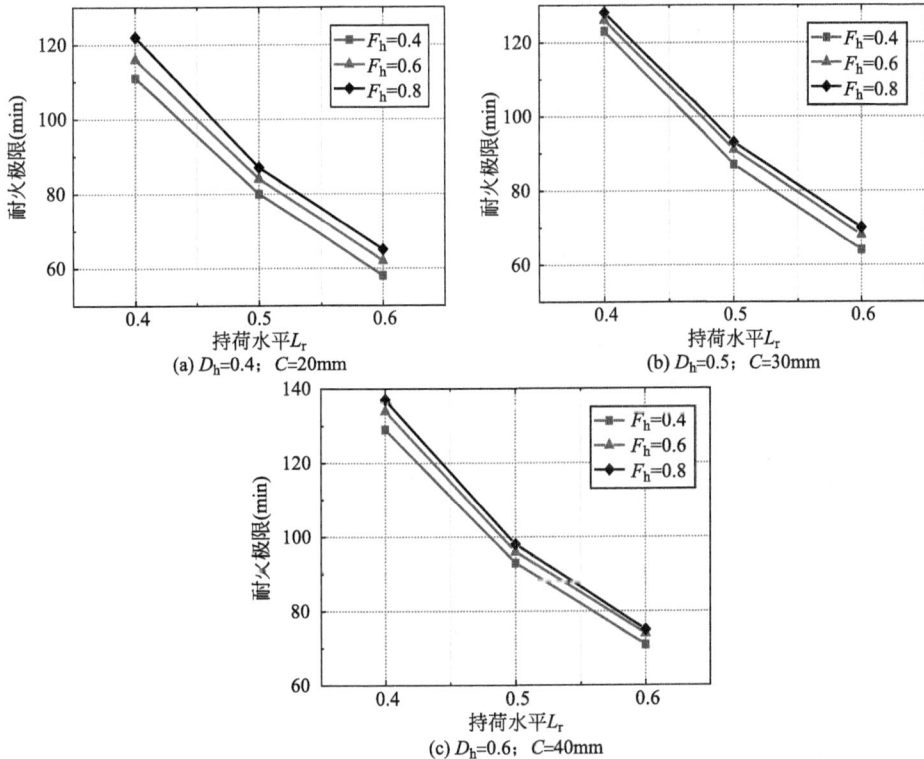

(a) D_h=0.4；C=20mm

(b) D_h=0.5；C=30mm

(c) D_h=0.6；C=40mm

图 5-3-1 叠合梁耐火极限随持荷水平的变化

中可以直观地看出，叠合梁从持荷水平为 0.4 增加到持荷水平为 0.5 时，耐火极限锐减 35min 左右，持荷水平从 0.5 增加 0.6 时，叠合梁的耐火极限也降低 25min 左右。叠合梁的持荷水平越高，叠合梁的变形越大，高温下其耐火极限就越小。随着持荷水平的增大，叠合梁构件的耐火极限迅速减小，且持荷水平对叠合梁的耐火极限的影响非常显著。

（2）叠合参数 D_h 的影响

持荷水平和混凝土保护层厚度相同的条件下，将叠合梁的耐火极限随叠合参数 D_h 的变化绘制在图 5-3-2 中。从图中可以观察出，叠合梁的叠合参数对耐火极限的影响较小，叠合参数从 0.4 增加到 0.5，耐火极限延长 3min 左右。叠合梁的叠合面参数 D_h 越大，其耐火极限越高，原因主要是预制板厚度越大，温度在从预制板传递到现浇板的过程损失大，受压区混凝土劣化较慢，挠度增长略慢，耐火极限有所增加。

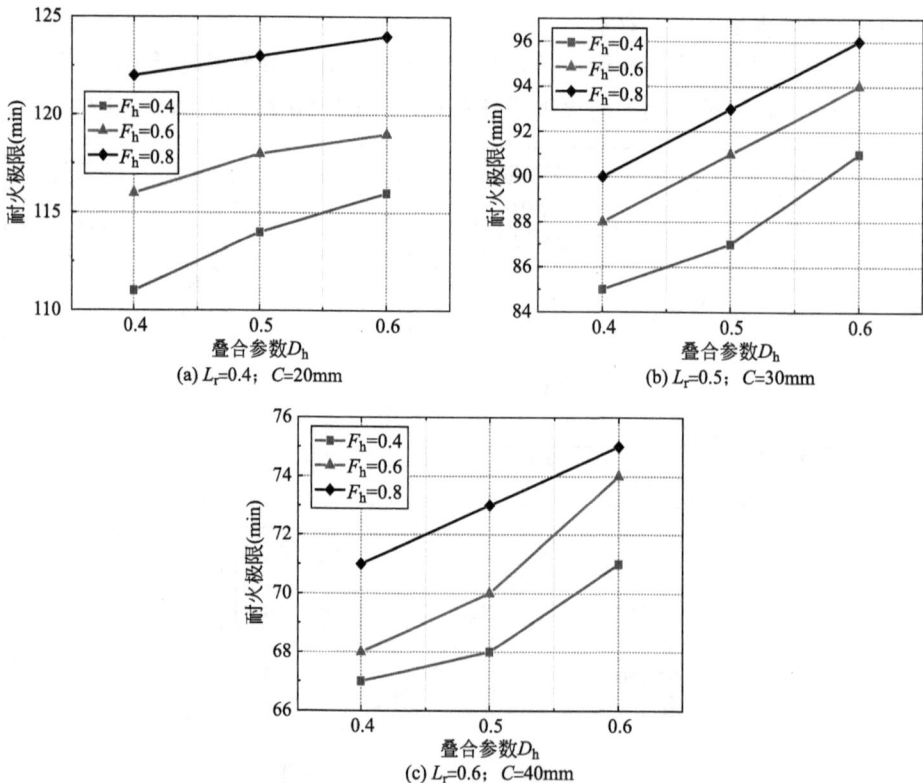

(a) L_r=0.4；C=20mm

(b) L_r=0.5；C=30mm

(c) L_r=0.6；C=40mm

图 5-3-2　叠合梁耐火极限随叠合参数的变化

（3）摩擦系数 F_h 的影响

分析摩擦系数的影响时，保证持荷水平和叠合参数相同的条件下，将叠合梁的耐火极限摩擦系数的变化绘制在图 5-3-3 中。由图 5-3-3 知，叠合梁叠合界面的摩擦系数对叠合梁耐火极限的影响总体表现为摩擦系数越大，其耐火极限越大。叠合界面的摩擦系数代表着预制板与现浇板粘结的整体程度，摩擦系数越大，二者之间整体性越强，粘结强度越大，与整浇梁越接近，变形破坏需要的受火时间越长。摩擦系数从 0.4 增加到 0.6，耐火极限延长 6min 左右；但持荷水平增大时，摩擦系数增大对于耐火极限的影响显著性则降低，原因主要是持荷水平升高后叠合梁的变形增大，内部应力增大，对叠合面的影响较大，导致叠合梁耐火极限的增长变小。

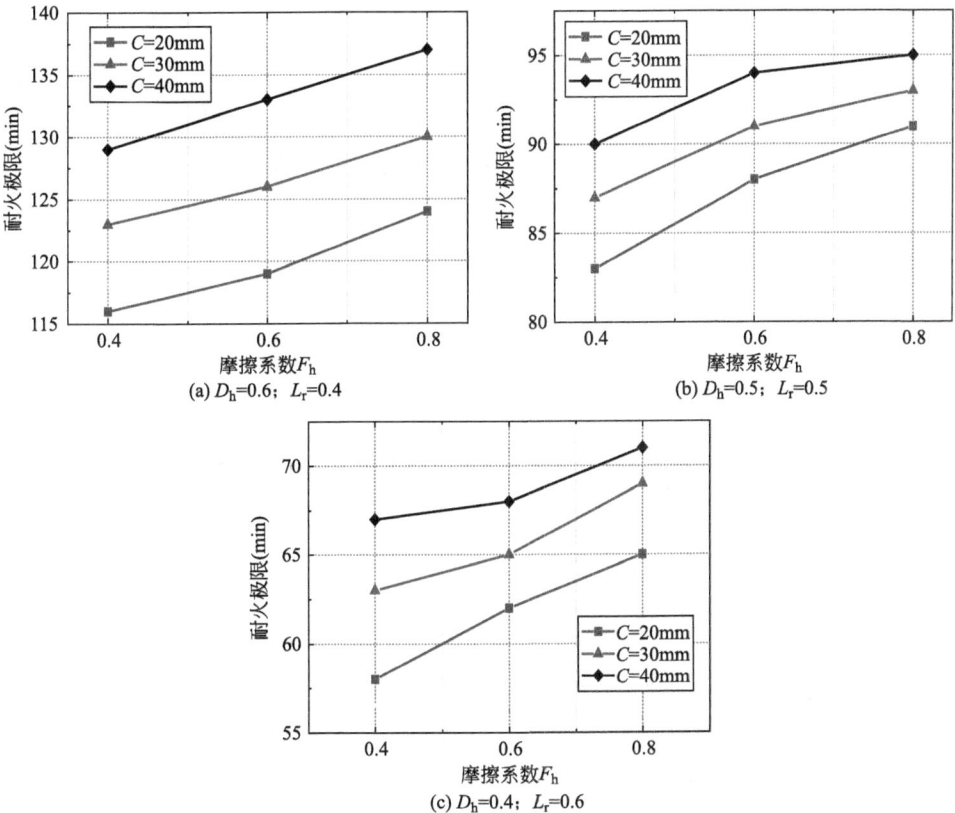

(a) $D_h=0.6$；$L_r=0.4$

(b) $D_h=0.5$；$L_r=0.5$

(c) $D_h=0.4$；$L_r=0.6$

图 5-3-3　叠合梁耐火极限随摩擦系数的变化

（4）混凝土保护层厚度 C 的影响

混凝土保护层厚度 C 与叠合梁耐火极限的关系为正相关，如图 5-3-4 所示。混凝土保护层在火灾下起阻止热量传输的作用，由于混凝土本身的热惰性，保护层厚度越大，隔热效果越好，叠合梁内部的受拉钢筋升温越慢，其强度降低就越少。当持荷水平和叠合面摩擦系数相同的情况下，混凝土保护层厚度越大，叠合梁的耐火极限随之增大，且叠合梁的耐火极限与保护层厚度之间接近线性变化；持荷水平大于 0.5 以后，保护层厚度的增加对耐火极限的影响显著性降低，这是因为叠合梁受荷增大后变形加大，叠合梁底部的裂缝发展更严重，结构内部升温加快导致破坏加速，所以耐火极限增长较小。

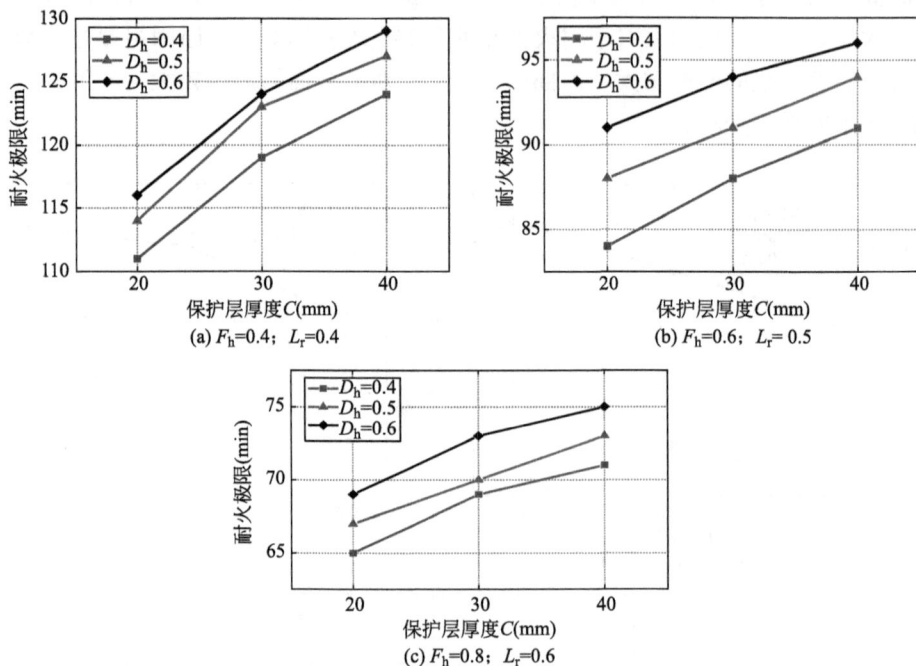

(a) $F_h=0.4$；$L_r=0.4$

(b) $F_h=0.6$；$L_r=0.5$

(c) $F_h=0.8$；$L_r=0.6$

图 5-3-4　叠合梁耐火极限随保护层厚度的变化

5.3.2　叠合梁耐火极限公式拟合

综合考虑混凝土保护层的厚度 C、叠合梁持荷水平 L_r、叠合参数 D_h 以及界面摩擦系数 F_h 四个因素对叠合梁耐火极限的影响，在其他条件相同的情况下，持荷水平对叠合梁的耐火极限影响最显著，其次，叠合梁的耐火极限分别随保护层厚度和叠合面摩擦系数的增加趋于线性增长，荷载比过大后，两个因素的影响显著性降低；相比于其他三个影响因素，叠合参数的提高对耐火极限的影响并不明显。对表 5-3-1 中的数据进行整理和分析，使用统计分析软件 SPSS 回归给出耐火极限与各影响因素之间的关系式，不同保护层厚度的关系式分别给出，混凝土保护层厚度 C 为 20mm 时的关系式为：

$$R_{T1}=3.11(26.10F_h+31.49D_h+97.59)e^{-3.06L_r} \tag{5-3-1}$$

式中，R_{T1} 为叠合梁的耐火极限；F_h 为叠合面的摩擦系数；D_h 为叠合参数；L_r 为持荷水平。

为更合理地计算叠合梁的耐火时间，上式需要在一定的范围内使用：$0.4 \leqslant F_h \leqslant 0.8$，$0.4 \leqslant D_h \leqslant 0.6$，$0.4 \leqslant L_r \leqslant 0.6$。对于回归关系式，残差平方和（RSS）为 30.96，回归平方和（ESS）为 231054.04，$R^2 = 0.998$。保护层厚度为 30mm、40mm 的关系，见式（5-3-2）、式（5-3-3）：

$$R_{T2} = 8.24(9.00F_h + 51.55)D_h^{0.09}e^{-3.14L_r} \tag{5-3-2}$$

$$R_{T3} = 10.8(6.7F_h + 41.91)D_h^{0.11}e^{-3.15L_r} \tag{5-3-3}$$

对于回归关系式（5-3-2），残差平方和（RSS）为 59.30，回归平方和（ESS）为 257085.70；关系式（5-3-3），残差平方和（RSS）为 76.32，回归平方和（ESS）为 278018.68，二者 R^2 均为 0.996。

为了检验回归关系式的准确效果，从表 5-3-1 中根据叠合梁试验的工况选取部分重合工况，将选取的工况采用回归关系公式计算，将公式值、ABAQUS 的有限元模拟值以及值试验值汇总对比，将各结果对比于表 5-3-2 中。

耐火极限试验值、模拟值与公式值对比   表 5-3-2

编号	R_T^T(min)	R_T^S(min)	R_T^F(min)	误差 w_1(%)	误差 w_2(%)
PT1	111	116	115.09	3.68	−0.78
PT2	119	125	123.06	3.41	−1.55
PT3	115	119	120.85	5.09	1.55
PT4	122	126	127.64	4.62	1.30
PT5	57	62	62.41	9.49	0.66
PT6	60	65	65.67	9.45	1.03
PT7	59	65	65.53	11.24	0.82
PT8	63	68	68.12	8.13	0.18

注：R_T^T 为试验值，R_T^S 为模拟值，R_T^F 为公式值。w_1 为 R_T^T 与 R_T^F 的误差，w_2 为 R_T^S 与 R_T^F 的误差。

由表 5-3-2 中可知：

1）叠合梁耐火极限的试验值与公式值的误差为 3.4%～11.1%，其中持荷水平为 0.4 的叠合梁的耐火极限估算较好，误差为 3.4%～5.1%，而持荷水平为 0.6 的耐火极限估算误差较大，误差为 8.1%～11.1%，这是由于火灾试验时，加载的液压千斤顶油压不稳导致实际荷载比目标荷载偏大，且持荷时间较长，导致试验时叠合梁的耐火极限偏低，与数值模拟时目标持荷水平相比较高，所以叠合梁的数值模拟耐火极限大于试验时耐火极限，由数值模拟值回归得到的公式计算值也高于试验值。

2) 叠合梁耐火极限的公式值与模拟值误差绝对值在 2% 以内，说明回归关系式比较精确，在工程实践中可以用于叠合梁的耐火极限估算。

5.4 本章小结

本章首先以预制装配式混凝土 T 形截面叠合梁构件（以下称为叠合梁）为试验对象，在标准升温曲线 ISO 834 进行恒载升温的耐火试验，研究热-力共同作用对叠合梁耐火性能的影响。火灾试验时观察叠合梁火灾前、火灾中、火灾后的反应，分析火灾下破坏的过程和特征以探究其破坏机理；测量火灾试验中截面温度场分布，探究其内部温度场变化规律；量测并计算火灾试验中叠合梁各测点的位移变化以判断叠合梁达到耐火极限所需的时间。

随后，本章基于材料的热工特性，采用有限元软件 ABAQUS 对叠合梁在高温下的温度场进行模拟，该温度场模型以试验验证结果为基础，结合叠合梁各组成材料在高温下的力学性能进行分析。ABAQUS 采用顺序热-力耦合分析，获取挠度与时间的关系；采用截面法计算截面的弯矩曲率关系，根据曲率获得跨中截面的挠度，并将两种计算结果和试验结果对比，数值模拟和截面法理论计算结果与火灾试验耐火极限误差分别为 5.1% 和 3.4%，两种方法均可以较好地反映叠合梁构件挠度的发展规律，截面法理论模型计算效果更优。

最后本章采用 ABAQUS 对叠合梁的耐火极限进行模拟计算，并将计算数据对比分析，综合考虑混凝土保护层的厚度、持荷水平、叠合参数以及叠合面摩擦系数四个影响因素。采用 SPSS 软件对有限元模拟结果进行非线性回归分析，拟合出叠合梁高温下的耐火极限与各影响因素间的定量关系式。将本章的叠合梁耐火试验值、ABAQUS 有限元模拟值和公式值进行对比，公式值与模拟值对比的误差绝对值在 2% 以内，与试验值对比的误差为 3.4%～11.1%，有限元模拟和公式计算的效果均较好。

参考文献

[1] ACI Committee318. ACI318-08：Building Code Requirements for Structural Concrete（ACI318-08）and Commentary（ACI318R-08）[S]. ACI Committee Institute, Farmington Hills, Mich. 2008：456.

[2] 中华人民共和国住房和城乡建设部. 混凝土结构设计标准：GB 50010—2010 [S]. 北京：中国建筑工业出版社，2010.

[3] International Standard. ISO 834-1-1999（E）Fire-resistance tests：elements of building construction-Part 1：general requirements [S]. Switzerland：International Organization for

Standardization，1999.

［4］中华人民共和国公安部．建筑构件耐火试验方法　第1部分：通用要求：GB/T 9978.1—2008［S］北京：中国标准出版社，2008.

［5］中华人民共和国住房和城乡建设部．混凝土物理力学性能试验方法标准：GB/T 50081—2019［S］．北京：中国建筑工业出版社，2019.

［6］Staggs J E J. A theoretical appraisal of the effectiveness of idealised ablative coatings for steelprotection［J］. Fire Safety Journal，2008，43（8）：618-625.

［7］European Committee for Standardization. BS EN 1992-1-2：2004 Eurocode 2：Design of concrete structures -Part1-2：General rules-Structural fire design［S］. London：British Standards Institution，2004.

［8］王玉镯，傅传国．ABAQUS结构工程分析及实例详解［M］．北京：中国建筑工业出版社，2010.

［9］何涛．预制装配式叠合梁抗火性能研究［D］．苏州：苏州科技大学，2017.

［10］谢云翎．高温下预制装配式混凝土界面抗剪性能研究［D］．苏州：苏州科技大学，2018.

［11］刘俊卿，朱超，刘超，等．基于三维弹簧联结模型的装配式叠合梁受力性能数值模拟研究［J］．混凝土，2018（1）：138-143＋147.

［12］朱超．考虑叠合面滑移的装配式混凝土构件受力性能数值模拟研究［D］．西安：西安建筑科技大学，2017.

［13］ACI Committee318. ACI318-08：Building Code Requirements for Structural Concrete（ACI318-08）and Commentary（ACI318R-08）［S］. ACI Committee Institute，Farmington Hills，Mich. 2008：456.

［14］刘健．新老混凝土粘结的力学性能研究［D］．大连：大连理工大学，2000.

［15］周剑．预制混凝土空心模剪力墙应用技术研究［D］．北京：清华大学，2015.

［16］郝旭东．齿槽连接装配式剪力墙滞回性能有限元分析［D］．哈尔滨：东北石油大学，2018.

［17］谢云翎．高温下预制装配式混凝土界面抗剪性能研究［D］．苏州：苏州科技大学，2018.

［18］朱庸．考虑裂缝影响的CFRP筋混凝土梁耐火性能研究［D］．哈尔滨：哈尔滨工业大学，2009.

［19］Li L，Purkiss J. Stress － strain constitutive equations of concrete material at elevated temperatures［J］. Fire Safety Journal，2005，40（7）：669-686.

［20］EC2. Design of concrete structure：Part 1-2：General rules-structural fire design［S］. European Committee for Standardization，Brussels，2004.

［21］李卫，过镇海．高温下混凝土的强度和变形性能试验研究［J］．建筑结构学报，1993，14（1）：8-16.

［22］Anderberg Y，Thelandersson S. Stress and deformation characteristics of concrete at high temperatures. 2. Experimental investigation and material behaviour model［R］. Lund：

Lund Institute of Technology，1976.

［23］段艳菊．钢-混凝土双面结合梁负弯矩区滑移及受弯全过程分析［D］．石家庄：石家庄
铁道学院，2006.

［24］R. Seracino，D. J. Oehlers，M. F. Yeo. Partial-interaction flexural stress in composite steel
and concrete bridge beams［J］．Engineering Structures，2001，23：1186-1193.

第六章 基于深度学习的火灾后
混凝土结构损伤检测与评估

6.1 火灾后 RC 结构损伤类型及等级分类

本节建立了适用于火灾后 RC 结构表面自动损伤检测及评估网络。该网络融合了不同损伤特征评价准则，强化整体网络对损伤变化敏感性。在此基础上，搭建后续损伤等级分类网络，实现对火灾后混凝土构件损伤等级自动预测功能。

6.1.1 数据集准备

本章所使用数据集图像均由实地拍摄与网络搜索共同组成，共收集 1965 张图像，按不同损伤类型分类任务划分训练集与验证集，包括：
1) 构件表面颜色变化（四分类任务：正常、熏黑、粉/红/浅黄、灰白）；
2) 裂缝特征分类（三分类任务：未开裂，轻微开裂、严重开裂）；
3) 混凝土爆裂（三分类任务：未爆裂、轻微爆裂、严重爆裂）；
4) 钢筋露筋（三分类任务：未露筋、轻微露筋、严重露筋）。

与此同时，参考损伤等级判定准则，将图像按损伤等级分类（四分类任务：未损伤、轻微损伤、中度损伤及重度损伤），用于训练后续损伤等级预测网络。共建立五个不同图像比例混凝土构件损伤类型及等级分类任务数据集。

6.1.2 分类网络架构及超参数配置

为应对火灾后混凝土结构损伤识别和分类任务复杂性，本章提出两阶段分类网络架构，第一阶段为训练四种损伤分类模型，将训练好的模型权重进行融合，强化网络对具体损伤特征提取；第二阶段为连接损伤等级分类网络进行构件损伤等级预测，火灾后构件损伤类型与等级分类网络如图 6-1 1 所示。

损伤等级分类网络中引入了 Swin-Transformer 模块（图 6-1-2），以增强网络的融合特征提取性能。该模块包含基于窗口多头自注意力模块（MSA），随后连接 GELU 非线性激活函数多层感知器（MLP），并在 MSA 和 MLP 模块前连接层归一化，负责特征变换并保持通道维度不变。

图 6-1-3 为滑移窗口算法，W-MSA 根据补丁（patch）数量将图像均匀地划分

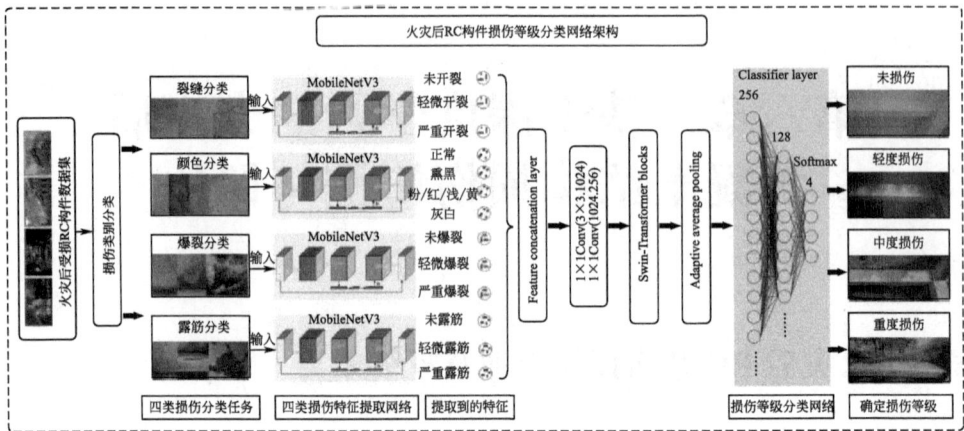

图 6-1-1　火灾后构件损伤类型与等级分类网络

［注：MobileNetV3：MobileNetV3 轻量网络；Feature concatenation layer：特征拼接层；Conv（3×3，1024）：3×3 卷积层（输出通道 1024）；Conv（1024，256）：1×1 卷积层（输出通道 256）；Adaptive average pooling：自适应平均池化层；Softmax：Softmax 分类器；Classifier layer：分类器层。］

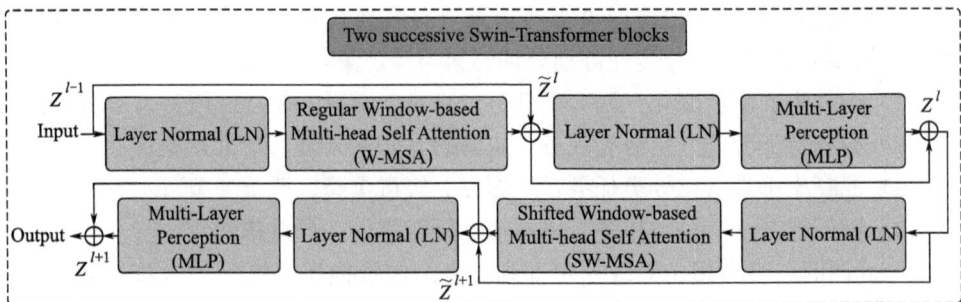

图 6-1-2　Swin-Transformer 模块

（Two successive Swin-Transformer blocks：两个连续的 Swin-Transformer 模块；Input：输入；Output：输出；Layer Normal（LN）：归一化技术；Multi-Layer Perception（MLP）：多层感知机，这是一种最基本的深度学习模型，主要用于监督学习；Regular Window-based Multi-head Self Attention（W-MSA）：设定窗口的多头自注意力机制；Shifted Window-based Multi-head Self Attention（SW-MSA）：转移窗口的多头注意力机制）

为几个不重叠的局部窗口（Local Window），并在 l 层每个窗口中计算自注意力。

然而，W-MSA 和 SW-MSA 之间的窗口大小不一致，使模型不能在前向传播中同时计算自注意力，计算效率较低。为此，提出一种用于移位窗口操作自注意力循环移位计算方法，如图 6-1-4 所示。当移动窗口分割后，同时在特征图中进行循环移动。

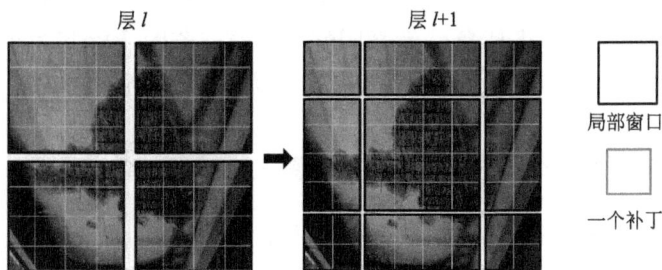

层 *l*　　　　　　　　层 *l*+1

局部窗口

一个补丁

图 6-1-3　滑移窗口算法

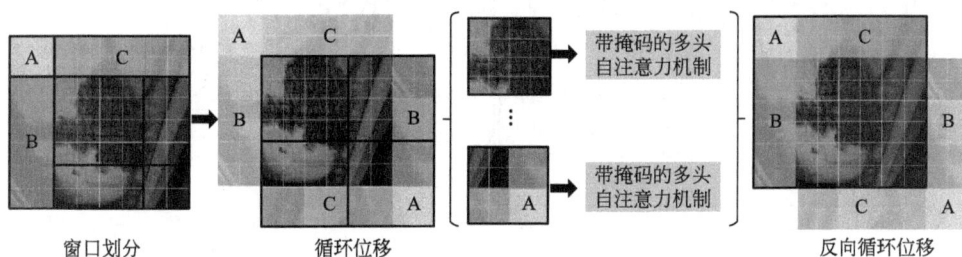

窗口划分　　　　　　　循环位移　　　　　　　　　　　　　　　　　反向循环位移

图 6-1-4　基于滑动窗口的自注意力机制运算

6.1.3　分类网络训练及性能评估

1. 损伤分类网络训练

通常，特征提取（FE）和微调（FT）是 TL 两种主流训练策略。为选择合适训练策略，本章对比上述两种训练策略对损伤类型分类网络的影响，将最优模型权重用于损伤等级分类网络融合权重。

2. 损伤分类网络性能评估

为了评估模型性能，本章使用准确度（Accuracy）、精确度（Precision）、召回率（Recall）和特异性（Specificity，或 F1 分数，F1Score）四种衡量指标，如式（6-1-1）～式（6-1-4）所示。

$$Accuracy = \frac{TP + TN}{TP + TN + FP + FN} \tag{6-1-1}$$

$$Precision = \frac{TP}{TP + FP} \tag{6-1-2}$$

$$Recall = \frac{TP}{TP + FN} \tag{6-1-3}$$

$$Specificity = \frac{2 \cdot Precision \cdot Recall}{Precision + Recall} \tag{6-1-4}$$

以正负二分类问题对公式进行说明：真阳性（TP）指图像标签为正网络预测标签也为正，若两者皆负，为真阴性（TN）；若图像标签为正，预测标签为负，为假阴性（FN）；反之，若图像标签为负，预测标签为正，为假阳性（FP）。

使用 FE 和 FT 训练策略的模型性能如图 6-1-5～图 6-1-9 所示。

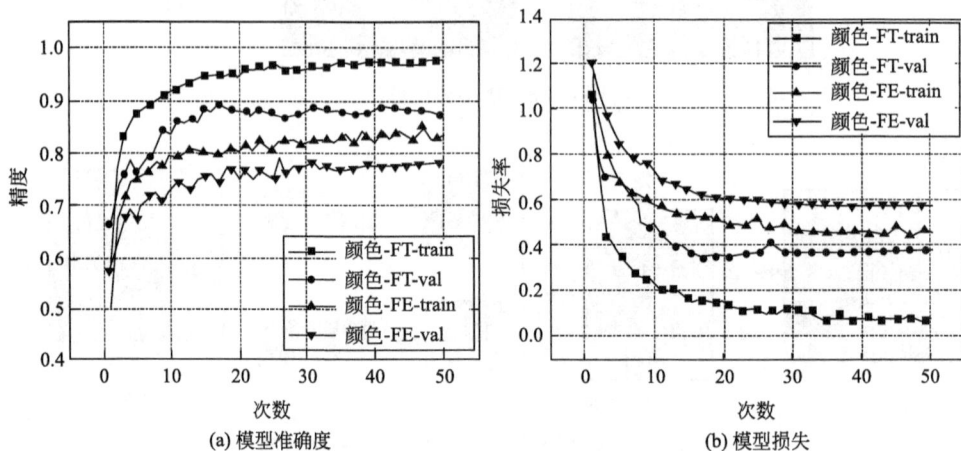

(a) 模型准确度

(b) 模型损失

图 6-1-5　颜色分类任务（train：训练；val：验证）

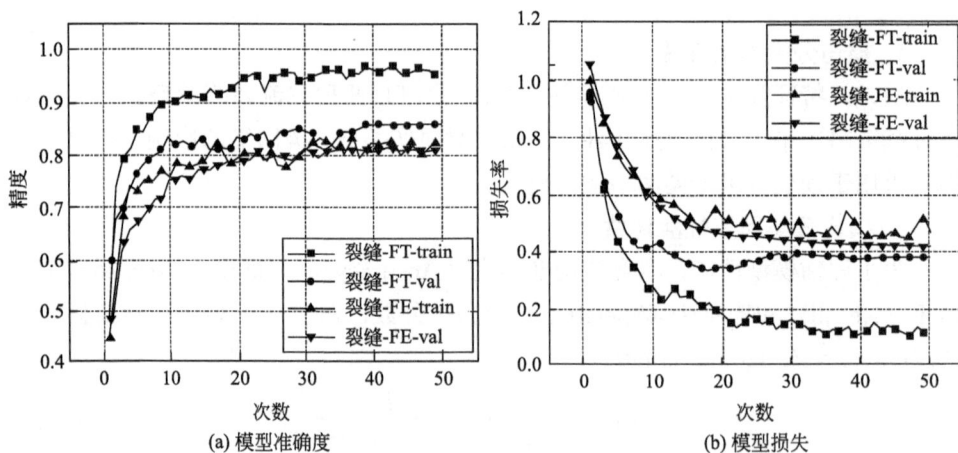

(a) 模型准确度

(b) 模型损失

图 6-1-6　裂缝分类任务

值得注意的是，FT 训练策略使模型实现了更高准确度，但模型在训练集与验证集间仍存在性能差异，表明模型存在轻度过拟合现象。总体上，露筋和爆裂两项分类任务的精度均优于颜色和裂缝分类任务。

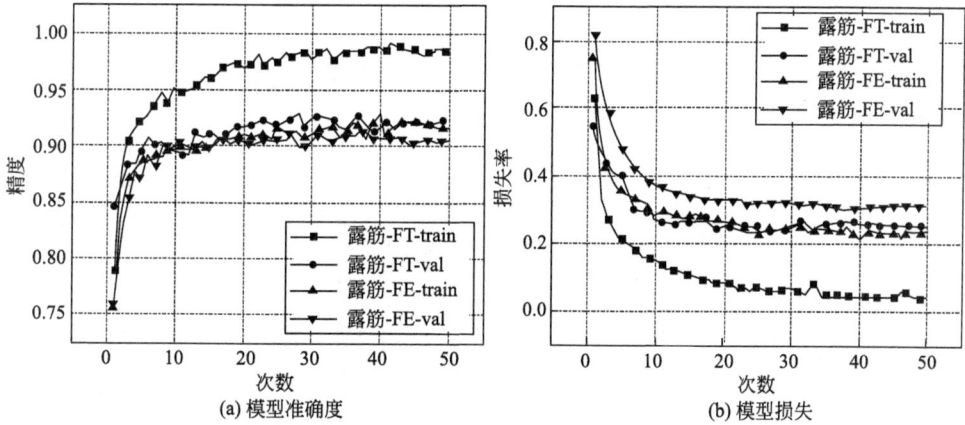

(a) 模型准确度

(b) 模型损失

图 6-1-7　钢筋露筋分类任务

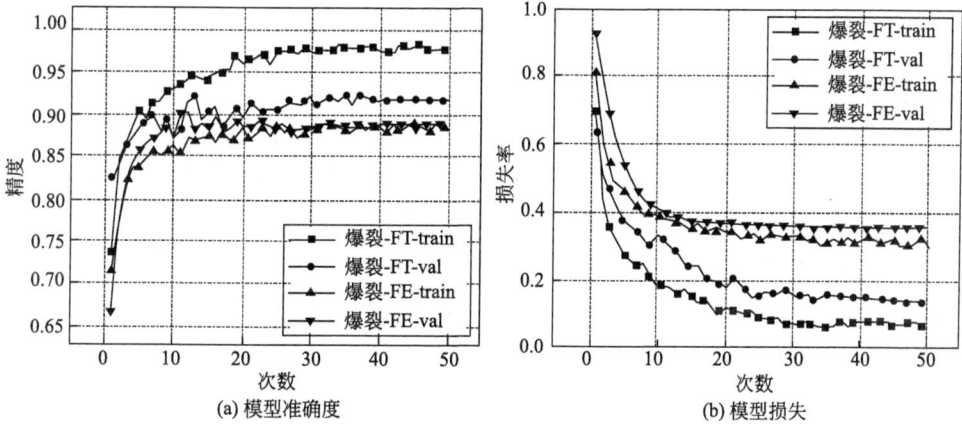

(a) 模型准确度

(b) 模型损失

图 6-1-8　混凝土爆裂分类任务

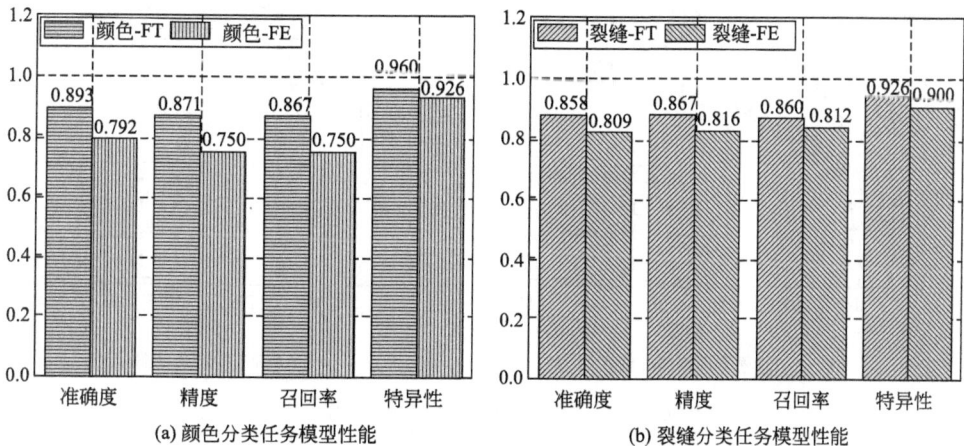

(a) 颜色分类任务模型性能

(b) 裂缝分类任务模型性能

图 6-1-9　不同训练策略的性能比对（一）

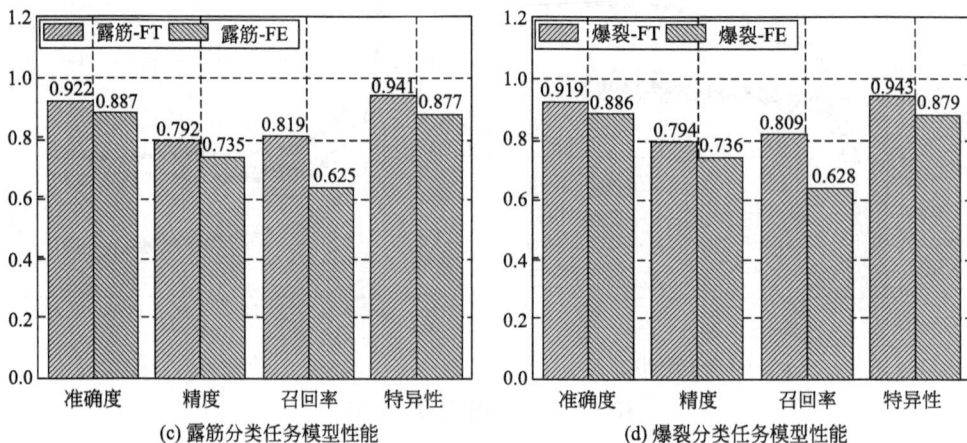

(c) 露筋分类任务模型性能　　　　(d) 爆裂分类任务模型性能

图 6-1-9　不同训练策略的性能比对（二）

3. 损伤等级分类网络训练及性能评估

损伤类型分类网络的权重被保留，用于损伤等级分类网络中权重融合。本章测试不同学习率与输入图像尺寸对网络分类的性能影响，论述了作用机理。

进行了四种学习率消融试验，分别设为 0.01、0.001、0.0001 和 0.00001。此外，余弦衰减策略（Cosine Annealing Strategy）用于动态调整学习率。与其他方法相比，余弦衰减将提高训练速度，保持精度不变。不同学习率模型在训练和验证集上损失和准确率变化如图 6-1-10 所示，将最终结果汇总于图 6-1-11。

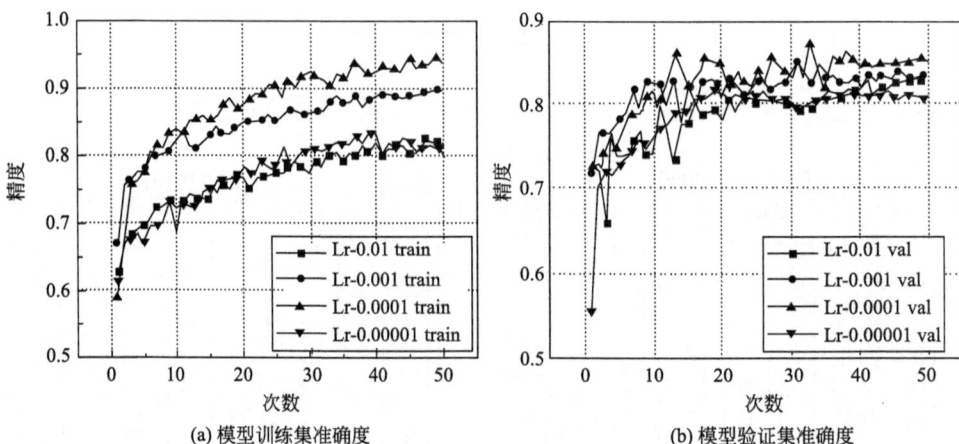

(a) 模型训练集准确度　　　　　　(b) 模型验证集准确度

图 6-1-10　不同学习率模型性能对比（一）

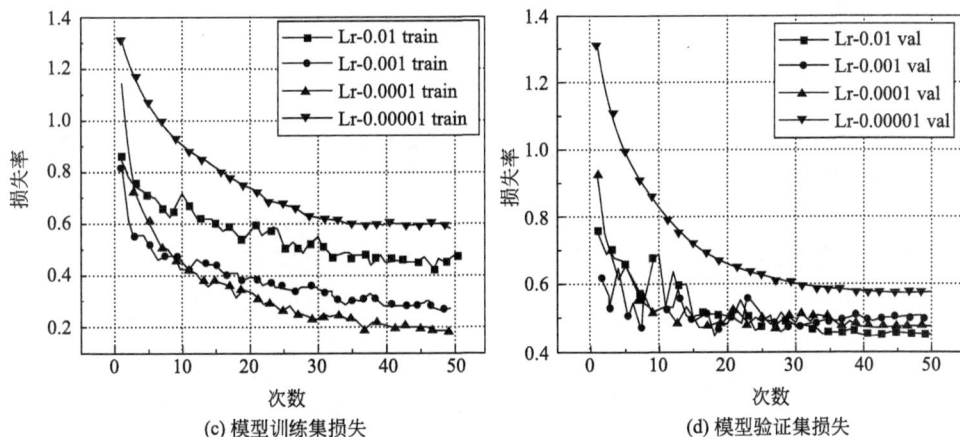

(c) 模型训练集损失　　　　　　　　　(d) 模型验证集损失

图 6-1-10　不同学习率模型性能对比（二）

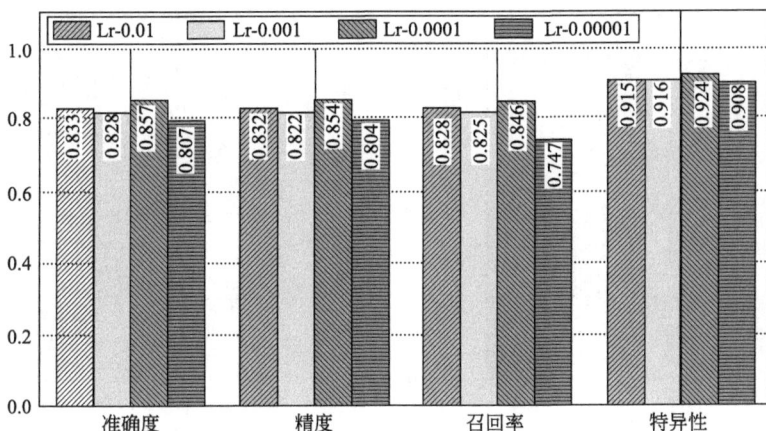

图 6-1-11　不同学习率模型性能指标对比

由图 6-1-2 可知：

1）除学习率为 0.00001 的模型外，其余模型在两种数据集上的初始精度均达到 70% 及以上。

2）随着训练周期的增加，模型精度不断提高，最终在第 50 个周期达到饱和。学习率为 0.0001 的模型最高精度为 85.7%。然而，学习率为 0.00001 的模型损失曲线降幅更加平滑，但在消融测试中精度最低为 80.7%，因此需要更长训练时间以提高精度。

3）尽管学习率为 0.01 和 0.001 的模型收敛速度较快，但训练过程中波动剧烈，容易使模型陷入局部极值，进一步影响收敛性能。综合考虑学习率 0.0001 可作为模型最佳超参数设置。

使用混淆矩阵（Confusion Matrix）量化不同学习率模型对每种损伤等级判别能力，不同学习率模型混淆矩阵如图 6-1-12 所示，混淆矩阵中每行为真实损伤等级，每列为预测损伤等级。

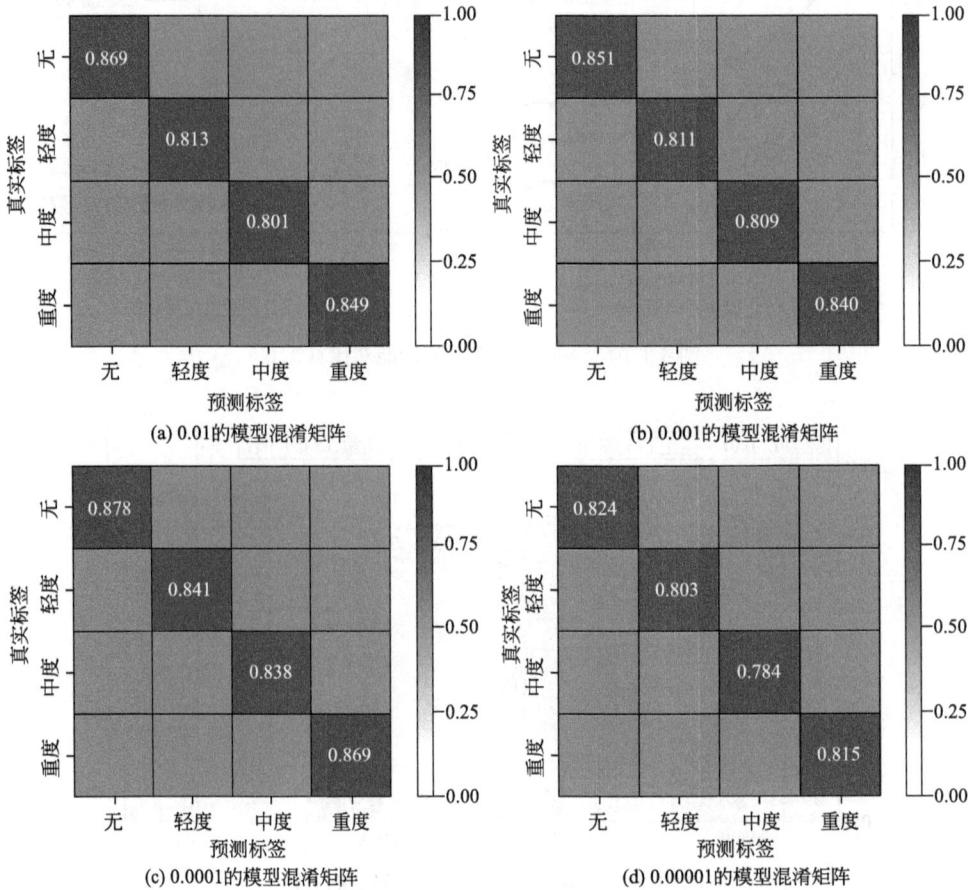

(a) 0.01的模型混淆矩阵

(b) 0.001的模型混淆矩阵

(c) 0.0001的模型混淆矩阵

(d) 0.00001的模型混淆矩阵

图 6-1-12　不同学习率模型混淆矩阵

由图 6-1-12 可知：

所测试模型在无损伤和严重损伤级别的分类准确率最高，达到 85%。然而，轻微损伤和中等损伤的预测精度较低。原因在于，火灾后严重损伤（如严重混凝土剥落和钢筋露筋）的特征在图像中更为明显，降低了模型的学习难度。相比之下，轻微和中度损伤的轮廓边界较为模糊，增加了网络模型的学习难度，从而影响了分类效果。

选择合适的输入图像大小以实现精度和计算资源间的平衡。使用不同输入图像大小 112、224、448、672 和 896 进行消融试验，其中网络基线图像输入大小为 2242。在网络训练之前将图像重新缩放到特定输入大小，网络训练与验证过程中，将准确度与损失值绘于图 6-1-13，结果汇总于图 6-1-14。

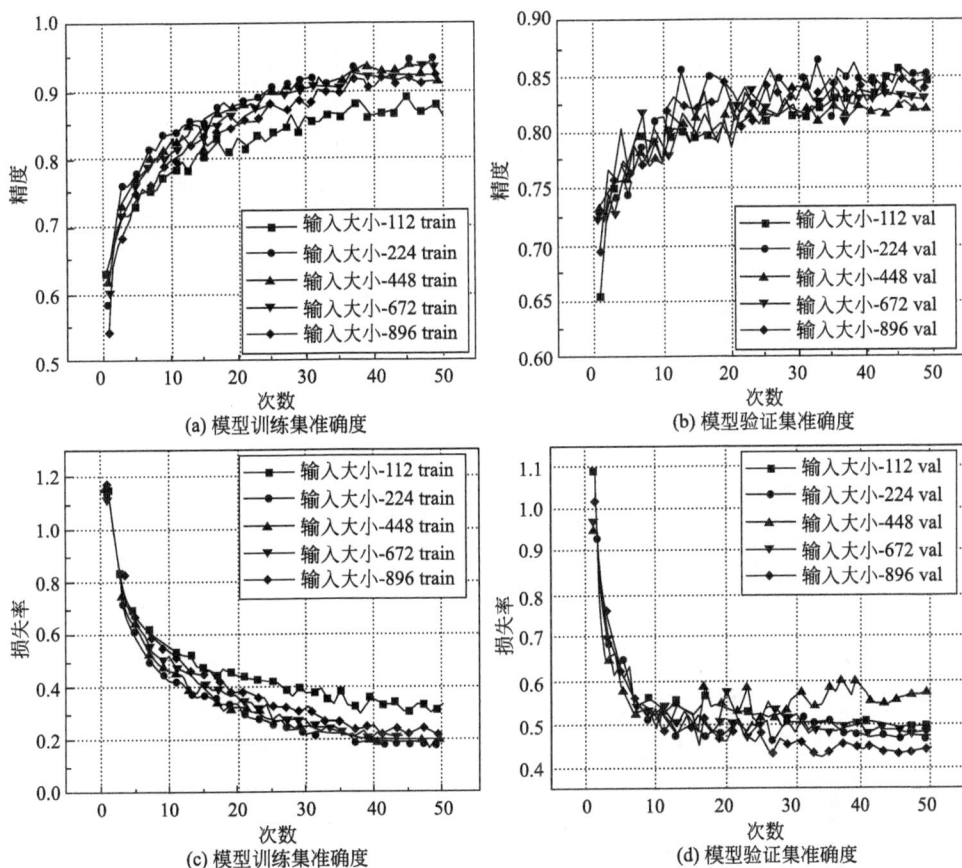

(a) 模型训练集准确度

(b) 模型验证集准确度

(c) 模型训练集准确度

(d) 模型验证集准确度

图 6-1-13 不同图像输入尺寸模型性能对比

由图 6-1-13 可知：

（1）不同输入图像下模型的精度相近。与损伤分类任务相比，模型的过拟合现象有所缓解。除输入图像编号为 112 的模型外，其他模型的训练精度均超过 90%。分辨率较低的图像无法充分展现损伤特征，尤其是在轻微和中等损伤构件图像中，导致模型训练效果不理想。

（2）使用 896 较大的输入图像并不能显著提高模型性能，模型在验证集上的最终精度与其他模型非常接近。因此，综合考虑模型计算开销与预测精度，采用大小为 224 的输入图像用于训练模型可以实现两者间均衡。不同输入图像尺寸模型混淆矩阵如图 6-1-15 所示，以评判模型对每种损伤等级分类准确度。

由图 6-1-15 可得出以下结论：

1）未损坏和严重损坏等级特征在图像中最明显，五种模型对此类损伤等级

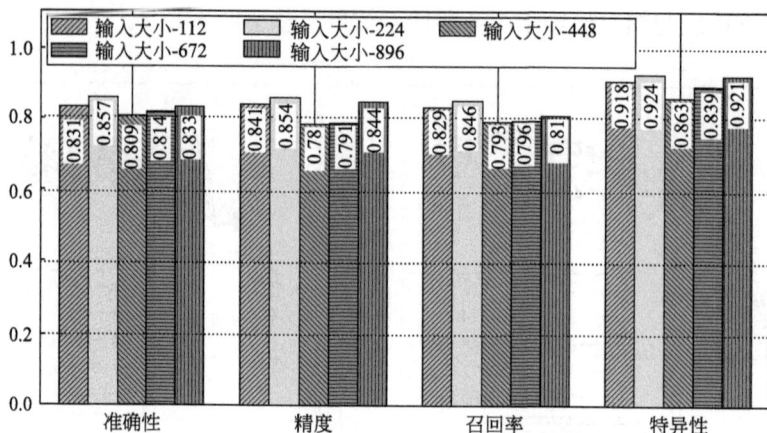

图 6-1-14　不同图像输入尺寸模型评价指标

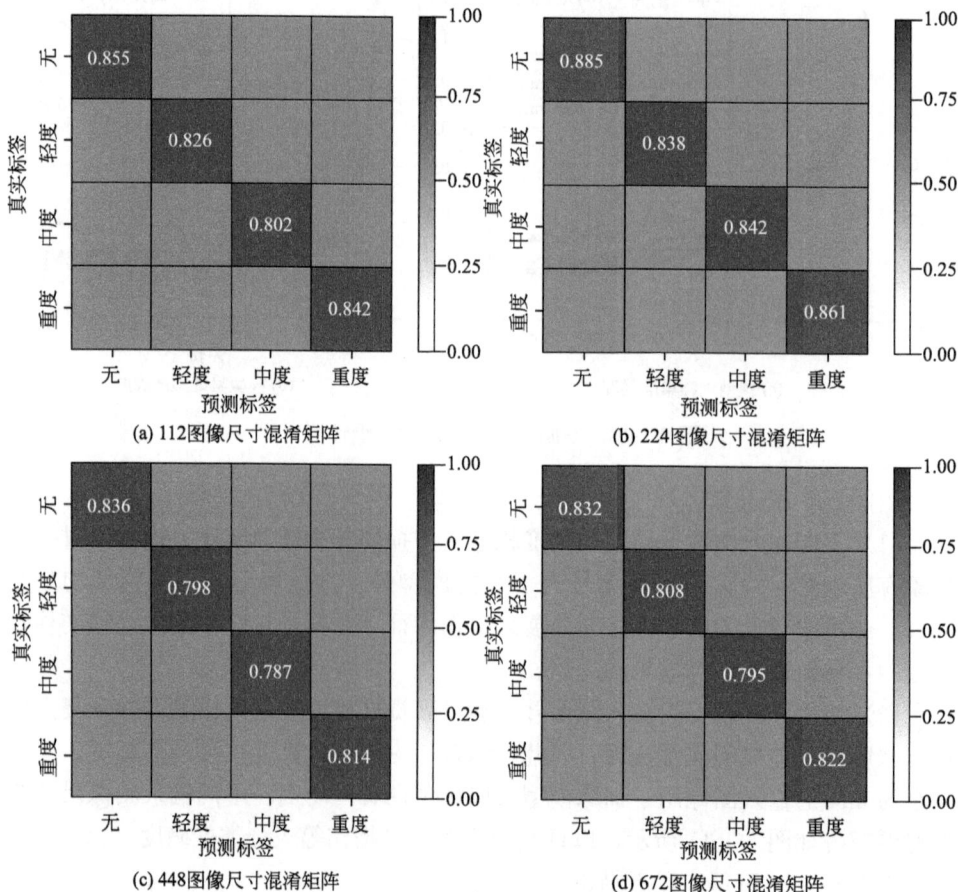

(a) 112图像尺寸混淆矩阵

(b) 224图像尺寸混淆矩阵

(c) 448图像尺寸混淆矩阵

(d) 672图像尺寸混淆矩阵

图 6-1-15　不同输入图像大小模型混淆矩阵（一）

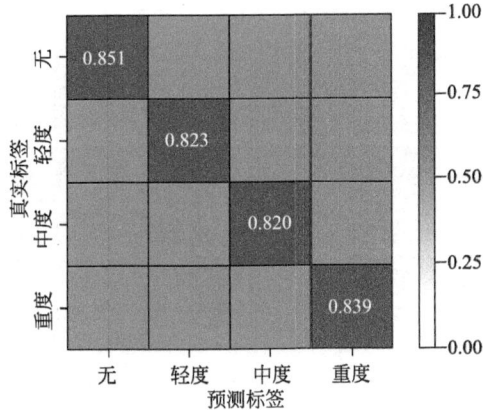

(e) 896图像尺寸混淆矩阵

图 6-1-15 不同输入图像大小模型混淆矩阵（二）

分类精度最高。

2）与学习率消融试验结果类似，模型对于轻度和中度损伤水平的预测准确性较低。此类图像中损伤特征不明显，增大网络学习难度。

3）最低分类精度为输入图像大小为 448 的模型，最高分类精度为输入图像大小为 224 的模型。因此，采用 224 作为输入图像大小的模型不仅满足精度要求，并且满足模型训练期间计算开销。

6.1.4 模型可视化

为解释神经网络模型中卷积核所学到的特征，使用梯度加权类激活映射（Grad-CAM）方法，对模型最终决策进行可视化解释。本章列举模型预测轻微、中度和严重损伤等级的 CAM 图像，如图 6-1-16 所示。

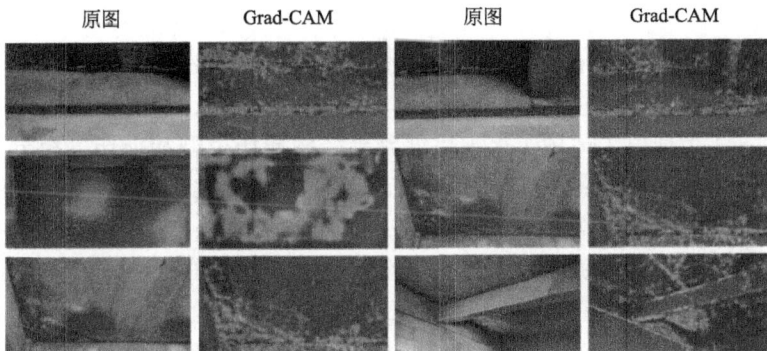

(a) 轻度损伤等级预测网络CAM图

图 6-1-16 不同损伤等级的网络预测 CAM 图（一）

(b) 中度损伤等级预测网络CAM图

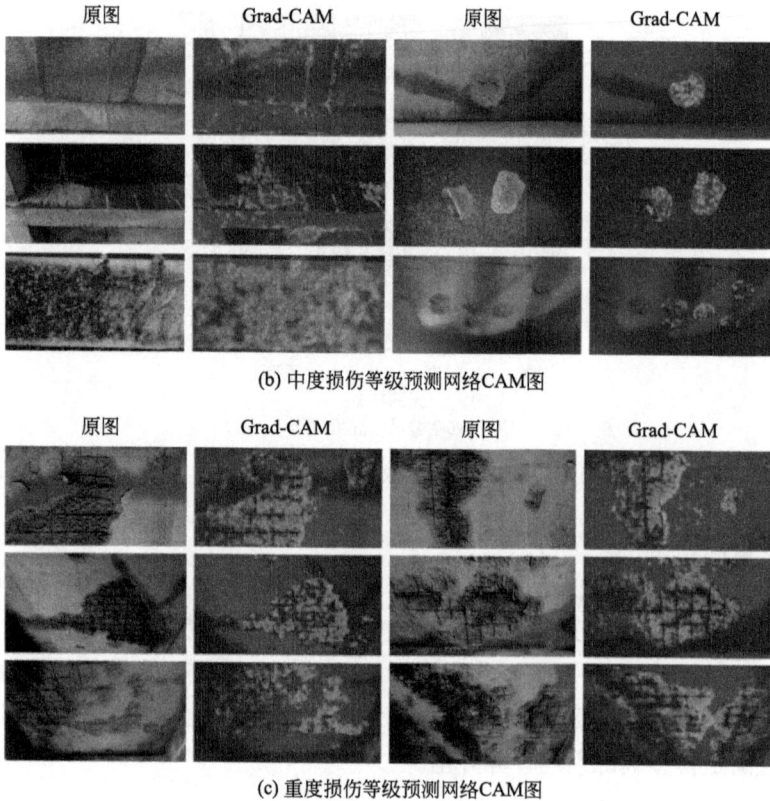

(c) 重度损伤等级预测网络CAM图

图 6-1-16　不同损伤等级的网络预测 CAM 图（二）

　　本小节建立了适用于火灾后 RC 结构表面自动损伤检测及评估网络。该网络融合了不同损伤特征评价准则，强化整体网络对损伤变化敏感性。在此基础上，搭建后续损伤等级分类网络，实现对火灾后混凝土构件损伤等级自动预测功能。

6.2　火灾后 RC 结构损伤检测

　　本章 6.1 节研发了适用于火灾后混凝土结构损伤类型和损伤等级分类网络，该网络通过对比试验可有效对火灾后构件表面颜色变化、裂缝状态、混凝土爆裂、钢筋露筋程度以及最终损伤等级进行分类。然而，分类网络存在一定局限性，无法对损伤进行精确定位，无法为检测人员提供详细的数据支撑。因此，本节研究了基于目标检测网络的火灾后混凝土结构损伤检测技术，使用最先进且广泛应用的 YOLOv5s 网络，优化模型架构，对火灾后混凝土构件进行损伤检测，实现构件表面熏黑、裂缝、混凝土爆裂和钢筋露筋四类损伤识别与定位，解决分类网络局限性。此外，本节还研发了基于智能手机移动端火灾后混凝土结构损伤实时检测系统。

6.2.1　数据集准备

在已收集的分类网络数据集基础上，通过 Labelme 软件在图像上用矩形框标注不同损伤类别和位置信息，Labelme 图像标注界面示意图如图 6-2-1 所示。

图 6-2-1　Labelme 图像标注界面示意图

共标注有效图像 1536 张，其中 1229 张用于网络训练，剩余 307 张用于网络验证，采用 VOC 格式保存标注信息，生成 xml 文件方便网络读取。图像中标注的边界框信息汇总于图 6-2-2。可以看出，边界框的 x、y 坐标信息呈现十字形分布，排列较为集中，且尺寸多为中小尺度，少部分边界框宽度大于高度。因此，提升模型特征提取与多尺度检测性能至关重要。

6.2.2　改进的 YOLOv5 网络架构及参数配置

YOLOv5s 是 YOLO 系列最小模型，更适合部署在车载移动硬件平台上，其内存大小仅为 14.10M，但识别精度达不到准确、高效识别要求，尤其是用于识别小规模目标。YOLOv5s 的输入部分通过数据增强来丰富数据集，它具有对硬件设备要求低，计算量成本低。但是会导致数据集中原来小目标难以检测，降低模型的泛化性能。

引入 AF-FPN 和自动学习数据增强来解决模型大小和识别精度不兼容的问题，进一步提高模型的识别性能，并将新模型命名为 YOLOv5s-D，将原有的 FPN 结构替换为 AF-FPN，以提高识别多尺度目标的能力，并在识别速度和准确率之间做出平衡。AF-FPN 在传统特征金字塔网络基础上，增加自适应注意力

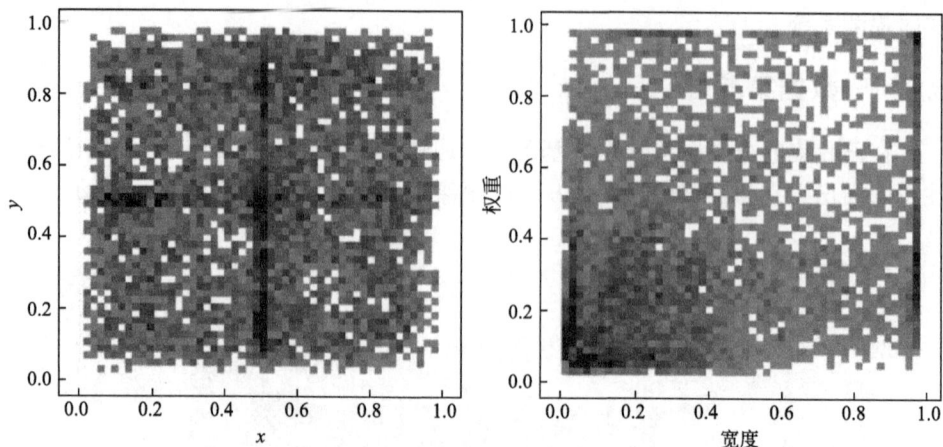

图 6-2-2　目标边界框尺寸及位置信息

模块（AAM）和特征增强模块（FEM）。前者减少特征通道，降低高层特征图中上下文信息丢失。后者增强特征金字塔表示，提高推理速度，AF-FPN 模块架构图如图 6-2-3 所示。

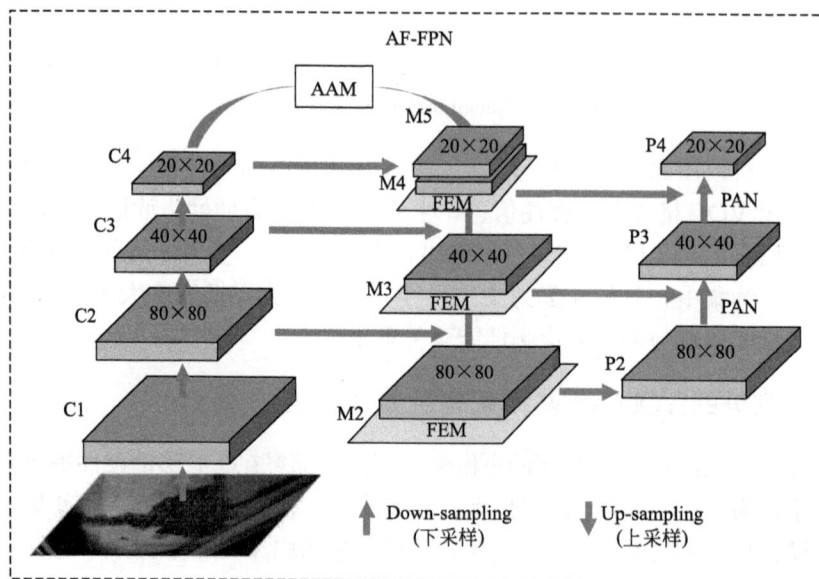

图 6-2-3　AF-FPN 模块架构图

自适应注意模块操作可分为两步。首先，通过自适应平均池化层获得不同尺度的多个上下文特征，池化系数为 [0.1，0.5]，根据数据集目标大小自适应变化。其次，通过空间注意力机制，为每个特征图生成空间权值图，融合上下文特征，生成包含多尺度上下文信息的新特征图。AAM 模块架构图如图 6-2-4 所示。

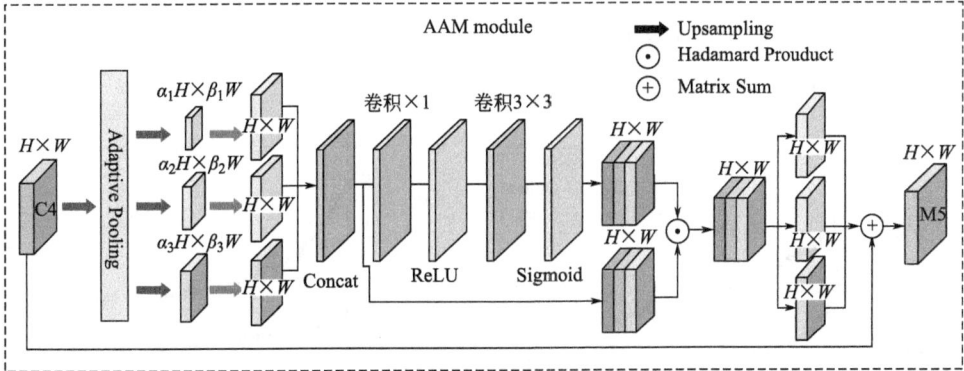

图 6-2-4 AAM 模块架构图

(注：AAM module：双重注意力模块；Adaptive Pooling：自适应池化层；Conv 1×1：1×1 卷积层；
Conv 3×3：3×3 卷积层；ReLU：修正线性单元；Sigmoid：Sigmoid 函数；Hadamard Product：
Hadamard 积；Upsampling：上彩样；Matrix Sum：矩阵和；$H×W$：高度×宽度。)

作为自适应注意力模块的输入，C4 的大小为 $S = H × W$。

FEM 结构可以分为两部分：多分支卷积层与分支池化层。如下图 6-2-5 所示：

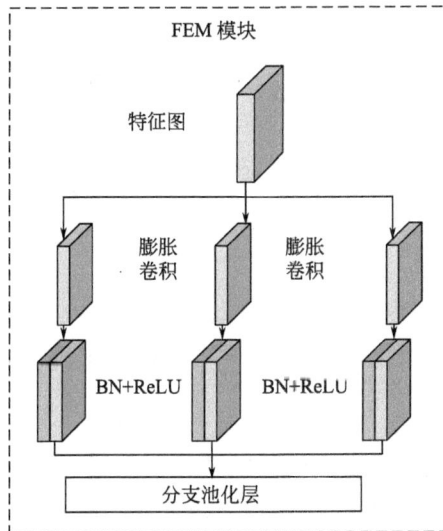

图 6-2-5 FEM 模块架构图

6.2.3 损伤检测网络训练及性能评估

考虑到 YOLOv5s-D 及 YOLOv5s 中均通过赋予不同权重引入三种损失贡献，包括预测边界框回归损失（Box Loss）、目标置信度损失（Object Loss）及分类类别损失（Classes Loss），上述三种损失分别影响着模型对损伤位置、损伤存在性及损伤类别的预测效果。因此，图 6-2-6 展示了模型在训练及验证过程中三种损失值随模型迭代次数的变化曲线。

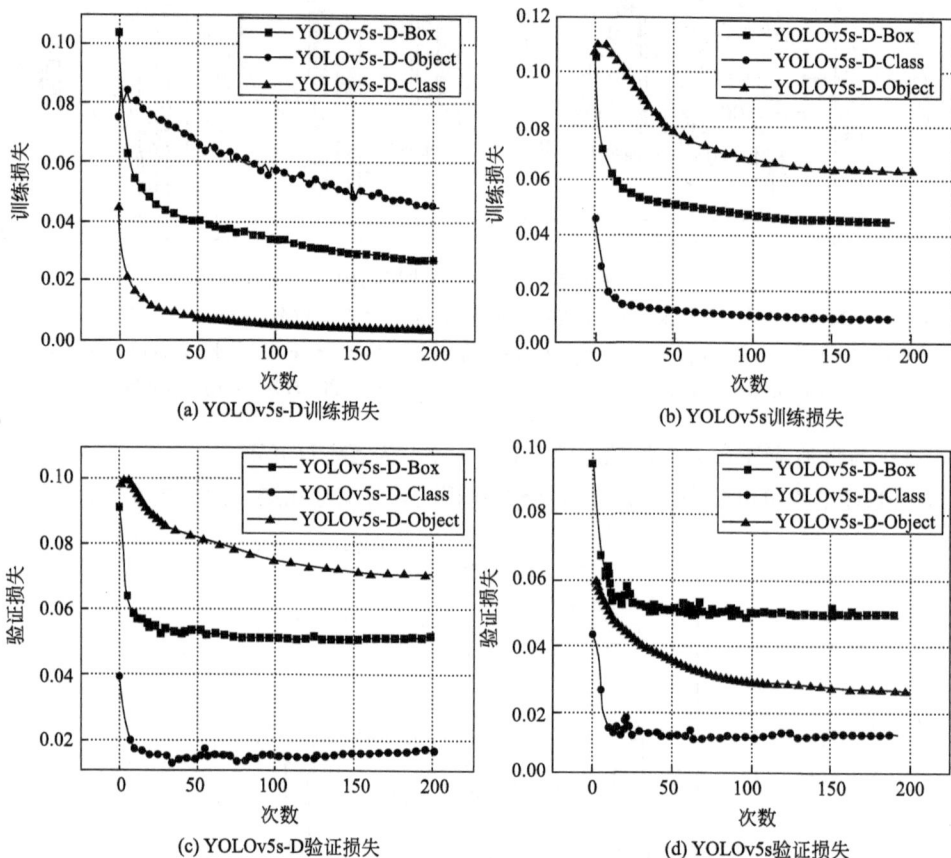

(a) YOLOv5s-D训练损失   (b) YOLOv5s训练损失

(c) YOLOv5s-D验证损失   (d) YOLOv5s验证损失

图 6-2-6   模型训练及验证损失曲线

由图 6-2-6 可得：

1）两种检测模型的三类损失值均随迭代次数增大而降低。具体表现为，三类损失值在训练至约 30 轮时开始骤降，30～50 轮开始波动，50 轮及之后逐渐趋于稳定，直到训练结束，整个训练及验证过程中未发现过拟合现象。

2）目标置信度损失降幅较缓慢，这是由于爆裂及露筋损伤的出现通常呈伴随状态，人工标注损伤位置及类型时，标注边界框会产生重叠效果，给模型训练带来了干扰，网络无法准确判定某一预测框内包含具体损伤类型。

损失值绝对大小并不能直接衡量模型性能的优劣，仅预示着模型在逐渐学习真实边界框中损伤信息，确保不会产生过拟合现象，对模型能评估仍需更多指标。为此，图 6-2-7 给出了两种模型在验证数据集上检测精度、召回率、MAP：0.5 和 MAP：0.5～0.95，四类评价指标随网络迭代变化规律。为方便比较，将模型绝对指标大小与平均指标大小汇总于表 6-2-1 与表 6-2-2。

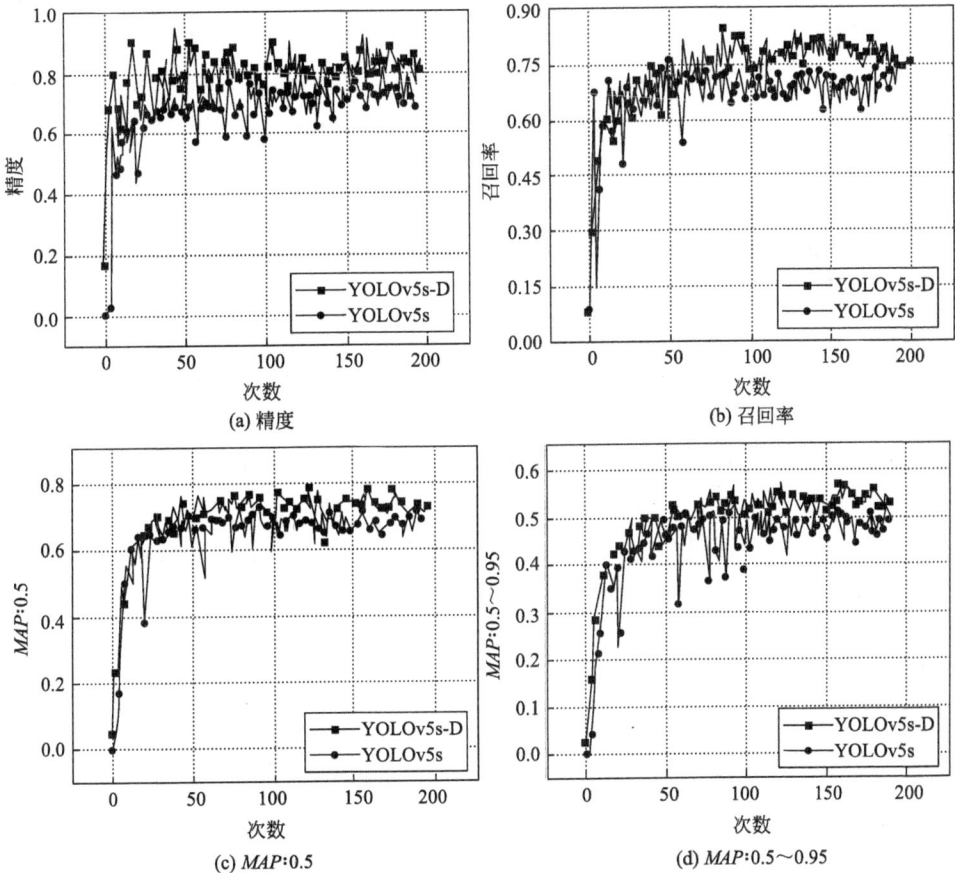

(a) 精度 　(b) 召回率 　(c) MAP:0.5 　(d) MAP:0.5～0.95

图 6-2-7　模型验证指标曲线（Precision：精度；Epoch：次数；Recall：召回率）

模型验证指标绝对值　　　　　　表 6-2-1

模型/指标	精度	召回率	MAP：0.5	MAP：0.5～0.95
YOLOv5s-D	0.93	0.85	0.79	0.57
YOLOv5s	0.82	0.76	0.73	0.53

模型验证指标平均值　　　　　　表 6-2-2

模型/指标	精度	召回率	MAP：0.5	MAP：0.5～0.95
YOLOv5s-D	0.80	0.71	0.67	0.48
YOLOv5s	0.72	0.67	0.64	0.45

出图 6-2-7 及表 6-2-1、表 6-2-2 可得：

1）在前 50 个迭代步内，模型四种评价指标均呈现大幅上涨，随后进入波动阶段，在约 100 个迭代步后趋于稳定，直到训练结束。

2）整个训练过程中，YOLOv5s-D 的精度始终高于 YOLOv5s，绝对及平均精度中前者较后者分别提高了 13％和 11％，表明 YOLOv5s-D 针对正样本的预测效果更优，使得网络整体检测效果较为突出。而召回率则表明 YOLOv5s-D 对负样本的判别能力同样优于 YOLOv5s，帮助网络更好筛分掉错误预测边界框。

3）在阈值为 0.5 时，YOLOv5s-D 的 MAP 在训练、验证过程中始终高于 YOLOv5s，前者的 MAP 绝对值及均值较后者分别高 8％与 5％，达到了 0.79 与 0.67。表明模型在普通限制条件下可以达到满意精度，这得益于 AF-FPN 模块降低了图像中上下文语义信息丢失，增强模型感受力，进而加强模型的多尺度预测精度。

4）当 IoU 阈值限制在 0.5～0.95 时，YOLOv5s-D 与 YOLOv5s 的 MAP 均值均呈现不同幅度的下降。这是由于当 IoU 阈值限制过高时，要求模型的输出预测边界框与真实边界框重合度越高，导致部分尺度较小目标难以被捕捉到。

上述评价指标仅仅反映了模型对四类损伤的整体预测效果，无法量化模型对每一类损伤的预测性能。为此，本章给出三种评价指标，Precision-Recall 曲线（P-R 曲线），Precision-Confidence 曲线（P-C 曲线）及 F1Score-Confidence 曲线（F1-C 曲线）用于评价模型对每一类损伤预测性能，如图 6-2-8～图 6-2-10 所示。

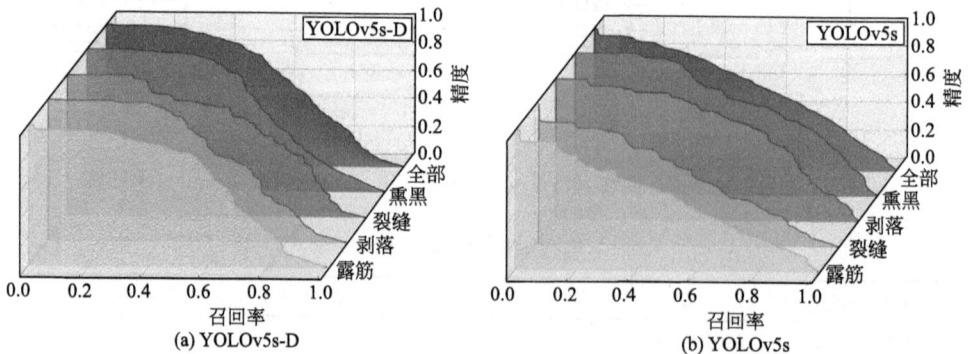

图 6-2-8 模型 P-R 曲线

P-R 曲线是将验证过程中不同的精度和召回率值进行组合得到的，而每条曲线下方与两坐标轴包围的面积便是模型针对每一类别的预测精度。

综上，YOLOv5s-D 检测效果明显优于 YOLOv5s。

此外，本节还列出了部分不同拍摄环境及损伤类别情况下模型损伤预测图

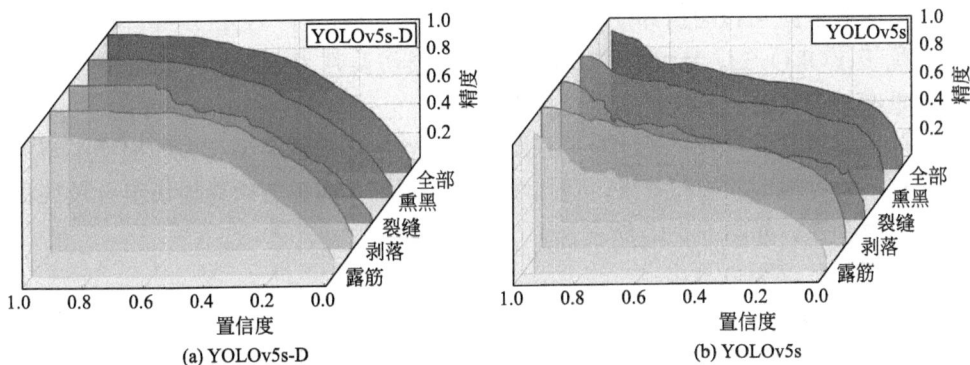

图 6-2-9 模型 P-C 曲线

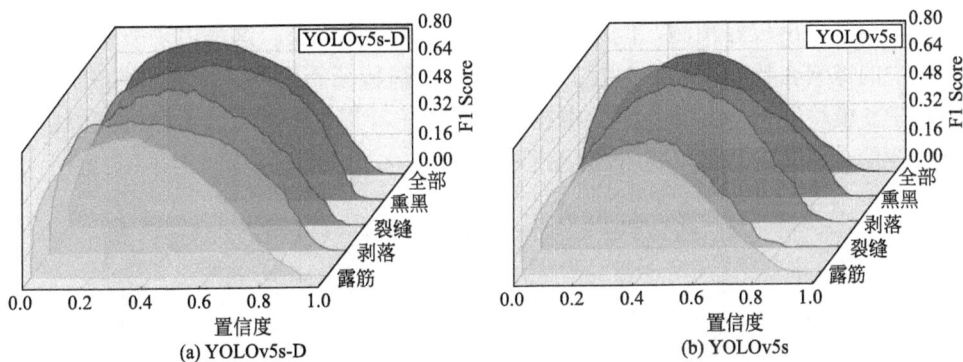

图 6-2-10 模型 F1-C 曲线

像。由于拍摄时厂房内无照明设施，因此在靠近门窗拍摄部分照片存在高曝光现象，为此，在不考虑损伤类型的情况下，本节简单比对两种模型在高曝光条件下的检测效果，如图 6-2-11 所示。

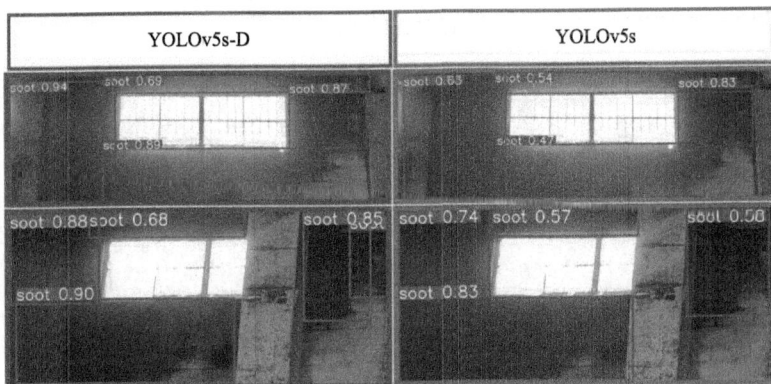

图 6-2-11 高曝光场景下模型预测结果

由图 6-2-11 可以看出即使在高曝光及对比度场景下，YOLOv5s-D 检测效果明显优于 YOLOv5s。YOLOv5s 将少量熏黑损伤误判为爆裂损伤，且输出预测边界框有较多冗余，无法精准定位损伤位置。

除上述特殊场景外，还比对单张图像中包含单一损伤类型与多种损伤类型混合条件下两种模型的检测效果，包括单一熏黑损伤，熏黑与裂缝损伤组合及四种损伤同时存在，如图 6-2-12 所示。

由图 6-2-12 可以看出：

1）对于单一熏黑损伤，YOLOv5s-D 与 YOLOv5s 均表现出较好的检测效果，但 YOLOv5s 仍存在部分出框冗余问题，这可能是由于部分图像低维特征在网络训练过程中逐渐丢失，从而降低模型对损伤位置判断精确度。

2）针对熏黑和裂缝图像，相比于 YOLOv5s，YOLOv5s-D 对损伤位置及损伤类型均能做出较好预测，但部分裂缝损伤存在漏检现象。这是由于裂缝损伤在图像中的像素占比非常小，且呈现龟裂状，裂缝特征不规则。YOLOv5s-D 通过 AF-FPN 模块强化空间维度图像中裂缝语义特征，并在通道维度上尽可能保留裂缝位置信息，一定程度上提升检测效果。

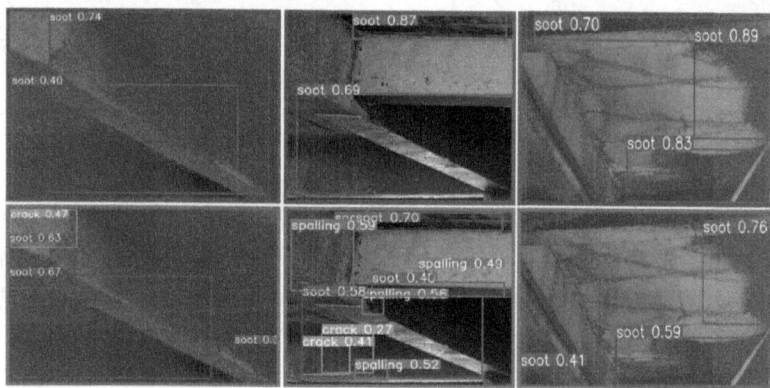

(a) 仅熏黑损伤

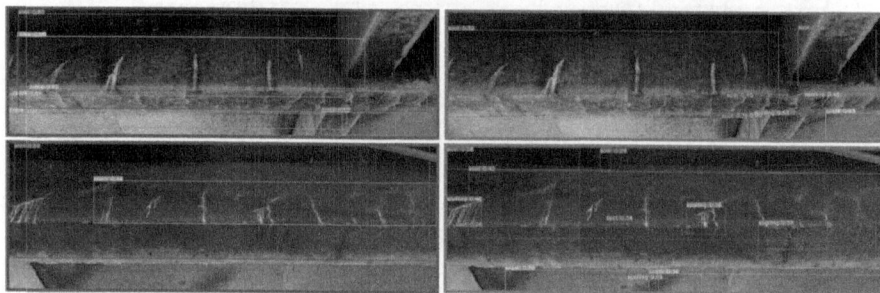

(b) 熏黑及裂缝损伤

图 6-2-12　不同损伤工况下模型检测结果对比（一）

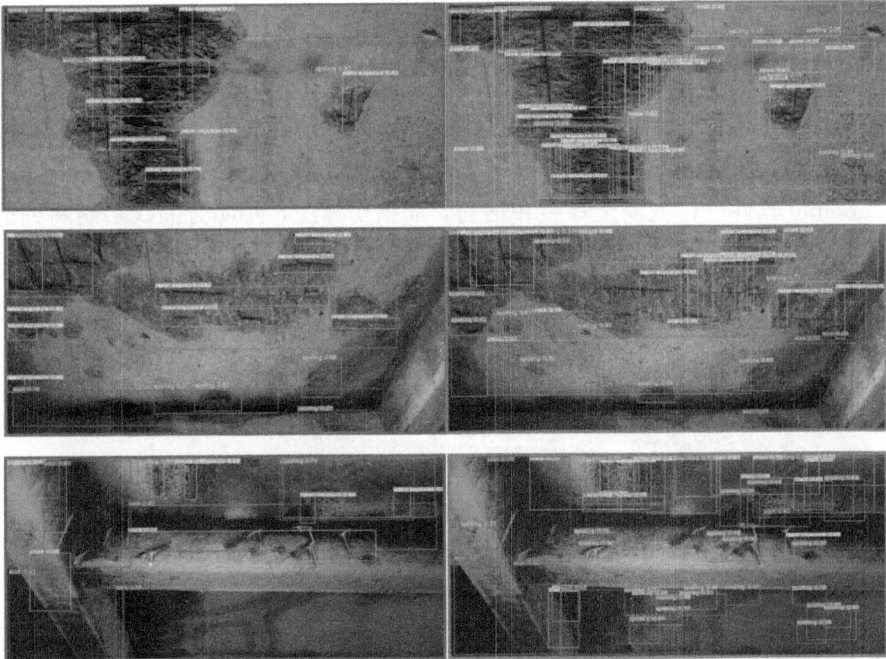

(c)熏黑、裂缝、爆裂及露筋损伤

图 6-2-12　不同损伤工况下模型检测结果对比（二）

3）针对单四种损伤类型均囊括的图像，两种模型检测效果均有不同程度降低。对于露筋损伤，由于其体积在图像中占比较小，且相邻露筋的像素间具有强相关性，使得部分预测边界框呈现重叠状，网络无法用一个或两个预测框来标记其损伤位置和类型。并且，火灾后部分构件爆裂露筋的表面仍伴随熏黑特征，且表面纹理特征复杂，露筋损伤难以被模型准确检测。

6.3　火灾后 RC 结构损伤分割

6.1 节和 6.2 节分别研发了适用于火灾后混凝土结构损伤类型和等级分类网络以及损伤检测网络，但针对灾后构件检测而言，仅满足损伤识别与定位是不够的，特别是构件损伤较为严重部位，还应该对损伤区域实现像素级的分割，为后续损伤定量分析奠定基础。因此，本节提出一种适用于火灾后混凝土结构损伤自动分割网络，实现单张图像中对混凝土爆裂和钢筋露筋像素级分割。该方法基于 Unet 网络架构，通过与 MobileNtv3 网络及不同子模块融合，提高网络分割效果，降低参数计算量。在实际使用中，可通过手机、高清照相机和无人机等设备进行图像采集，输入本章研发的 GUI 界面进行自动损伤分割，并保存结果，为后续检测人员损伤量化提供数据支持。

6.3.1　数据集准备

为在分类网络与检测网络所用的数据集基础上，挑选出混凝土结构火灾损伤较为严重 415 张图像，其中 332 张用于网络训练，剩余 83 张用于网络验证。采用 Labelme 软件进行混凝土爆裂和钢筋露筋损伤标注，用闭合曲线绘制两种损伤的边界，并生成掩码文件，为 LabelImg 图像标注界面示意图如图 6-3-1 所示，图像掩码生成如图 6-3-2 所示，方便网络读取。

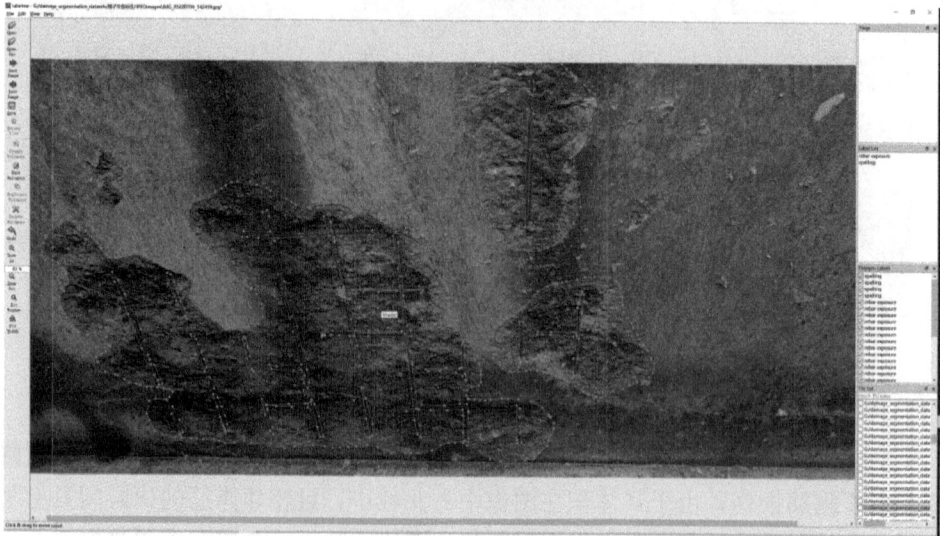

图 6-3-1　LabelImg 图像标注界面示意图

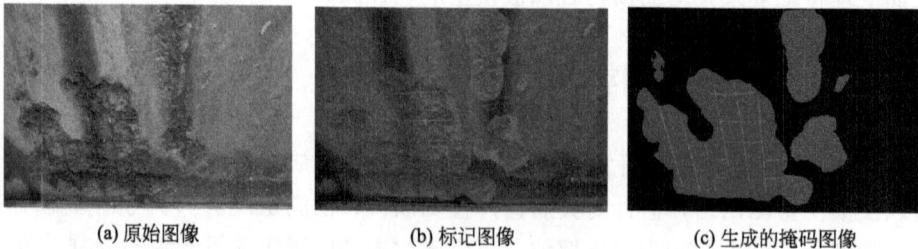

(a) 原始图像　　　　　　(b) 标记图像　　　　　　(c) 生成的掩码图像

图 6-3-2　图像掩码生成

6.3.2　损伤分割网络架构及超参数配置

图 6-3-3 展示了具有不同子模块用于火灾后混凝土结构损伤分割网络架构。

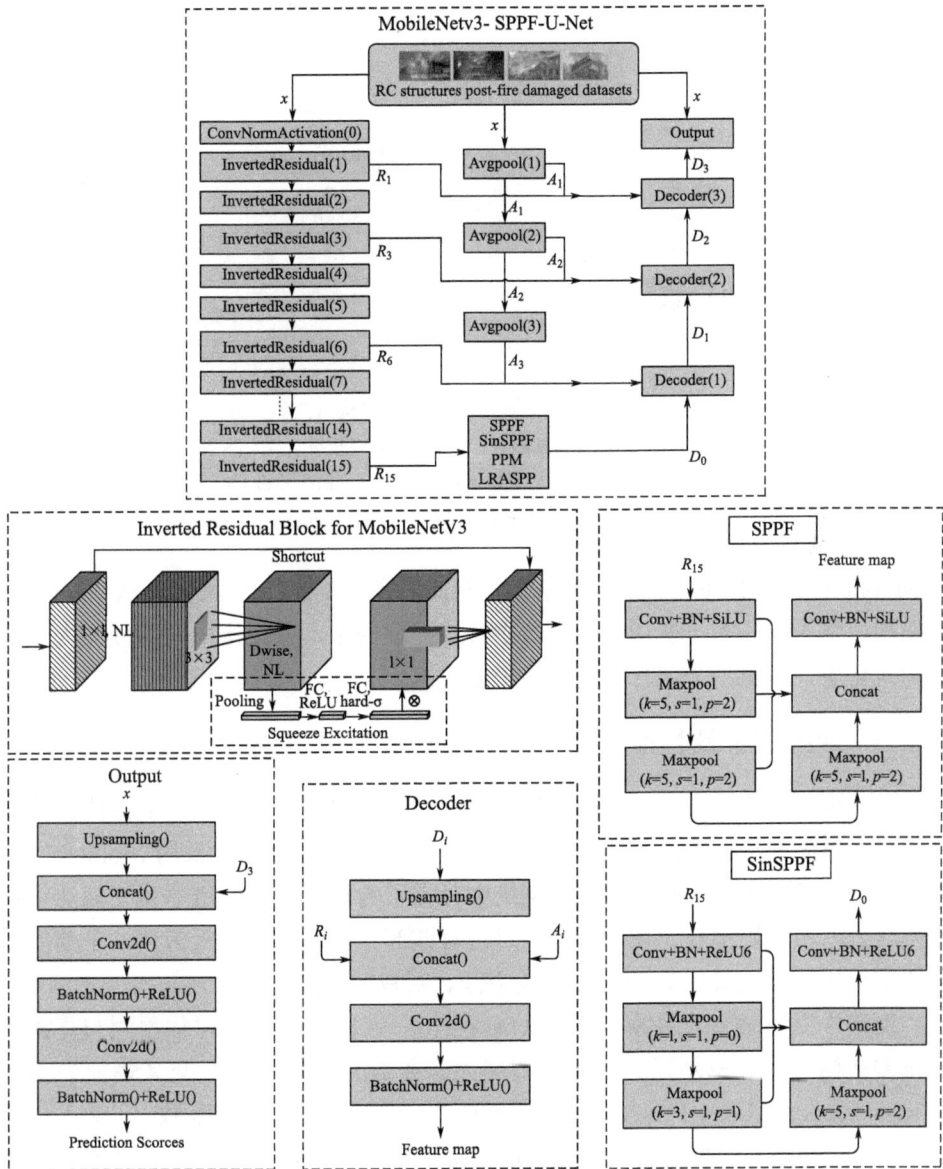

图 6-3-3　火灾损伤分割网络架构（一）

（注：MobileNetv3：MobileNetv3 轻量网络；SPPF：空间金字塔快速池化；SinSPPF：正弦激活空间金字塔
池化；Inverted Residual Block：反向残差块；Conv-BN-SiLU：卷积＋归一化＋SiLU 激活；Concatenate：
特征拼接；Conv2d 1×1：1×1 卷积层；Conv2d 3×3：3×3 卷积层；Upsample：上采样层；Decoder：解
码器；Avgpool：平均池化；Inverted Residual Block for MobileNetv3：MobileNetv3 的倒置残差块；
shortcut：捷径；pooling：池化；Squeeze Excitation：注意力机制；NL：非局部；Dwise：卷积神经
网络中的特殊类型卷积操作；ReLU：修正线性单元；Maxpool：最大池化层；Prediction Scorces：
预测得分；Feature map：特征图。）

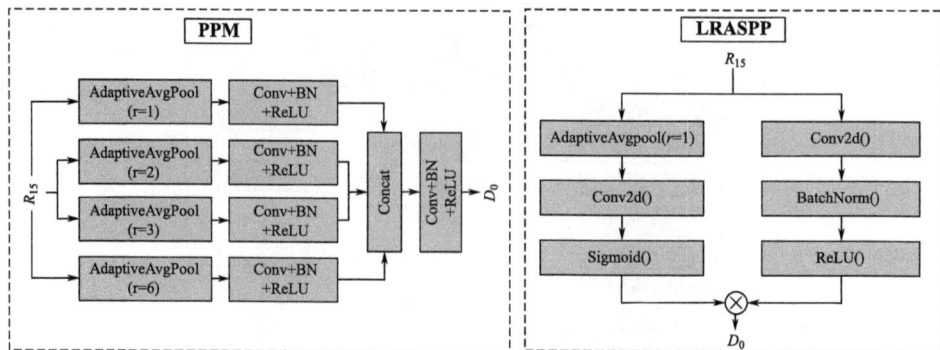

图 6-3-3　火灾损伤分割网络架构（二）

（注：PPM：金字塔池化模块，用于多尺度特征融合；LRASPP：轻量级空洞空间金字塔池化，为优化版的多尺度感受野模块；AdaptiveAvgPool：自适应平均池化层；Conv+BN+ReLU：卷积＋批归一化＋激活层；BatchNorm：批归一化层；Conv2d：二维卷积层；Sigmoid：Sigmoid 函数。）

以 MobileNetv3-SPPF-Unet 为例进行作详细说明。参考 Unet 网络模型中编码-解码架构，将 MobileNetv3 用作编码器中特征提取网络，在架构中间部分加入三个平均池化层，以及一个包含不同架构子模块。

6.3.3　网络训练及性能评估

关于训练策略，已对比了两种迁移学习的区别，本节拟采用 FT 方法训练分割网络。首先加载模型编码器部分骨干特征提取网络的权重，采用 MobileNetv3 网络，加载预训练权重时移除了该网络中分类层的权重，仅保留卷积正则池化层和倒转残差块模块部分。在网络训练时再对该部分网络权重进行微调。子模块和解码器模块的权重采用 Xavier 初始化方法，对权重进行更新。

网络中损失函数采用骰子损失（Dice Loss），损失函数是评估预测与真实结果偏差指标，两者相差越大，损失值越大。在语义分割领域，交叉熵损失函数（Cross Entropy Loss Function）、骰子损失函数、焦点损失函数（Focal Loss Function）等是常用损失函数。由于钢筋露筋和混凝土爆裂分割存在像素不平衡（图 6-3-4），普通损失函数无法准确地区分两者差异。为解决此问题，选择了广义骰子损失（Generalized Dice Loss）作为损失函数。

模型训练和验证过程记录 MIoU 和损失值如图 6-3-5 所示。

为了更直观地展示模型的分割效果，本节详细描述了四种子模块网络在不同损伤程度下的分割表现。具体来说，试验选取了不同损伤工况下的典型图像，分别对应小面积爆裂与露筋、中等面积损伤以及大面积损伤。对比内容包括原始图像、人工标注图像，以及基于 SPPF、SimSPPF、PPM 和 LRASPP 四种子模块

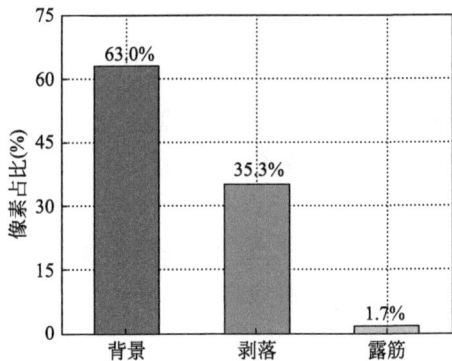

图 6-3-4　不同损伤的像素数量差异

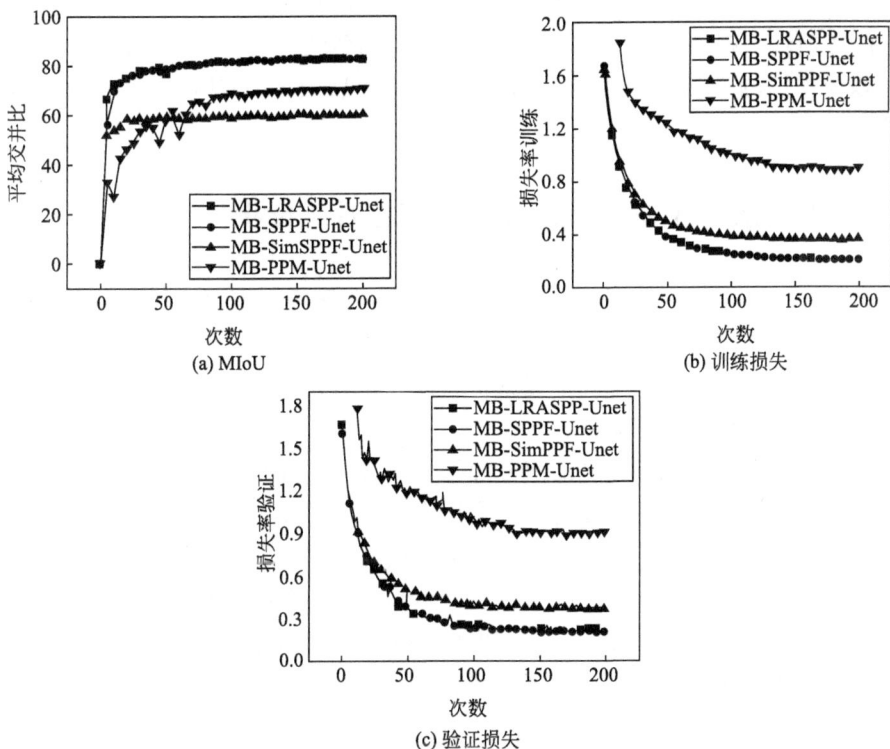

(a) MIoU

(b) 训练损失

(c) 验证损失

图 6-3-5　网络训练及验证性能

网络的分割结果。

通过试验观察，可以总结如下几点：

（1）小面积或局部爆裂与露筋损伤

四种模型对这两类损伤的分割均表现较为精准，能够较好地捕捉损伤边界和形态。

（2）模型性能差异

采用 SimSPPF 子模块的网络在露筋损伤分割上表现较弱，出现识别不足的情况。相较之下，PPM 子模块网络在露筋分割时存在过度分割的问题，部分混凝土爆裂区域误判为露筋损伤，影响分割准确性。

（3）中等面积损伤工况

LRASPP 模型在中等面积损伤下的分割性能有所下降，部分混凝土爆裂出现漏检，且爆裂与露筋损伤的边界分割效果不理想。

（4）大面积损伤工况

大面积钢筋露筋存在重叠现象，增加了网络对细节的识别难度。此外，火灾持续时间较长时，爆裂与露筋损伤往往同时出现，部分混凝土爆裂区域被可燃物熏黑，钢筋颜色与背景相近，使得露筋损伤难以在复杂背景下准确区分。

综上所述，提高火灾后钢筋露筋损伤的分割精度，是未来研究的重要方向之一。该类损伤的准确识别对构件安全性评估及后续的加固修复工作具有关键影响。

6.4 试验条件下火灾后 RC 简支梁损伤预测

6.1 节、6.2 节、6.3 节分别给出了针对火灾场景下混凝土结构损伤等级预测网络、损伤检测网络及损伤分割网络，通过对比验证三种网络有效性。然而，上述研究均基于实际火灾工况下混凝土结构，针对火灾试验条件下混凝土构件损伤检测及评估准确性有待验证。

为此，本节收集课题组先前部分混凝土梁火灾试验照片，组成网络训练所需的数据集，总结不同损伤程度混凝土梁损伤特征，对 6.1 节损伤等级分类网络进行模型训练，得到适用于火灾试验条件下混凝土梁损伤等级预测网络。根据预测结果与残余承载力反推出损伤等级进行对比，验证模型准确性。利用 6.2 节与 6.3 节损伤检测与损伤分割网络对混凝土梁损伤类型和位置进行预测，使得混凝土梁的不同损伤情况得以更加直观展现。

6.4.1 混凝土梁火灾后损伤特征与评级指标

为将文献［30］中提出的混凝土梁损伤等级判定与残余性能相印证，通过对不同工况下混凝土梁进行火灾试验及灾后的残余受弯承载力试验，得到了损伤等级与承载力折减间的对应关系，如表 6-4-1 所示，其中基频折减与刚度折减不在本章论述范围内，故不作详细讨论。

火灾后混凝土梁损伤等级综合评价指标　　　　　　　　　　表 6-4-1

损伤描述	基频折减	刚度折减	承载力折减	受火时间	等级判定
同火灾后鉴定文献	—	—	—	—	Ⅰ
	≥0.70	≥0.49	≥0.95	≤30	Ⅱₐ
	0.56～0.70	0.26～0.49	0.88～0.95	30～60	Ⅱ_b
	0.40～0.55	0.16～0.26	0.60～0.88	60～150	Ⅲ
	≤0.40	≤0.16	≤0.60	≥150	Ⅳ

　　值得注意的是，我国颁布的《火灾后工程结构鉴定标准》T/CECS 252—2019 中，对损伤等级为Ⅳ级的构件，未明确规定具体损伤类型评价指标，仅对变形条件进行了简要说明，无法进行准确判断。此外，损伤等级为Ⅲ级的构件，损伤类型的评定内容中仅给出下限值，囊括了Ⅳ级损伤的工况。因此，本章所收集的数据集中，对于满足Ⅲ级损伤规定但产生变形的Ⅳ级损伤梁合并至Ⅲ级损伤中，并给出合并后评价指标，如表 6-4-2 所示，保持四种损伤等级类别数量不变，进行模型训练与验证。

试验工况下火灾后混凝土梁损伤等级综合评价指标　　　　　表 6-4-2

构件	损伤等级	评定内容				
		颜色	裂缝	爆裂	露筋	承载力
梁	Ⅰ	—	—			—
	Ⅱa	熏黑覆盖	无火灾裂缝			≥0.95
	Ⅱb	粉红	轻微/中等裂缝	底面局部爆裂	露筋长度≤30%计算跨度，单排筋≤1根，多排筋≤2根	0.88～0.95
	Ⅲ	土黄/灰白	严重/宽裂缝	跨中和锚固区单排钢筋保护层脱落，或多排钢筋大面积深度烧伤	露筋长度>30%计算跨度，单排筋>1根，多排筋>2根	0.60～0.88

　　图 6-4-1 给出在标准升温曲线下，不同损伤等级混凝土梁表观损伤特征，如图 6-4-1 所示。

　　图 6-4-2 展示了 21 根梁火灾后残余承载力折减幅度（与常温下的 B1-B3 梁对比）及对应的损伤等级，与表 6-4-1 中提出不同损伤等级对应的承载力折减进行比对，除梁 B8、B15、B20 和 B21 外，剩余试件均满足两者对应关系。

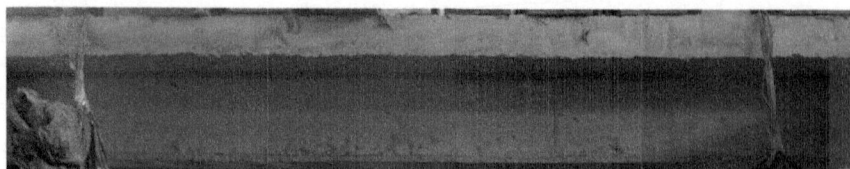

(a) 常温下未损伤混凝土梁(I级，B1)

(b) 轻度火灾损伤混凝土梁(IIa级，B4、B5)

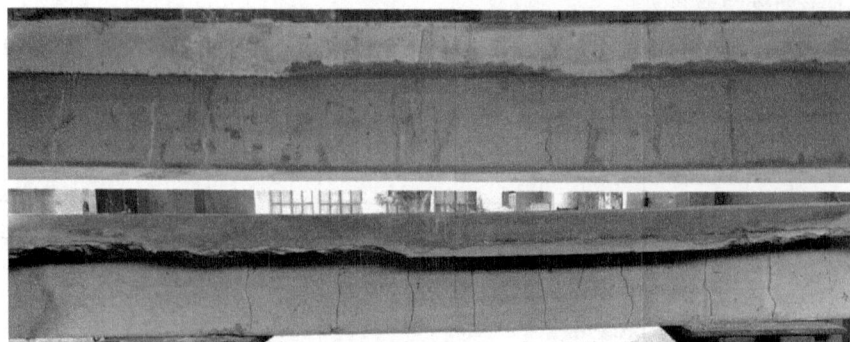

(c) 中度火灾损伤混凝土梁(IIb级，B10、B12)

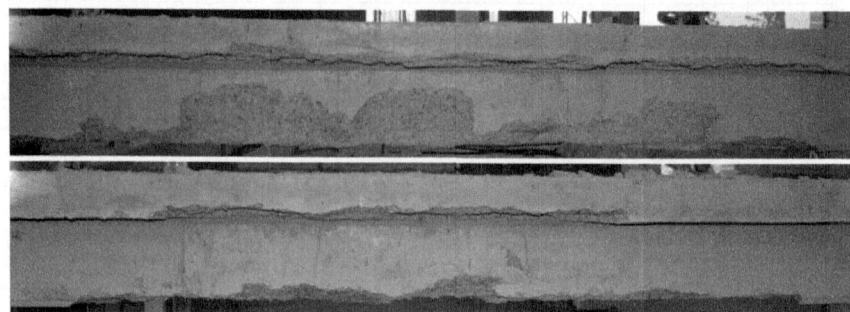

(d) 重度火灾损伤混凝土梁(III级，B17，B18)

图 6-4-1　不同损伤等级混凝土梁表观损伤特征

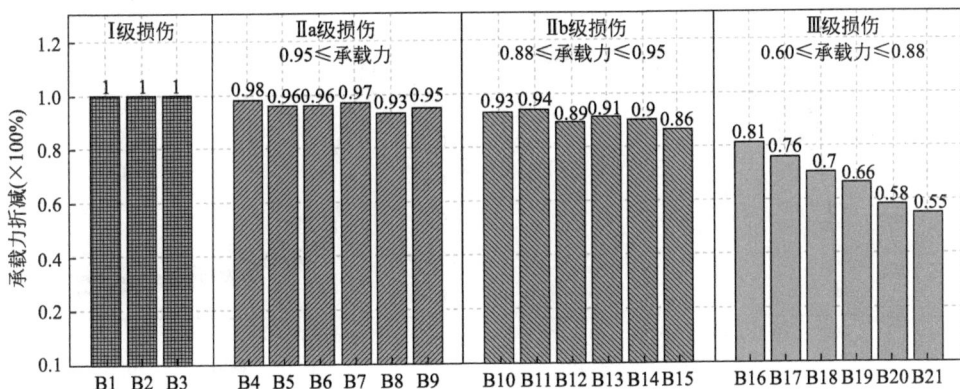

图 6-4-2　火灾后不同损伤等级混凝土梁承载力折减

6.4.2　损伤分类网络训练及验证

在已搭建好的分类网络的基础上,利用试验工况下新收集的数据集训练特征融合后损伤等级分类网络,使得该网络在真实火灾与试验环境下均可预测混凝土构件的损伤等级,增强网络通用性。为丰富数据集多样性,采用数据增广手段对现有图像进行扩充,包括随机水平翻转、不同角度图像旋转、增量/变暗以及添加高斯噪声,如图 6-4-3 所示,共生成了 672 张用于网络训练及验证的图像,其中 538 张用于网络训练,剩余 134 张用于网络模型验证。

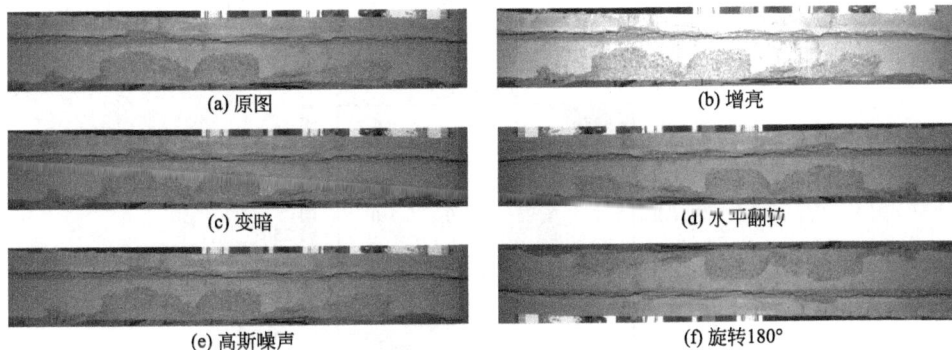

(a) 原图　　　　　　　　　　　　　　(b) 增亮

(c) 变暗　　　　　　　　　　　　　　(d) 水平翻转

(e) 高斯噪声　　　　　　　　　　　　(f) 旋转180°

图 6-4-3　经图像增广后的混凝土梁典型照片

为匹配试验工况下混凝土梁损伤等级划分,将分类网络末尾处全连接层输出类别数进行调整,四类损伤等级分别调整为Ⅰ级、Ⅱa级、Ⅱb级和Ⅲ级。其余网络参数设置和训练策略与之相同。图 6-4-4 给出网络训练和验证过程准确度变化曲线、损失变化曲线和针对每一等级预测精度混淆矩阵。

(a) 准确度

(b) 损失值

(c) 评价指标

(d) 混淆矩阵

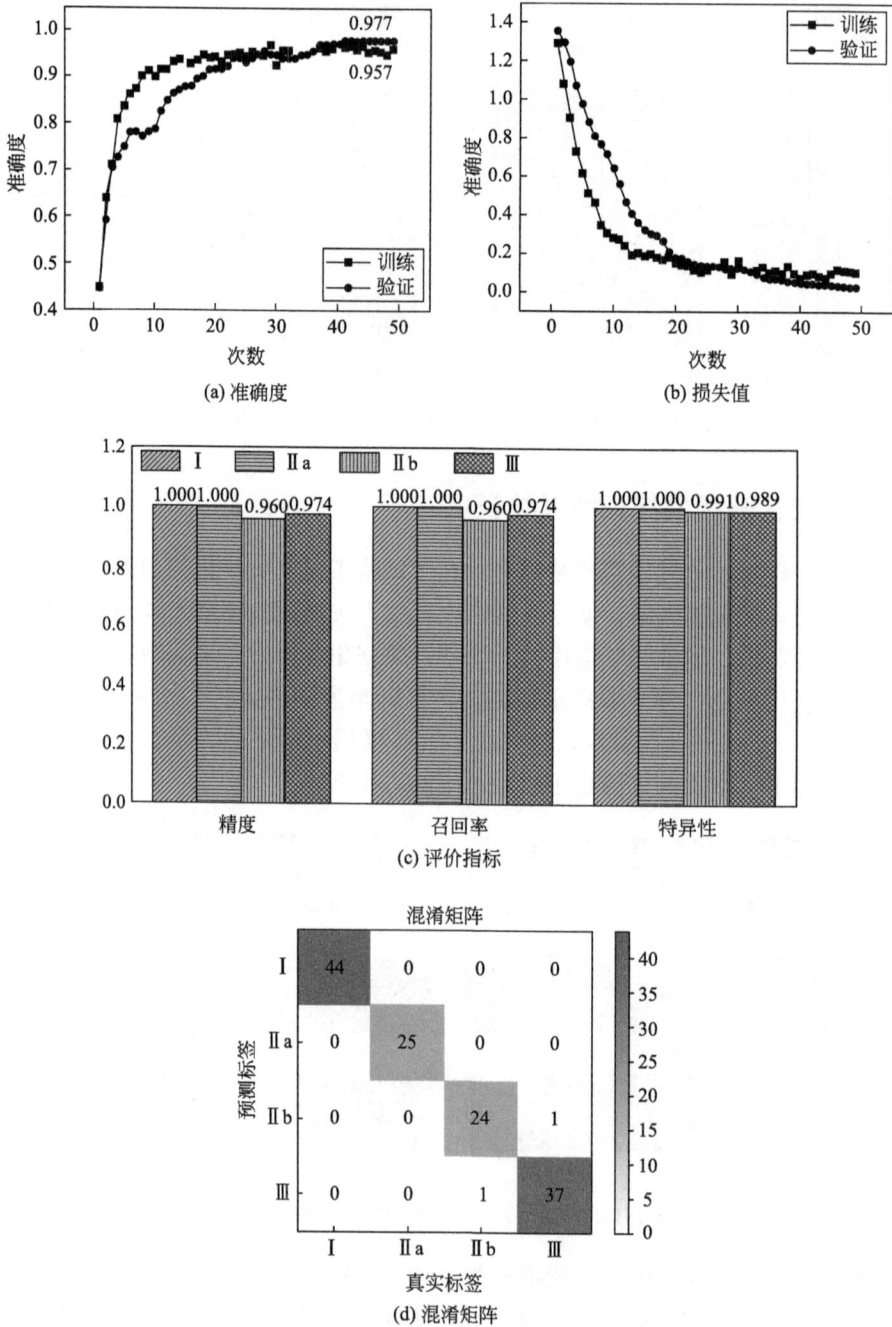

图 6-4-4　模型性能评价指标

图 6-4-5 为不同损伤等级混凝土梁 CAM 图。

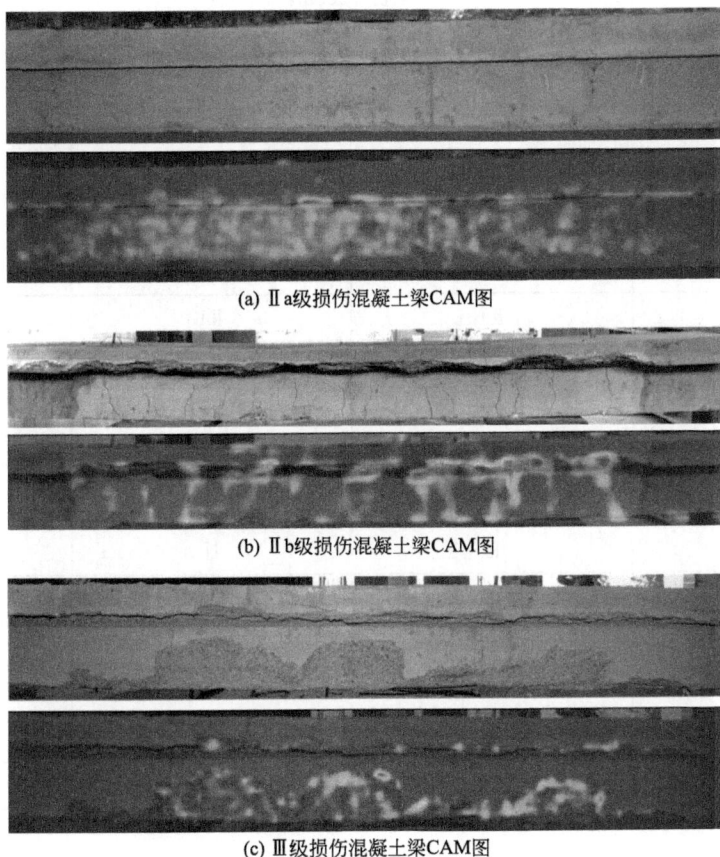

(a) Ⅱa级损伤混凝土梁CAM图

(b) Ⅱb级损伤混凝土梁CAM图

(c) Ⅲ级损伤混凝土梁CAM图

图 6-4-5 不同损伤等级的混凝土梁 CAM 图

为进一步验证分类网络准确性，表 6-4-3 列出分类网络与承载力推断损伤等级结果对比。

模型预测与承载力判定结果对比 表 6-4-3

试件	损伤等级预测		正误
	分类网络	承载力推定	
B1	Ⅰ	Ⅰ	✓
B2	Ⅰ	Ⅰ	✓
B3	Ⅰ	Ⅰ	✓
B4	Ⅱa	Ⅱa	✓
B5	Ⅱa	Ⅱa	✓

试件	损伤等级预测		正误
	分类网络	承载力推定	
B6	Ⅱa	Ⅱa	√
B7	Ⅱa	Ⅱa	√
B8	Ⅱa	Ⅱb	×
B9	Ⅱa	Ⅱa	√
B10	Ⅱb	Ⅱb	√
B11	Ⅱb	Ⅱb	√
B12	Ⅱb	Ⅱb	√
B13	Ⅱb	Ⅱb	√
B14	Ⅱb	Ⅱb	√
B15	Ⅱb	Ⅲ	×
B16	Ⅲ	Ⅲ	√
B17	Ⅲ	Ⅲ	√
B18	Ⅲ	Ⅲ	√
B19	Ⅲ	Ⅲ	√
B20	Ⅲ	Ⅳ	×
B21	Ⅲ	Ⅳ	×

6.4.3 损伤检测及损伤分割网络应用

在已验证分类网络基础上，为更直观反映不同损伤等级混凝土梁的损伤类型和位置，本节利用损伤检测网络与损伤分割网络对火灾后混凝土梁进行损伤检测与分割应用，使得损伤类型和特征能更加具体直观在原图中体现，使未经受过专业训练人员也可直观分辨出不同损伤种类及损伤位置。

由于试验工况下火灾后混凝土梁未出现熏黑特征，而损伤检测网络已包含裂缝、混凝土爆裂和钢筋露筋损伤，无需重新训练网络。因此使用先前训练的YOLOv5-D检测网络对混凝土梁表面损伤类型和位置进行检测。图6-4-6给出了不同损伤等级混凝土梁表观损伤检测图像，可以看出，在损伤等级为Ⅱb和Ⅲ级混凝土梁中，裂缝和爆裂为主要损伤类型，且检测结果置信度较高。而损伤等级为Ⅱa级混凝土梁中，表面裂缝为主要损伤类型，但由于拍摄距离较远，裂缝信息在整张图像中占比较低，检测结果置信度较前两种损伤等级低。

图6-4-7给出试验工况下火灾后混凝土梁损伤分割图像。从图6-4-7可以看

(a) Ⅱa级损伤混凝土梁损伤预测图

(b) Ⅱb级损伤混凝土梁损伤预测图

(c) Ⅲ级损伤混凝土梁损伤预测图

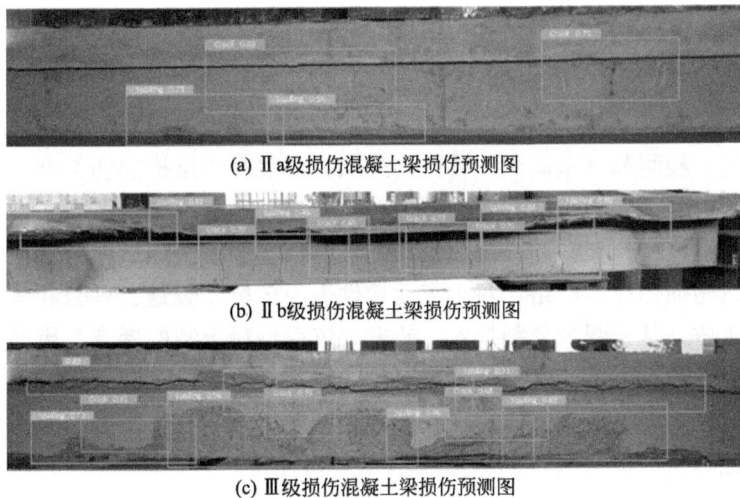

图 6-4-6　不同损伤等级的混凝土梁损伤预测图

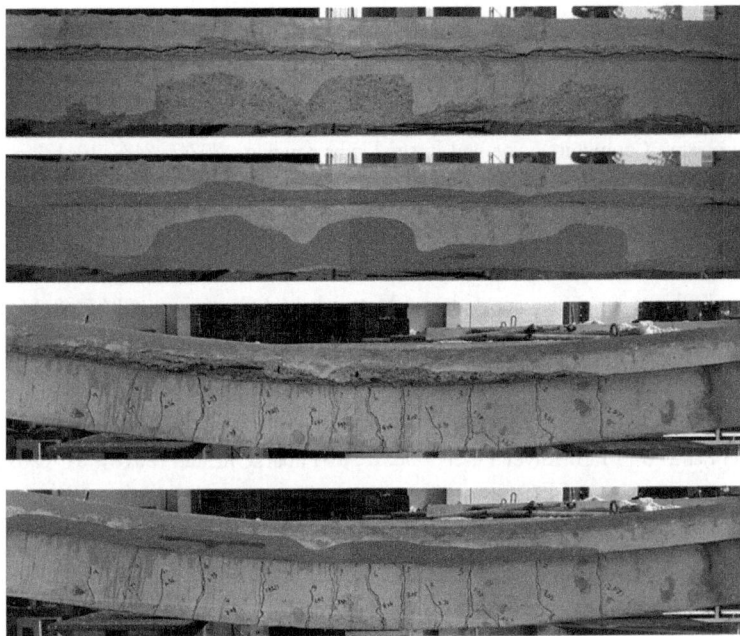

图 6-4-7　混凝土梁损伤分割图像

出，模型对于两种损伤类型的分割效果均较高，无明显误判现象，但小部分未爆裂边界区域被网络识别为爆裂，网络对于混凝土梁爆裂边界分割效果有待提升。

6.5　本章小结

本章基于深度学习技术，以火灾后受损混凝土结构为研究对象，开展构件表面损伤分类、检测和分割研究。首先构建火灾后混凝土结构损伤类型与损伤等级分类网络，对受损混凝土结构表面颜色变化、裂缝开裂程度、混凝土爆裂程度及钢筋露筋程度进行分类，并根据损伤特征预测损伤等级。随后，搭建适用于火灾后混凝土结构损伤检测网络，对火灾后构件表面熏黑、裂缝、爆裂和露筋损伤进行识别与定位。基于图像分割技术，研发火灾后混凝土结构爆裂与露筋损伤像素级分割网络，为火灾后构件损伤严重部位的损伤量化提供了技术支持。最后，对标准火灾试验工况下混凝土梁进行损伤等级预测，与承载力推断结果对比，验证模型准确性。

参考文献

[1] Wang X, et al. Combining optical flow and Swin Transformer for Space-Time video super-resolution. Engineering Applications of Artificial Intelligence, 2024, 137: 109227.

[2] Liu J, et al., RSTC: Residual Swin Transformer Cascade to approximate Taylor expansion for image denoising. Computer Vision and Image Understanding, 2024, 248: 104132.

[3] Tran D T, et al. SwinTExCo: Exemplar-based video colorization using Swin Transformer. Expert Systems with Applications, 2025, 260: 125437.

[4] Wang Z, et al, SMSTracker: A Self-Calibration Multi-Head Self-Attention Transformer for Visual Object Tracking. Computers, Materials and Continua, 2024, 80 (1): 605-623.

[5] Meng X, et al, AGWO: Advanced GWO in multi-layer perception optimization. Expert Systems with Applications, 2021, 173: 114676.

[6] Dong Z et al, Optimized Thermal Power Control for Nuclear Superheated-Steam Supply Systems Based on Multi-Layer Perception. IFAC-PapersOnLine, 2018, 51 (28): 121-125.

[7] Xiang X, et al. Improving flood forecast accuracy based on explainable convolutional neural network by Grad-CAM method. Journal of Hydrology, 2024, 642: 131867.

[8] Zhao Z, et al. Retinal disease diagnosis with unsupervised Grad-CAM guided contrastive learning. Neurocomputing, 2024, 593: 127816.

[9] Zhang Q, et al. FMAW-YOLOv5s: A deep learning method for detection of methane plumes using optical images. Applied Ocean Research, 2024, 153: 104217.

[10] Liu A, et al. GSE-YOLOv5s: A lightweight visual detection method for first wall tile and bolts (Holes) in CFETR. Fusion Engineering and Design, 2024, 205: 114532.

[11] Zhu A, et al. YOLOv5s-CEDB: A robust and efficiency Camellia oleifera fruit detection algorithm in complex natural scenes. Computers and Electronics in Agriculture, 2024,

221：108984.

[12] Gao L，et al. AF-FPN：an attention-guided enhanced feature pyramid network for break-water armor layer unit segmentation. Multimedia systems，2024（1）：30.

[13] Meng W，et al. Wang，AFC-Unet：Attention-fused full-scale CNN-transformer unet for medical image segmentation. Biomedical Signal Processing and Control，2025，99：106839.

[14] Liu J，et al. Asym-UNet：An asymmetric U-shape Network for breast lesions ultrasound images segmentation. Biomedical Signal Processing and Control，2025，99：106822.

[15] Liu X，et al. CSWin-UNet：Transformer UNet with cross-shaped windows for medical image segmentation. Information Fusion，2025，113：102634.

[16] Wang B，et al. DSML-UNet：Depthwise separable convolution network with multiscale large kernel for medical image segmentation. Biomedical Signal Processing and Control，2024，97：106731.

[17] Xiang Z，et al. Federated learning via multi-attention guided UNet for thyroid nodule segmentation of ultrasound images. Neural Networks，2025，181：106754.

[18] Luo K，et al. RPA-UNet：A robust approach for arteriovenous fistula ultrasound image segmentation. Biomedical Signal Processing and Control，2024，95：106453.

[19] Huang X，et al. A novel method for real-time ATR system of AUV based on Attention-MobileNetV3 network and pixel correction algorithm. Ocean Engineering，2023，270：113403.

[20] Di J，et al. AMMNet：A multimodal medical image fusion method based on an attention mechanism and MobileNetV3. Biomedical Signal Processing and Control，2024，96：106561.

[21] DeVoe K，et al. Evaluation of the precision and accuracy in the classification of breast histopathology images using the MobileNetV3 model. Journal of Pathology Informatics，2024，15：100377.

[22] Zhang J，et al. MobileNetV3-BLS：A broad learning approach for automatic concrete surface crack detection. Construction and Building Materials，2023，392：131941.

[23] Zhang Y，et al.，MSIF-MobileNetV3：An improved MobileNetV3 based on multi-scale information fusion for fish feeding behavior analysis. Aquacultural Engineering，2023，102：102338.

[24] Hu K，et al. Retinal vessel segmentation of color fundus images using multiscale convolutional neural network with an improved cross-entropy loss function. Neurocomputing，2018，309：179-191.

[25] Kato S，Hotta K. Adaptive t-vMF dice loss：An effective expansion of dice loss for medical image segmentation. Computers in Biology and Medicine，2024，168：107695.

[26] Dina A S，et al. A deep learning approach for intrusion detection in Internet of Things using focal loss function. Internet of Things，2023，22：100699.

[27] Mushava J，Murray M，A novel XGBoost extension for credit scoring class-imbalanced data combining a generalized extreme value link and a modified focal loss function. Expert

Systems with Applications，2022，202：117233.

［28］ Guo X，et al. Cerebrovascular segmentation from TOF-MRA based on multiple-U-net with focal loss function. Computer Methods and Programs in Biomedicine，2021，202：105998.

［29］ Yeung M，et al. Unified Focal loss：Generalising Dice and cross entropy-based losses to handle class imbalanced medical image segmentation. Computerized Medical Imaging and Graphics，2022，95：102026.